U0159505

TJAD建筑工程设计技术导则丛书

住宅建筑设计导则

同济大学建筑设计研究院（集团）有限公司　组织编写

赵　颖　沈咏谦　等　编著

中国建筑工业出版社

图书在版编目（CIP）数据

住宅建筑设计导则 / 同济大学建筑设计研究院（集团）有限公司组织编写 . — 北京：中国建筑工业出版社，2020.8
（TJAD 建筑工程设计技术导则丛书）
ISBN 978–7–112–25629–7

Ⅰ. ①住⋯　Ⅱ. ①同⋯　Ⅲ. ①住宅 — 建筑设计　Ⅳ. ① TU241

中国版本图书馆 CIP 数据核字（2020）第 237757 号

本导则比较全面地阐述住宅建筑的设计流程、总体设计、单体户型设计、细部设计、结构设计及机电设计等内容，同时详细地介绍成本控制、物理性能设计及各阶段设计成果标准等。可供建筑专业设计人员，也可供结构与机电等专业设计人员使用，同时可供住宅建设领域相关人员参考。

责任编辑：赵梦梅
责任校对：张　颖

TJAD 建筑工程设计技术导则丛书
住宅建筑设计导则
同济大学建筑设计研究院（集团）有限公司　组织编写
赵　颖　沈咏谦　等　编著
*
中国建筑工业出版社出版、发行（北京海淀三里河路9号）
各地新华书店、建筑书店经销
北京点击世代文化传媒有限公司制版
临西县阅读时光印刷有限公司印刷
*
开本：880毫米×1230毫米　1/16　印张：19¼　字数：525千字
2020年12月第一版　2020年12月第一次印刷
定价：199.00 元
ISBN 978-7-112-25629-7
　　（35926）

前言

住宅建筑主要是供家庭居住使用，是关乎国家国计民生，人民安居乐业的重要建筑类型，也是城市中最基础最大量的建筑底色。在宏观上，住宅建筑设计需要服从城市总体规划的控制，在微观上则需要体现出持续发展的建筑技术对于住宅建造工艺和标准的提升。

住宅建筑设计的目标有别于一般的公共建筑，既要反映住宅的生活属性，与每个人的日常生活紧密相关，满足居住者的生理及心理需求；又要反映住宅的经济属性，满足投资建设人基于市场需求、产品定位及品牌特性等设计产品化需求，因而同时关注社会效益和经济效益，是住宅建设的宗旨，也是设计者的重要工作目标。

同济大学建筑设计研究院（集团）有限公司（以下简称同济设计集团）产品线技术标准是指导同济设计集团产品线设计工作的标准性、指导性文件，是同济设计集团工作的技术支撑。产品线技术标准文件的编制在符合现行国家技术法规、标准的基础上，反映了集团的工程设计水平和最新研发成果。《住宅建筑设计导则》是集团产品线技术标准的一个组成部分。

同济设计集团多年来与众多开发企业的合作中，在住宅规划及建筑设计领域积累大量工程实践经验和优秀案例。编制组结合专业理论与研究方法，对住宅建筑设计的各个方面进行系统性的分析和整合，重点对住宅设计流程、总体设计、单体户型设计、细部设计等进行深入研究阐述，对于结构设计、机电设计、建筑物理及经济等方面内容也进行梳理与研究撰写。导则的编制有助于提高同济设计集团在住宅建筑设计领域的理论水平与技术能力，有助于加强设计人员对住宅建筑设计的理解和掌握，有助于提升集团产品线的核心竞争力，有较高的实用参考价值。读者对象包括：建筑专业设计人员，也可供结构与机电等专业设计人员使用，同时可供住宅建设领域相关人员参考。本导则在使用时应结合国家及各地方现行技术法规、标准。

全书共分为 10 章。第 1 章为概述，介绍住宅分类、设计特点以及住宅开发建设基本流程等；第 2 章为总体设计，阐述住宅总体设计的基本流程和设计方法；第 3 章为户型设计，阐述套型空间设计评价体系以及住宅各个功能空间具体设计要点；第 4 章为细部设计，介绍住宅室外空间、公共部位、立面控制等细部设计要点；第 5 章为成本控制，介绍住宅成本构成及建筑、结构专业对成本管理和控制的主要内容；第 6 章为物理性能设计；第 7 章为各阶段设计成果标准；第 8 章为结构篇；第 9 章为机电篇；第 10 章为案例篇。

《住宅建筑设计导则》由赵颖主编，副主编为沈咏谦。第 1 章编写人为赵颖、杨琪；第 2 章编写人为王涤非、朱鸣；第 3 章编写人为张扬、杨永刚；第 4 章编写人为邓伯阳、何敏鹏、吴俏瑶、伍惜；第 5 章编写人为沈咏谦、赵昕；第 6 章编写人为肖艳文；第 7 章编写为肖艳文、徐桓、冯玮、冯明哲；第 8 章编写人为王毅、金炜；第 9 章编写人为徐桓、冯玮、冯明哲、董劲松、朱鸣；第 10 章编写人为张扬、王涤非、沈咏谦。

本导则审查工作由张洛先担任主审，主要审查人员为：周建峰、孙晔、吴蔚、王玫、郑毅敏、归谈纯、夏林、周谨；在导则编撰及征求意见稿阶段，王健、车学娅、张丽萍、王文胜、赵承宏、黄一如、俞静、陈剑秋、钱文犟、李鲁波、王建强、李丽萍、宋海军、方颖、周致芬等专家也给予热情支持并提出宝贵意见；谢路昕、赵佳、李燎原、胡俊翀、韩羽嘉、徐艳、杨津宇、熊濯之、王亭恩、宓楷彭、韩佩颖参与部分图文绘制工作，在此一并表示感谢。在编写过程中，编写人还参阅了诸多案例和资料，也向这些案例和资料的著作者致谢。鉴于编写时间有限，编者的水平不足以及住宅行业不断发展变化等客观情况，导则中涉及的内容会有需要更新及调整之处；导则编写中的错漏也需要读者给予批评指正，编制组会认真听取、及时总结，并在合适的时间通过修订版的方式给予补充、修改与完善。

《住宅建筑设计导则》编制组

2020 年 4 月

CONTENT

目录

CHAPTER

第1章 概述

CHAPTER

第2章　总体设计

CHAPTER

第3章　户型设计

CHAPTER

第 4 章　细部设计

PAGE

131-152

PAGE

153-178

CHAPTER

第 5 章　成本控制

CHAPTER

第 6 章　物理性能设计

CHAPTER

第 7 章　各阶段设计成果标准

CHAPTER

第 8 章　结构篇

CHAPTER

第 9 章　机电篇

CHAPTER

第 10 章　案例篇

第 1 章　概述

1.1 基本概念

住宅定义

住宅（Residential Building）不同于其他形式的居住建筑（如宿舍，公寓等），是供家庭居住使用的建筑，含与其他功能空间处于同一建筑中的住宅部分[1]。

住宅发展概述

住宅是人类历史上最早出现的建筑类型，是人类生活的基本载体，它体现了人类社会的进步和生活方式的变迁；住宅也是城市空间构成的基本元素，它是一个城市中占地面积最大，拥有面积最多的建筑类型，体现着城市的基本风貌和特征。住宅的发展经历了漫长的过程，从人类诞生初期的巢居，穴居，到原始社会后期的氏族、部落，由奴隶社会城市的出现至封建社会城市的繁荣，从最基本的生理需求和安全需求到灵活多变的使用需求和私密美观的心理需求等。人们的生活方式悄然变化，但对居住环境的不断追求从未停止，见图 1.1-1 ~ 图 1.1-4。

图 1.1-1　万科金色雅筑

图 1.1-2　上海百汇花园

图 1.1-3　同济家园

图 1.1-4　上海浅水湾凯越名城

中国当代住宅发展

在过去的几十年里，伴随着中国经济的快速增长，中国的城市住宅也取得了长足的进步。

---

[1] 住户在使用普通住宅时，其居住要求与普通家庭是一致的，住宅的设施配套标准也是以家庭为单位配套的。如每套住宅中必须设置厨房，卫生间，卧室等空间，空调，热水供应等系统必须分户计量。

20 世纪 80 年代初，中国开始进行城市住房制度的改革，并在 20 世纪 90 年代全面展开，直到 1998 年中国政府宣告取消福利性分房，标志着住房分配制度的彻底终结，商品房[1] 成为住宅发展的主角，其发展速度与取得的进步是令人瞩目的。中国居住环境及住宅设计越来越注重人性化、精细化、多样化、智能化及生态化，并向着更经济、舒适、可持续的方向发展。

同时，受到社会的人口及家庭构成等因素的影响，住宅套型设计也日益更新。根据中国经济及社会发展，家庭的小型化趋势导致城市户均人口至 2002 年以后降至 3.22 人，但家庭构成比例却无明显变化；同时，在"二孩"政策影响下的"多功能小户型"产品日益受到市场青睐，各类功能齐全，舒适灵活的紧凑户型不断涌现。另外，在中国传统文化及伦理观念影响下形成的具有中国特色的"分而不离"的核心家庭网络模式及居家养老习惯，使住宅设计中出现"两代居""老少居""双核心户"等新套型，见表 1.1-1。

中国当代住宅发展情况分析表   表 1.1-1

	发展趋势	发展时间	特点
第一代	经济节约型	1949 年到改革开放前	以解决基本的居住需求为目的，以经济节约为建设住宅活动的基本准则
第二代	使用经济型	改革开放以后至 20 世纪 80 年代	逐步重视提高人们的居住质量，开始研究居住空间对人们的心理影响，成套住宅发展
第三代	发展转变型	20 世纪后十年的房地产飞速发展	全面重视居住空间（室内和室外）对人们生理，安全，心理的影响，是发展转变的探索和实践阶段
第四代	景观舒适型	21 世纪以来住宅的进一步成熟	初步形成了住宅建筑的"以人为本"的设计理念 1. 多层住宅形成以大厅小室，大进深小面宽为主导的多样化住宅系列。 2. 高层塔楼住宅每层户数由 8 户减至 4 ~ 6 户，并根据朝向和景观分别设置大小不同的户型，户型平均面积增大。 3. 住宅科技含量提升，住宅节能由点到面展开。 4. 住宅单体设计与组群规划结合，以人为本，注意节约用地，出现功能合理，环境优美，布局紧凑并各具特色的住宅组群。 5. 基本服务设施上大大提高，新增了会所，健康中心，大型停车场及物业管理

近现代国外住宅发展概况

工业革命后，由于人口急剧增加，城市人口膨胀，人口与土地的矛盾，导致住宅逐渐向纵向空间和集成化方向发展，集合式住宅由此产生。其具备造价低廉、施工便捷、工业化程度高的特点。二战后，建筑技术有了进一步发展，城市土地供应越发紧张，工业化住宅与高层住宅开始出现。东、西方国度因社会背景及居住习惯的不同，所呈现的发展趋势亦有所区别。

日本住宅

日本城市住宅从二战结束后进入大批量工业化生产阶段，发展到现在有 60 多年了。其发展思路可以大体归纳为以下几个方面：

一、在住宅建筑本身的发展方面，其目标是长寿命化

日本从 20 世纪 90 年代起致力于"超长期住宅"，即建筑物的结构体使用期限可长达 100 年到 200 年住宅的研究。为实现这一目标，日本一直在努力研发，设计和推广 SI 住宅和 CHS 住宅[2]。其主

---

[1] 商品房在中国兴起于 20 世纪 80 年代，它是指在市场经济条件下，具有经营资格的房地产开发公司（包括外商投资企业）通过出让方式取得土地使用权后经营的住宅，均按市场价出售。

[2] 所谓 SI（Skelton Infil）住宅，是由荷兰建筑师首先提出的，其基本思路是将建筑物的结构体系与设备，内装体系分开。所谓 CHS（Central Housing System）住宅，通过推行"六面体工业化内装系统"来实现，其基本思路是将建筑物的结构系统与内装系统完全分开，以实现建筑物主体结构的长期存在和内装体系的不断更新。

要特点包括:采用架空天花,架空地板,外墙贴面,在其中布置专业管线,在架空地板下布置干式地暖;采用同层排水的独立排水系统;采用统一的建筑部品和材料;采用外墙内保温和分户采暖等。

二、在住宅技术方面,大力推行绿色,环保,节能,减排技术,其手段包括:新型节能,储能和造能技术,设备的研究开发;政府以优惠鼓励政策参与推广等。

三、在住宅设计思路方面,强调人与空间的和谐关系和人性化设计细节

日本住宅设计尺度紧凑,多数户型的套内面积不大,以 $70m^2$ 的两居和 $90m^2$ 的三居为主,平均套内面积在 $80m^2$ 左右,使用率一般不低于 80%。户型设计虽紧凑,但功能齐全,并不以牺牲功能空间为代价,见图 1.1-5。

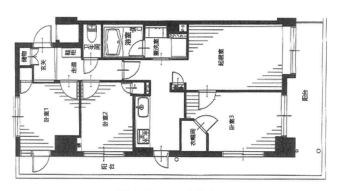

图 1.1-5 日本住宅
（东京都荒川区东日暮里 3 丁目公寓）

东南亚住宅

东南亚地区的住宅从建筑到空间组织、结构再到装饰,无不体现出浓厚的地域特色和传统文化精神,特别是内向式的庭院在现代家居中的普遍出现,更强调了传统的人与人之间的情感依附和由此表现出的亲情观念。在现代住宅中,东南亚建筑师大量采用先进技术,以发掘传统的本土材料在家居设计中的创新性应用为己任,见图 1.1-6。

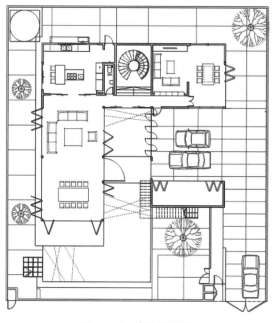

图 1.1-6 东南亚住宅
（新加坡 Glenhill Saujana 别墅）

柏林住宅

IBA 的主题——"内城作为居住场所"

为弥补战后城市发展的不足，建设一个尺度宜人的，高品质的内城居住空间而提出。

"城市别墅"是 18 世纪柏林中产阶级的一种典型住宅，适合于分层出租，3～5 层的一梯一户或一梯多户，其原型是威廉皇帝时代城市中产阶级介于"出租营"和别墅之间的点式多层住宅。随着战后柏林居民对福利性大住宅区的居住状况不再满足，建筑师们把这种形式运用到了福利住宅之中，设计出一梯多户的小体量住宅建筑，以适应内城空间。其以接近方形的平面，一梯多户，3～6 层的小体量，以及更加人性化的外部空间和突出的个性风格，满足了部分柏林居民对"绿色柏林"的怀旧情结，见图 1.1-7。

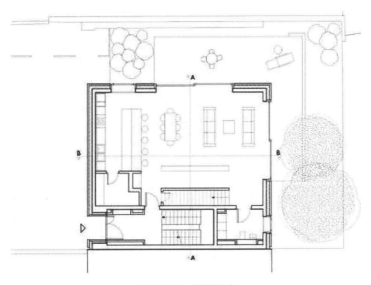

图 1.1-7　柏林住宅
（Prenzlauer Berg 街区内院公寓）

20 世纪 90 年代，柏林住宅建筑进入了一个新的发展时期，在继承 IBA 成果的基础上表现出新的发展趋势，主要体现在：

1. 住房体制从单一的福利化向多样化演变；

2. 住宅设计的国际化竞争继续发展；

3. 功能混合的思想日益体现；

4. 建筑外部空间追求城市感；

5. 层数降低，密度增高；

6. 住宅设计强调个性化和多样化；

7. 旧住宅区更新和旧住宅改造取得很大成绩；

8. 节能和生态思想在住宅建筑上得到进一步发展。

1.2 住宅的分类

我国的住宅发展过程中，依据不同的标准有多种分类方法。其中主要有根据消防设计要求的楼高度分类；根据主要承重结构体系为依据的结构形式分类；根据户内楼层空间形式划分的分类方法；根据住宅建筑技术划分的分类方法。

住宅根据不同的标准，主要分为以下几类，见表 1.2-1 ~ 表 1.2-4。

按高度分类 表 1.2-1

类型	定义
低层住宅	一层至三层住宅
多层住宅	四层以上，建筑高度不大于 27m 的住宅建筑（包括设置商业服务网点的住宅建筑）
高层住宅（二类）	建筑高度大于 27m，但不大于 54m 的住宅建筑（包括设置商业服务网点的住宅建筑）
高层住宅（一类）	建筑高度大于 54m 的住宅建筑（包括设置商业服务网点的住宅建筑）
超高层住宅	建筑高度大于 100m 的住宅建筑（包括设置商业服务网点的住宅建筑）

按结构形式分类 表 1.2-2

类型	特点
砖混结构住宅	指建筑物中竖向承重结构的墙，柱等采用砖或砌块砌筑，柱，梁，楼板，屋面板，桁架等采用钢筋混凝土结构。通俗的讲，砖混结构是以小部分钢筋混凝土及大部分砖墙承重的结构
砖木结构住宅	指建筑物中承重结构的墙，柱采用砖砌筑或砖块砌筑，楼板结构，屋架用木结构共同构筑成的房屋
钢筋混凝土结构住宅	指房屋的主要承重结构如柱，梁，板，楼梯，屋盖用钢筋混凝土制作，墙用砖或其他材料填充。这种结构抗震性好，整体性强，耐火能力高，多用于高层住宅
钢结构住宅	以钢作为建筑承重梁柱的住宅建筑，这种结构强度高，自重轻，安全性好，可重复利用

按楼层空间分类 表 1.2-3

类型	特点
平层住宅	每个户型空间在同一标高上的单元式住宅
跃层住宅	一套住宅占用两个楼层，通过内部楼梯相连接；一般在首层安排起居，厨房，餐厅，卫生间，二层安排卧室，书房，卫生间等
复式住宅	一般是指每户住宅在较高的楼层中增建一个夹层，两层合计的层高要大大低于跃层式住宅，其下层供起居用，如炊事，进餐，洗浴等；上层供休息睡眠和储藏用

按技术类型分类 表 1.2-4

类型	特点
装配式住宅	其全称是"预制装配式住宅"，是用工业化的生产方式来建造住宅，将住宅的部分或全部构件在工厂预制完成后运输到施工现场，将构件通过可靠的连接方式组装而建成的住宅，在欧美及日本被称作产业化住宅或工业化住宅
绿色住宅	采用新型节能围护体系和综合节能技术措施，使采暖地区的住宅采暖能耗降低，达到国家规定的节能目标，并在其全寿命周期内，最大限度地节约资源，保护环境和减少污染，为人们提供良好的居住功能和环境质量，与自然和谐共生的住宅
智能化住宅	是指将各种家用自动化设备，电气设备，计算机及网络系统与建筑技术和艺术有机结合，以获得一种居住安全，环境健康，经济合理，生活便利，服务周到的感觉。使人感到温馨舒适，并能激发人的创造性的住宅型建筑物。一般具备安全防卫自动化，身体保健自动化，家务劳动自动化，文化娱乐信息自动化四种功能

1.3 住宅设计特点

在诸多类型的设计项目中，住宅是颇为独特的。其不同于其他类型公共建筑，而是与千家万户的日常生活紧密相关。随着社会经济水平和人们生活水平的提高，居住标准也在不断提高。可以说，人人心中都有一个对自己或社会未来居住场所的蓝图。也正是因为这一点，让住宅类项目的设计成为一个多角度及多方参与或决策的项目类型。

住宅设计不完全属于开发商，也不全属于建筑设计师，也不全属于住户。在设计过程中开发商向建筑师提出他的意向，而建筑师就运用工程学专业的知识，为开发商的意向赋予具体的形态。待建筑物建成后，住户可能又会在使用的过程中对建筑做出一些修改来适应自己的需要。所谓建筑，正是这三者共同协作，相互沟通的产物，见图1.3-1。

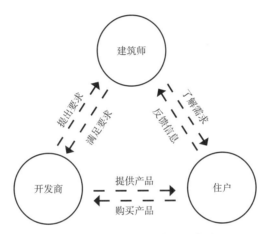

图 1.3-1 建筑师、开发商、住户关系图

如果建筑完全遵循开发商的意向，那么它就只是一种商业行为；如果完全按照建筑师的意向，那就只能是一种艺术行为；如果完全依着住户的意向，那它又只能说是一种生活行为。所以说，建筑设计并不属于以上三种行为中的任何一个，它是"存在于三者之间的，是一种创造的行为"。

以使用对象（住户）为目标的设计

住户是住房商品的最终投资者和使用者。作为建筑师，必须清楚地知道住户在想什么，需要什么。建筑师与住户之间只有加强相互交流，审美观才能日渐趋同，设计的产品才能赢得市场的考验。因此，市场调研，消费群体的准确定位是住宅设计前期的必修课；同时，尊重使用者的需求，尊重地域文化特点，住宅的设计才能获得成功。

开发商的设计产品化需求

市场化进程对于住宅的建设，规划和设计提出了高要求，而作为投资者，在限定的用地条件下，在满足城市规划要求的前提下尽可能创造有特色及差异化的设计产品，是开发商的关注焦点，从而也成为实际的行业运作主体，其对设计的主导与把控是不容忽视的，住宅的发展与设计，也就打上了开发商的烙印。

住宅的社会性与商品性对于住宅的设计与建设的要求，使得在限定的用地条件下，在满足城市规划要求的前提下尽可能创造有特色及差异化的设计产品，成为市场竞争的关注焦点，见图1.3-2。

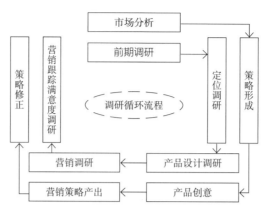

图 1.3-2 前期调研流程（专业策划）说明图

建筑师的专业价值

建筑师为消费者服务，同时也为开发商服务。他是连接开发商与住户之间的纽带。建筑师将住户零散、大众化的生活理念提炼组合，使开发商为社会提供合理的产品，同时建筑师对设计的理解及创新，也引领了整个消费市场。建筑师只有准确把握时代脉搏，走在时代的前沿，拓宽视野，立足创新，才能在设计的道路上走得更远。

建筑师的专业素养与职业道德，使得其对城市规划与公众利益的保障；对居住文化和居住空间的创造性理解；对地域特点，居住对象生活习惯的提炼以及对专业技术与材料的应用提出了更高的要求。建筑师承担了更多的社会责任，更关注人的基本需求、心理需求、社会行为需求，更关注住宅的基本功能以及注重社会效益，如环境问题、可持续发展问题、人居生活质量问题；更注重城市设计、社区设计、环境设计等社会效益，见图1.3-3。

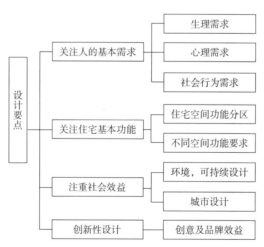

图 1.3-3 建筑师所关注的设计要点

规范标准的差异性

住宅设计除了全国性的标准法规外，各地的《城市技术管理规定》中对于建筑间距、用地退让、日照及消防等的具体要求也不尽相同，从而使各地的住宅从平面布局到单体设计也各具特色。因此，住宅设计往往从研究与理解当地技术标准入手，形成可实施的方案。另外，"计容面积"作为商品住宅设计中的敏感词汇，某些项目的建筑面积的计算规则还需参考项目所在地当局的《面积计算细则》，同时，作为房地产类项目，商品住宅在不同领域内的面积计算规则也存在差别。

建筑面积计算差异性说明表　　　　　　　　　　　　　　　　　　表1.3-1

名称	《建筑工程建筑面积计算规范》GB/T 50353—2013[1]	《房产测量规范　第1单元：房产测量规定》GB/T 17986.1—2000[2]
层高/净高	层高2.20m及以上计算全面积；层高不足2.20m计算1/2面积；坡屋顶净高超过2.10m计算全面积；净高在1.20m至2.10m计算1/2面积；净高不足1.20m不计算面积（具体还应参见各地方标准）	层高2.20m以上（含2.20m）计算面积，层高低于2.20m不计算面积
地下室，半地下室，有永久性顶盖的出入口	按其外墙上口（不包括采光井，外墙防潮层及保护墙）外边线所围水平面积。层高2.20m及以上计算全面积；层高不足2.20m计算1/2面积	层高2.20m以上的，按其外墙（不包括采光井，外墙防潮层及保护墙）外围水平投影面积计算；层高小于2.20m不计算面积
架空层	建筑物架空层及坡地建筑物吊脚架空层，应按其顶板水平投影计算建筑面积。结构层高在2.20m及以上的应计算全面积；结构层高在2.20m以下的，应计算1/2面积	依坡地建筑的屋顶，利用吊脚做架空层，有围护结构的，按其高度在2.20m以上部分的外围水平面积计算
架空走（通）廊	建筑物间的架空走廊，有顶盖和围护结构的，应按其围护结构外围水平面积计算全面积；无围护结构，有围护设施的，应按其结构底板水平投影面积计算1/2面积	房屋间永久性封闭的架空通廊，按外围水平投影面积计算，有顶盖不封闭的永久性架空通廊，按外围水平投影面积的一半计算；无上盖的架空通廊，不计算面积
走廊，挑廊，檐廊	有维护设施的室外走廊（挑廊），应按其结构底板水平投影面积计算1/2面积；有维护设施（或柱）的檐廊，应按其维护设施（或柱）外围水平面积计算1/2面积	与房屋相连有上盖无柱的走廊，檐廊，未封闭的挑廊，按围护结构外围水平投影面积的一半计算
楼梯间，水箱间，电梯机房等	建筑物顶部有维护结构的楼梯间，水电箱间，电梯机房等，层高2.20m及以上计算全面积；层高不足2.20m计算1/2面积	房屋天面上，属永久性建筑，层高在2.20m以上的楼梯间，水箱间，电梯机房及斜面结构屋顶在2.20m以上的部分，按外围水平投影面积计算
阳台	在主体结构内的阳台，应按其结构外围水平面积计算全面积；在主体结构外的阳台，应按其结构底板水平投影面积计算1/2面积	全封闭阳台按外围水平投影面积计算；未封闭的阳台按围护结构外围水平投影面积的一半计算
门厅，大厅	按一层计算建筑面积；设有回廊时，按其结构底板水平面积计算、层高2.20m及以上计算全面积；层高不足2.20m计算1/2面积	按一层计算建筑面积；回廊部分层高在2.20m以上的，按水平投影面积计算

住宅的商业属性

住宅的开发建设需要较长的生产周期、较大的资金投入，交付使用后其现状不易发生改变，人们对其居住的使用功能高度依赖。所以购买住宅是一种商业行为，但是又区别于购买日常消耗品或其他耐用品等商业行为，住户会更加谨慎地做出决策。同时，其造价的合理，成本的控制，

---

[1]《建筑工程建筑面积计算规范》GB/T 50353—2013是为规范工业与民用建筑工程建设全过程的建筑面积计算，统一计算方法而制定，适用于新建、扩建、改建的工业与民用建筑工程建设全过程的建筑面积计算。

[2]《房产测量规范　第1单元：房产测量规定》GB/T 17986.1—2000是由建设部及国家质量技术监督局在2000年8月起实施的，适用范围为房产产权、产籍管理、房地产开发利用、交易、征收税费、以及为村镇规划建设提供数据及资料。

科学合理的工期及项目施工管控对于项目投入市场后的成败与否起着重要的作用。

城市的差异性对住宅设计的影响

我国南北地区由于地理气候环境，人居生活要求，经济文化形式，民族风俗习惯等的不同，商品住宅设计客观存在差异性。从自然环境因素考虑，南方地区更加注重小桥流水人家的自由式规划布局，而北方则因更多考虑防风，阳光采集等要求而规划局部相对规整；同时，南北地区商品住宅在厨卫设计，阳台设计，门窗选用，外墙设计等方面，也存在差异性。如南方地区较多采用露台，而北方地区阳台多为封闭式，见图 1.3-4 ～ 图 1.3-6。

图 1.3-4 北京某住宅鸟瞰图

图 1.3-5 深圳某住宅鸟瞰图

图 1.3-6 深圳某住宅鸟瞰图

1.4 类住宅产品

近年来出现了一些新的被称为公寓[1]形式的居住产品，如 SOHO、LOFT、养老公寓等，统称类住宅产品，见图 1.4-1 ~ 图 1.4-4。其影响因素主要是：土地使用性质、规划指标限制、使用人群需求等。

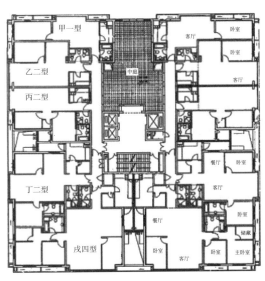

图 1.4-1 北京 SOHO 现代城标准层平面图

图 1.4-2 北京 SOHO 现代城
项目名称：SOHO 现代城
项目地址：北京
建筑面积：48 万 m²
总用地面积：7.3 万 m²
容积率：4.20
绿化率：30%
建成时间：2001 年

图 1.4-3 大连维多利亚广场
项目名称：维多利亚广场
项目地址：辽宁大连
建筑面积：552801m²
总用地面积：4.3 万 m²
容积率：13.0/7.6
绿化率：38%
建成时间：2018 年

图 1.4-4 上海万立城
项目名称：上海万立城
项目地址：上海嘉定
建筑面积：486539m²
总用地面积：95175m²
容积率：3.00
绿化率：30%
建成时间：2017 年

SOHO

SOHO，即 Small Office Home Office。其建筑的概念可以界定为：为家庭办公，灵活办公和

---

[1] 公寓一般指为特定人群提供独立或半独立居住使用的建筑，通常以栋为单位配套相应的公共服务设施。公寓中居住者的人员结构相对住宅中的家庭结构简单，而且在使用周期中较少发生变化，且一般以栋为单位甚至可以以楼群为单位配套。例如，不必每套公寓设厨房、卫生间、客厅等空间，而且可以采用共用的空调，热水供应等计量系统。

小型办公人员提供小型办公空间和居住空间，其特征是两种功能空间在空间和时间上高度复合化，并可以相互转化的一种建筑形式。SOHO 属于公寓式办公的概念，不同于一般办公建筑类型，公寓式办公是办公与居住一体化的设计，在平面单元内复合了办公功能与居住功能，主要满足小型公司与家庭办公的特点与需求。

LOFT

LOFT 是"内部有少量隔断的挑高开敞空间"，具有流动性，开放性，透明性，艺术性等特征，是一种当下流行的新型类住宅设计产品。

LOFT 公寓不单单是一种住宅形式，更重要的是它代表了一种全新的自由、个性的生活方式。LOFT 公寓开敞的内部空间具有工业建筑的尺度感，室内通过合理巧妙的楼梯设置来进行垂直方向的空间划分。其较高的层高，可自由分隔的内部空间具备"小户型，大空间"的居住特点。

养老社区

养老社区主要由老年人居住建筑和老年人照料设施构成。居住模式主要可以分为多代合住型、自理型居住、介助型居住、介护型居住、失能失智型居住，见图 1.4-5，图 1.4-6。

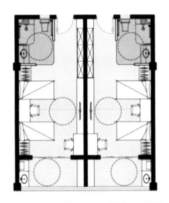

图 1.4-5　自理型一居室平面图

图 1.4-6　护理型平面图

国外老年居住建筑类型说明图[1]　　　　　　　　　　　　　　　　表 1.4-1

国家	类型	功能
美国	独立式老年人住宅	满足有自理能力的老年人需求，一般为普通住宅和老年人专用住宅，大多布置在社区中心附近，结合社区服务设施、社交场所、医疗中心及交通设施
	集合式老年人住宅	有专门的服务人员提供老年人所需服务，一般不包括医疗和护理。住宅内有方便、安全的社交娱乐场所和公共食堂等各类设施，并有完备的保卫和报警系统
	护理型老年人住宅	提供全面的护理和医疗服务，建筑按无障碍设计。卧室卫生独立，起居室和厨房共用
日本	两代居	是在公共住宅里设计适合于老少多代共居的大型居住单元，对厨、厕、门厅和居室分隔功能都作了相应考虑，对多代人生活方式和生活规律上的差异在室内空间上作了相应处理
	养老院	又称为老人之家，分为公立（养护老人之家和特别养护老人之家）、低费（轻费老人之家）和完全自费（收费老人之家）3 种
新加坡	多代同堂组屋	其空间关系基本相同，分为主体房和单房公寓，以起居室连通，两户既分又合，适应两代和谐共处

[1]　参见《老年人照料设施建筑设计标准》JGJ 450—2018《城镇老年人设施规划规范》GB 50437—2007 的规定和要求。

养老社区中的老年人建筑主要满足健康活力老人的多代合住型和自理型居住需求。

养老社区中配备的老年人照料设施，其功能要为老年人提供日常的衣食住行及护理保健，也要接待老年人短期或长期的居住，并为社区内健康的老人提供交往、娱乐的场所与机会。

老年人居住建筑

老年人居住建筑是专为老年人设计，供其起居生活使用，符合老年人生理、心理及服务要求的居住建筑，特指按套设计的老年人住宅，老年人公寓及配套餐饮、清洁卫生、文化娱乐、医疗保健等服务体系，是综合管理的居住建筑类型。

除此之外，随着老年人身体机能的衰退，需要考虑入户提供护理服务的可能性，特别是要考虑生活不能自理老人的生活和照料，这需要从建筑规划到单体设计上综合考虑。

老年人照料设施的功能

老年人照料设施的功能空间由老年人生活用房、文娱与健身用房、康复与医疗用房、管理服务用房、交通空间组成。各类老年人照料设施建筑的基本用房设置应满足照料服务和运营模式的要求。老年人照料设施的空间构成的目标，要使生活在其中的老人既有归属感，又能拓展其行动半径，既能保证其安定的生活环境，又很容易与家人或同设施的老人以及工作人员建立一种和谐、友好的关系，见图1.4-7。

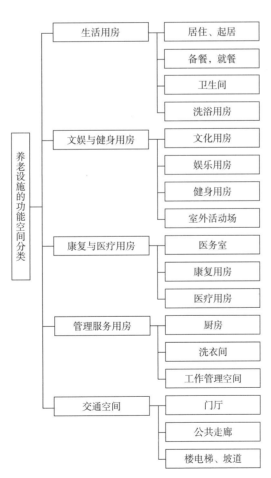

图 1.4-7　老年人照料设施的功能空间分类

1.5 住宅设计流程

住宅开发建设管理流程图（图1.5-1）

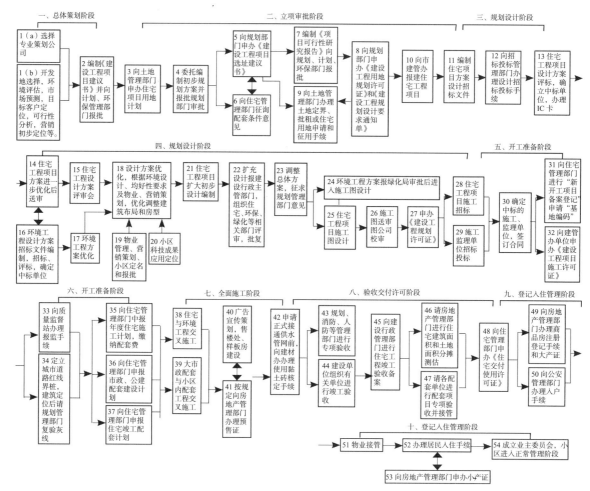

图1.5-1 住宅开发建设管理流程图

商品房设计过程主要包含以下几个阶段：

地产开发商主导的购地方案，概念策划，住宅地产规划，单体产品设计，精装修设计等。这一过程涵盖了设计师从面临市场，开发商到使用客户的全程服务。各阶段主要工作内容如下表1.5-1。

商品房设计流程			表1.5-1
	设计内容	设计依据	设计任务	设计目的
购地方案	针对地产商意向取得的土地，围绕其产品，开发模式进行的整体定位与物业发展的研究。通过对周边环境的深入调研，对项目产品组合，规划分析，单体设计，环境景观等提出系统的初步概念	业主提供的电子版地形图，《土地出让书》，当地《城市规划管理条例》，产品线研究（土地，客户，产品），策划报告（或自己调研）	在对市场的理解及满足业主自身需求的前提下，对已取得的土地进行概念性的策划设计，对项目进行规划方面的具体建议，形成独具特色的产品线	为业主与政府沟通及策划公司的介入提供导向性依据，为进一步的方案设计提供概念指向

续表

	设计内容	设计依据	设计任务	设计目的
概念策划	针对开发商意象取得土地，通过对产品组合的比较，对开发货值进行系统分析，得出最优组合，同时对区域进行研究，兼顾政府对城市空间与形态的控制要求，形成初步强排方案，使开发商根据购地方案权衡其经济与社会效益，最终形成报价，参与土地拍卖	业主提供的地形图纸及简要的经济技术指标，容积率，日照要求，用地退界，停车要求等	通过对用地及业主要求的理解进行总体设计及指标计算	为业主购地提供经济技术支持，形成对市场的预判及购地成本的依据
方案设计	针对开发商已取得的土地，进行方案研究，通过对基地，政策，客户需求的分析，对项目产品，盈利模式，分期开发，主题植入，物业管理，社区配套，竖向设计，管线综合，景观设计和成本控制等进行全方位的深入研究，形成具有实际操作性的方案	被业主及政府认可的概念方案或业主提供的详细方案设计任务书及当地有关政策管理条例，国家相关标准	在与业主良好沟通的前提下，对项目的整体定位，物业类型，功能布局，交通组织，产品特色进行全方位的设计，结合结构与设备专业的进入，以使土地价值最大化，资源利用最大化，形成独具特色的概念方案	为进一步深化设计提供技术支持
深化设计	在初步设计及施工图设计中，结构与设备专业的实施操作，会对建筑设计造成一定的影响，对原有设计方案进行改进和优化。比如结构的覆土要求，设备管道的直径和坡度要求等，会对地下车库甚至整个场地提出要求，剪力墙的配置，电梯井道的尺寸，设备管井的大小等，都会对原有方案提出更高的要求。在此阶段，建筑需根据各专业要求综合考虑，整体深化，形成具备实施条件的设计图纸，为后期土建施工做准备	政府有关部门发放的方案批文以及报批通过的设计图纸	形成具备一定深度的完整的设计图形文件。使项目具备开工实施条件	为土建施工做准备
精装修设计	对已有的设计图纸进行室内精细化设计，确定总体室内建筑概念、家居布置、饰面材料、节点设计、卫生间及厨房等重要空间的精细化设计及样板房设计等	有关部门审核通过的施工图纸	通过实行土建、装修一体化设计，使设计过程更完善，各专业配合更精确，设计成果更合理	建筑设计室内设计相结合，以解决土建、设备安装和装修部件的衔接，逐步使住宅装修实现标准化、模数化、通用化的工业化装修模式

1.6 产品策划

产品线研究

产品线（Product Line）是指一群相关的产品，这类产品可能功能相似，销售给同一客群，经过相同的销售途径，或者在同一价格范围内。如果能够确定产品线的最佳长度，就能为企业带来最大的利润，见表1.6-1，图1.6-1。

a. 产品线内涵

从繁杂的项目开发过程中，梳理土地，客户和产品的对应关系，提供整套准确的设计解决方案。

b. 品牌开发商产品线特征分析。

品牌开发商产品线分析　　　　　　　　　　　　　　　　表1.6-1

开发商	产品线特征	产品线定位
开发商一	以中档物业为主，逐步扩展商业物业	为成功人士及广大白领阶层打造高品质住宅和现代化生活方式。金地集团的目标为80%为中档物业，20%为高端产品，获得较为理想的销售业绩
开发商二	以物业发展和物业出租为主要业务，也即"住宅＋商业"的物业组合模式	奉行"城市精品主义"的产品线定位，打造近郊产品，市区产品和都市综合体产品三大精品系列
开发商三	追求独特构思，细致周全的内部格局及令人赏心悦目的小区环境	以"大众开发"为公司核心业务定位

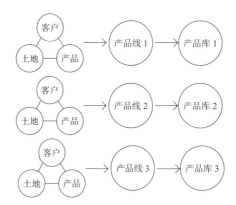

图1.6-1　产品线关系说明图

策划流程及内容，见表1.6-2。

策划流程及内容　　　　　　　　　　　　　　　　　　表1.6-2

策划流程	包含内容
土地属性分析	从土地的地理位置，交通条件，配套设施，景观资源，土地价值，客户认知度等方面入手进行分析定位，以对应不同客户群需求
客户特征分析	从周边客户的家庭构成，年龄梯度，职业背景，收入状况等进行分析，旨在推出不同的产品系列及梯度
拆分容积率	在总容积率限定下，为了确保利润最大化并兼顾其他开发目标，需要对容积率进行拆分。这种拆分，需要与总建筑量保持一致，又需要维持项目的开发目标
规划分析建议	根据项目所处地理位置及客户特性的分析，从政府规划及自身定位着眼，以土地价值最大化，资源利用最大化为原则，营造独具特色的社区环境及人居条件
建筑设计建议	包括建筑风格与特色，建筑的形体塑造，建筑立面装饰与色彩，建筑材料及高新技术的运用等方面的建议
户型建议	就项目所在位置的区域，对当地各种相关户型进行研究及分析，包括目标户型面积的分布区域，竞争楼盘调查等，针对市场上的热销户型，主力户型，具体分析，从户型面积，主打户型（两房，三房等），创新手法（入户花园，送露台等）多方面进行资料收集，整理，分析，总结，从而对本项目的具体户型定位给出具有指导意义的建议，设计出具有市场竞争力的户型产品

续表

策划流程	包含内容
配套设施建议	包括学校，幼儿园，会所，商业，医院，银行，超市，公共交通，城市绿地等
园林景观建议	景观设计的主题思想及所呈现的风格特点，一定要以项目的整体规划为原则，满足并配合项目的概念策划和单体建筑风格特点，从植物配置，地面铺装，水体运用，小品设置等多方面着手，强化主体概念，提升居住品质

策划成果一设计任务书

方案设计任务书即建筑设计策划工作的指导书，见图 1.6-2。

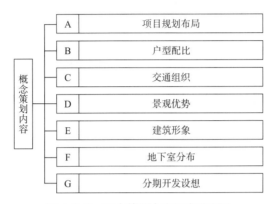

图 1.6-2　概念策划内容组成说明图

方案设计任务书示例

设计成果深度要求

1. 建筑概念方案（包括但不限于）。

（1）彩色平面图（比例 1：500 或 1：1000）：应标明规划建筑、小品、绿地、道路、广场、停车场的布置和地位，附经济技术指标表。

（2）规划地段位置图：标明规划地块在城市的位置以及和周围地区的关系。

（3）功能分区与产品类型分布图：住宅配套等功能分布。

（4）道路交通和分析图：分级体现路网结构、地形设计。

（5）景观绿地系统分析图。

（6）住宅及相关建筑的平面图、主要立面图和剖面图：地下室平面图和剖面图：表示各建筑的相关彩色三维效果图。

（7）方案估算。

2. 设计成果提供方式及其他要求。概念方案设计文本装订成册共计 10 套，文本装订尺寸为 A3。

3. 设计进度要求。概念方案阶段：设计时间以任务书发放起 25 个日历天后，中间根据设计单位需要进行设计沟通。

4. 甲方提供的附件资料。

附件 1：产品定位策划及集团策划评审意见

附件 2：地块地形图电子文件

附件 3：某市城市规划管理技术规定

附加 4：关于项目的规划条件

1.7 方案设计

创意概念

创意概念设计一般在已有的策划方案（报告）的基础上，形成设计的主题思想，强化设计理念，并通过具体的设计手法，为主题概念提供有力的支持体系，见图 1.7-1 ~ 图 1.7-6。

通过引入人文概念优化产品意境

项目名称：万科海上传奇
项目地址：上海浦东
建筑类型：高层，多层
总建筑面积：289219m²
总户数：2256 户
容积率：2.0
定位：高端国际社区

图 1.7-1　上海万科海上传奇鸟瞰图　　图 1.7-2　上海万科海上传奇透视图

万科海上传奇住宅社区项目在规划上强调布局灵活，开放空间，景观与建筑有机融合，建筑设计在充分遵循古典建筑构图形式法则的同时，中式细部设计，使得社区整体环境亲切、怡人、精致，充分体现人性化的设计理念。

通过规划及房型设计提升产品内在价值

项目名称：浅水湾凯悦
项目地址：上海普陀
建筑类型：公寓，别墅
总建筑面积：289219m²
总户数：482 户
容积率：2.02
定位：高端国际社区

图 1.7-3　上海浅水湾凯悦鸟瞰图　　图 1.7-4　上海浅水湾凯悦透视图

浅水湾凯悦设计师有意识降低北部的商业设施的高度，同时扩大了建筑物之间的距离，使基地北部公园的绿色延伸至居住区内部，创造丰富健康的生活环境。在规划设计中重点强化了小区中心位置的绿化景观设计，通过种植高大乔木与局部抬高地坪的处理，隔离了不利环境对居民的生活干扰。

通过细节设计及情景导入丰富产品内涵

项目名称：金地艺境
项目地址：上海宝山
建筑类型：高层，多层
总建筑面积：182000m²
总户数：1912 户
容积率：2.0
定位：多功能混合社区

图 1.7-5　上海金地艺境鸟瞰图　　图 1.7-6　上海金地艺境透视图

金地艺境采用美国褐石的建筑风格，立面以褐色砖面及石材为主，营造高低院落深浅褐石之感，尽情感受纯粹美国风情，享受惬意生活。建筑采用交错退台的方式，除2层外，其余楼层均有阁楼设置，南北向退台呈犬牙形交错，保证每层均有露台面积。

建筑创新

以小户型为主的刚需型住宅产品具有较好的销售市场，但是竞争日趋激烈，同质化现象严重，户型面积适中的改善型住宅产品虽然逐渐回暖，但也面临着和刚需产品类似的困境。开发商寻求突围，就对设计公司提出了更高的要求，因此在一定面积段限定条件下的设计创新就成为摆在设计师面前的一项重要课题，见图 1.7-7 ~ 图 1.7-12。

地下层平面图

一层平面图

二层平面图

三层平面图

图 1.7-7 90墅透视图

图 1.7-8 90墅平面图

"90墅"指小户型联排、叠加、花园洋房等别墅项目，以及小独栋别墅，其以作创新型别墅产品为导向，以高性价比作为居住创新亮点，单套面积通常控制在 90m² 左右，且具备别墅多项功能。

蔷薇九里采取了高层/低层住宅分别成区,分别管理的形式,高层住宅由 32 栋 11 ~ 12 层住宅组成,联排别墅沿地块西南部呈鱼骨式紧密排列,主要有 85m²、103m² 两种产品,为 90 创新别墅代表作。

图 1.7-9 青蛙别墅透视图

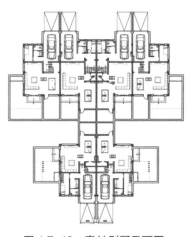

图 1.7-10 青蛙别墅平面图

"青蛙别墅"是一种将联排与双拼前后错落布置的创新型别墅产品。双拼别墅位于南面，占据较小的面宽，四联排位于北侧，通过每户的前庭后院形成私家院落与公共院落等一系列围合空间，独门独户，尊重私密感的同时，又不乏合院形式的共享空间，成为别墅类创新产品的代表。

图 1.7-11 合院别墅透视图

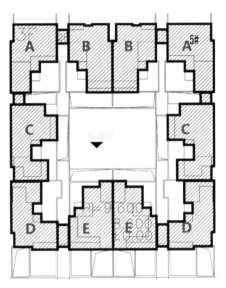

图 1.7-12 合院别墅平面图

五种不同的户型单元，十户围合的空间布局。

户型面积 280 ～ 320m²。

中庭花园扩展了邻里之间的交流。

可视实际需要对十合院进行拆分，取其部分。

地下室层高 5.9m，实际为双层地下室。每户赠送 100 ～ 160m² 不等（地下一层），相当于容积率由 0.75 提高到了 1.10，附加值很高。

预留了电梯空间。

技术创新

在考虑自然环境与人文环境和谐的前提下，

"绿色建筑"与"可持续发展"成为新世纪技术创作的必由之路。由此产生"太阳能住宅""节能住宅""智能生态住宅""抗震住宅""网络住宅"等。

绿色建筑

绿色建筑就是城市建筑生态化的产物。它的基本内涵是减轻建筑对环境的负荷，节约资源及能源，提供安全、健康、舒适性良好的生活空间，亲近自然，并能够做到人、建筑、环境的和谐共处和永续发展。

绿色建筑评价指标体系由节地与室外环境，节能与能源利用，节水与水资源利用，节材与材料资源利用，室内环境质量，施工管理和运营管理 7 类指标组成。每类指标均包括控制项和评分项。评价指标体系还统一设置加分项。设计评价时，不对施工管理和运营管理 2 类指标进行评价，但可预评相关条文。运行评价应包括 7 类指标。

绿色建筑分为一星级、二星级、三星级 3 个等级。3 个等级的绿色建筑均应满足《绿色建筑评价标准》GB/T 50378—2014 所有控制项的要求，且每类指标的评分项得分不应小于 40

分。当绿色建筑总得分分别达到 50 分、60 分、80 分时，绿色建筑等级分别为一星级、二星级、三星级。

第1章

概述
1.1 基本概念
1.2 住宅的分类
1.3 住宅设计特点
1.4 类住宅产品
1.5 住宅设计流程
1.6 产品策划
1.7 方案设计
1.8 深化设计

绿色建筑各类评价指标权重（住宅建筑） 表 1.7-1

	节地与室外环境（w1）	节能与能源利用（w2）	节水与水资源利用（w3）	节材与材料资源利用（w4）	室内环境质量（w5）	施工管理（w6）	运营管理（w7）
设计评价	0.21	0.24	0.20	0.17	0.18	—	—
运行评价	0.17	0.19	0.16	0.14	0.14	0.10	0.10

预制装配式住宅

预制装配式混凝土结构简称 PC（Prefabricated Concrete），其工艺是以预制混凝土构件为主要节点构件，经装配、链接，结合部分现浇而形成的混凝土结构。通俗来讲就是按照统一、标准的建筑部品规格制作的房屋单元或构件，然后运至工地现场装配就位而生产的住宅。是用工业化的生产方式来建造住宅，见表 1.7-2。

预制装配式建筑优势说明表 表 1.7-2

灵活多变	可以制作各种轻质隔墙分隔室内空间
施工方便	模板和现浇混凝土作业很少，预制楼板无需支撑，叠合楼板模板很少
建造速度快	建筑尺寸符合模数，建筑构件比较标准，具有较大的适应性，预制构件表面平整，外观好、尺寸准确
预制周期短资金回收快	由于减少了现浇结构的支撑、拆模和混凝土养护等时间，施工速度大大加快，从而缩短了贷款建设的还贷时间，减少了整体成本投入，具有明显的经济效益
充分利用工业废料	变废为宝，以节约良田和其他材料
全自动化和现代化控制	促进建筑工业的工业化大生产
减少浪费、保护环境	采用预制或半预制形式，现场湿作业大大减少，有利于环境保护和减少噪声污染，更能减少材料和资源浪费

装配式住宅的优点

1. 高效率：与传统方式相比，工厂生产不受恶劣天气等自然环境的影响，工期更为可控，且生产效率远高于手工作业。

2. 精度高：装配式建筑误差达毫米级。

3. 质量高：构件工厂化生产，质量大幅提高。

4. 可大幅降低人工依赖。

5. 干法现场装配，节水节电节材环保。

6. 有较完整的标准设计体系。

智能化住宅

智能化住宅是指以拥有一套先进、可靠的网络系统为基础，将住户和公共设施建成网络并实现住户、社区的生活设施、服务设施的计算机化管理的居住场所。由众多智能楼宇组成，旨在通过高度集成的通信和计算机网络，把社区的保安、物业、服务及公共设施连接起来，实现智能化和最优化管理。

现代的智能化住宅包括五大功能：安全、保健、节能环保、智能家电和社区服务。效率远高于手工作业。

1.8 深化设计

设计内容及任务

在方案图纸报批通过后，进行深化设计，包括初步设计与施工图设计。主要针对已完成的设计方案，进行总体，单体及环境的细化，同时考虑到结构与设备的具体实施，形成可施工的图纸，为后期土建施工做准备，见图 1.8-1 ~ 图 1.8-5。

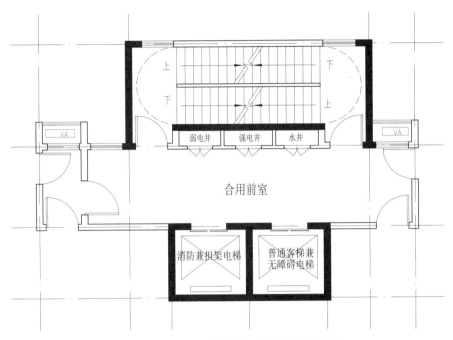

图 1.8-1 核心筒－方案阶段平面图

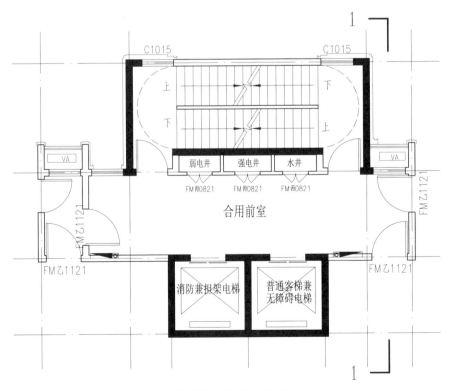

图 1.8-2 核心筒－初步设计阶段平面图

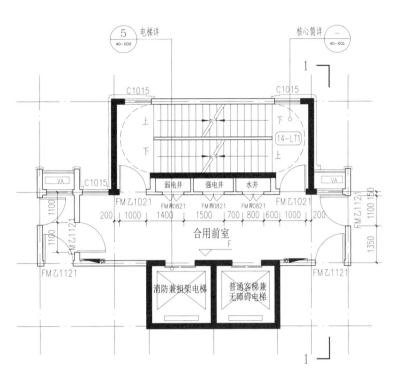

图 1.8-3 核心筒 – 施工图阶段平面图

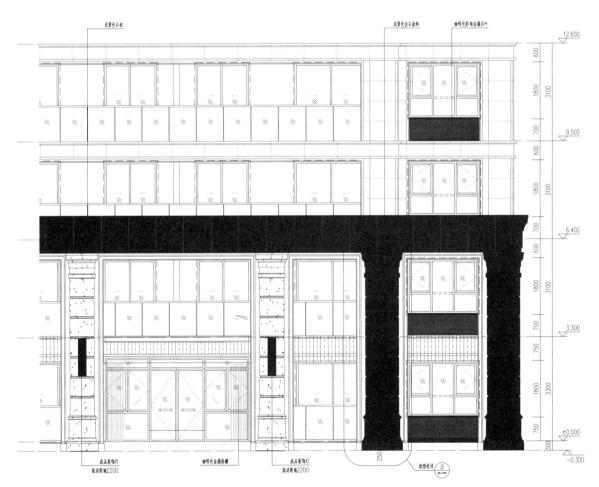

图 1.8-4 立面深化图

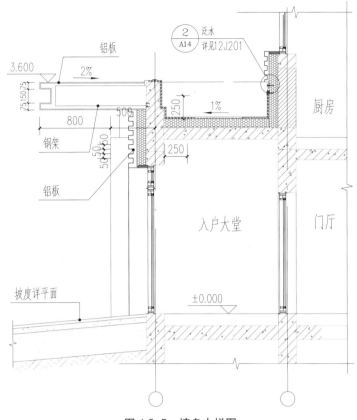

图 1.8-5 墙身大样图

初步设计及施工图设计

工作目标：在初步设计及施工图设计中，结构与设备专业的实施操作，会对建筑设计造成一定的影响，对原有设计方案进行改进和优化。在此阶段，建筑需根据各专业要求综合考虑，整体深化，形成具备实施条件的设计图纸，为后期土建施工做准备。

工作内容：工程施工图设计应形成所有专业的设计图纸：含图纸目录，说明和相关图纸，并按照要求编制工程预算书。施工图设计文件，应满足设备材料采购，非标准设备制作和施工的需要。

精细化设计

工作目标：综合建筑、结构、设备、室内、景观等多专业的细致配合，做到布线美观、功能完善、空间利用充分，实现住宅整体性能的改善。

工作内容：包含住宅单元公共空间的精细化设计，套内空间的精细化设计，结构、设备设施精细化设计以及工业化与全装修设计等，见表1.8-1。

精细化设计工作内容 表 1.8-1

小区边界设计	主次出入口，围墙以及与外部 城市界面相关的绿化景观带
机动车与非机动车动线设计	地库口部，地下入户大堂
各级出入口设计	小区入口，组团入口，单元门厅，电梯厅，入户门
景观设计	入口景观，中心景观，组团景观

CHAPTER

第 2 章　总体设计

2.1 总平面概述

概念

按照我国的一般开发模式及《城市居住区规划设计标准》（以下简称《标准》）的规定，住宅开发项目基本规模一般是"居住街坊"一级的，大型社区可以达到"五分钟生活圈"及以上的规模。按照《标准》的名词解释，"居住街坊"由支路等城市道路或者用地边界围合的住宅用地，是住宅建筑组合形成的居住基本单元；居住人口在 1000 ~ 3000 人（约 300 ~ 1000 套住宅），并配建有便民服务设施。"五分钟生活圈居住区"为以居民步行五分钟可满足其基本生活需求为原则划分的居住区范围：一般由支路及上级城市道路或用地边界所围合，居住人口规模为 5000 ~ 12000 人（约 1500 ~ 4000 套住宅），配建社区服务设施。

住宅发展概述

住宅的总平面设计包含着从方案到施工图的整个设计过程。

在方案阶段的总平面设计，与"修建性详细规划"有很多相似性，但与建筑单体结合得更紧密，其成果可直接深化，并指导所有建筑单体的施工图设计；与建筑单体的场地设计相比，其设计范围一般更大，需要解决的问题也更多。

按照目前一般的设计实例，在施工图设计阶段，总平面设计的主要工作是分为两类的，见表 2.1-1。

施工图设计阶段总平面设计的工作　　　　　　　　　　　　　表 2.1-1

分类	内容
直接施工	建筑与构筑物的定位、道路与面层的做法、 消防登高场地的位置等
指导性质	竖向设计中场地的控制点标高、绿地范围等 景观设计专业进行小区环境的具体设计

总平面设计趋势

随着社会发展，老龄化和阶层分化对住区设计产生了较大的影响，在总平面设计的特征较为明显。

1. 全龄社区

全龄社区通过整合养老、教育、医疗等资源，可满足不同年龄段的物业配置，又具备居家养老服务标准体系配套，是一种适合全民居住、终生居住的社区。而作为养老核心内容，社区设置一定规模的持有经营的养老服务设施，它还承载着社区内部甚至社区周边范围居家养老的输出服务。有条件的地块还可进一步配备养老院、医院等医疗设施，形成居家养老——机构养老——医院等链条式服务。针对老年人的产权式酒店、养老服务人员培训和管理机构也可以结合全龄社区配备，以服务更多老年群体、并辐射周边更多区域。

养老机构（主要是日间照护中心）可与小区的配套用房结合设置，丰富使用人群、减弱"养老院"的感受；幼儿园宜靠近养老机构，便于老年人接送孩子，更可以提高活力、驱散"暮气沉沉"的氛围；小区绿地作为主要活动场地，可与养老机构结合布局，提供更多户外活动场地。（见图 2.1-1）

2. 定位差异化

商品房会因市场采用两种以上的产品线，在总平面设计上呈现出相对独立的分区、空间上

图 2.1-1　合肥市瑶海区 E1608 号地块

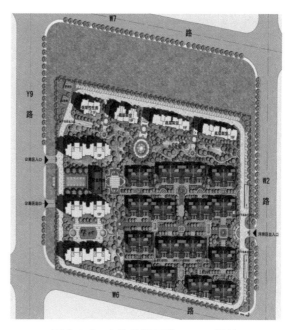

图 2.1-2　上海临港万祥 H0406 地块

呈现出差异较大的高度和体量。由于这种布局方式可能会造成部分城市道路的压迫感、在某些城市已经被限制使用，但是合理应用此类手法会形成较为丰富的天际线、小区内空间较为丰富和具有趣味性，不失为一种较好的布局方式。

为充分利用日照条件，东南高、西北低是常见的差异化布局方式，布局时应注意周边景观资源条件的充分利用、对周边区域的日照影响、对高层区域的城市空间影响，应避免高层过渡集中、小区密度过大。中心绿地作为主要的活动空间，宜靠近人群密集区即高层区域；低多层区域经常为定位较高的产品，使用人群对私人花园、露台更敏感，应注重低多层产品与宅间绿地的关系。定位高端的区域经常会采用独立的出入管理体系，应注意出入口、配套用房的分布位置等，避免入住后产生不同区域住户间的矛盾。（见图 2.1-2）

总平面设计原则

1.经济、有效、合理地使用土地。

2.分区合理，减少干扰、联系紧密。

3.符合当地城市规划对项目的要求。

4.技术经济合理，减少后期运营成本。

5.满足规范要求，解决日照、通风、防火、防洪减灾等重要问题。

6.交通组织合理，各种流线交叉少、干扰小，便于联系但兼顾私密性。

7.景观绿地与地上地下建筑、道路、管线、地形相结合，满足绿地率要求。

8.竖向设计安全、经济、美观。

9.进入组团的道路，既应方便居民出行和利于消防车、救护车的通行，又应维护院落的完整性和利于治安保卫。

10.管线综合经济、高效，便于施工和维护。

方案阶段总平面设计的一般流程：

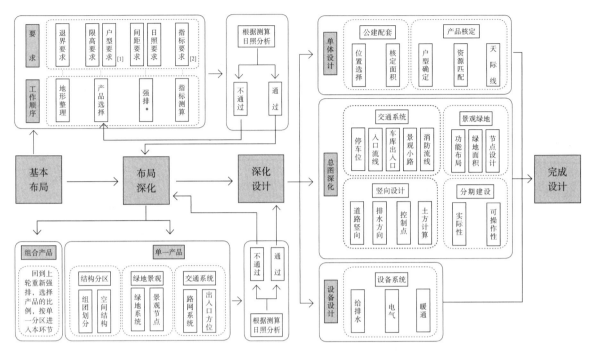

图 2.1-3 方案阶段总平面设计的一般流程

1. * 强排：强排指使用确定户型进行最大限度地总图排布，用以估算总量及户型品质，为深化设计提供参考的一种设计方式。一般超量10%，为布局深化留有余地。

2. ** 平均进深：一般来说，套型的居住品质与其平均进深呈反比，这个数据用以衡量套型品质。

[1] 户型选择：
在选择户型进行强排 * 时，需要确定的基本要求
1.1 标准层面积
1.2 标准层户数
1.3 平均进深 **
1.4 产品层数
1.5 是否可拼接

[2] 提高容积率的方法：
2.1 提高户型的平均进深 **
2.2 提高层数
2.3 加大标准层面积 / 增加标准层户数
2.4 充分利用非居住用地布局高层
2.5 增加东西向单元
2.6 错位布局充分利用日照条件

2.2 群体空间组织

影响建筑群体空间组织的主要因素

前期要素分析是居住区规划设计的重要工作，关系到居住区域的规划定位、功能组织和布局形态[1][2]。

从城市居住生活的基本功能和生活需求出发，居住区用地规划设计前期要素分析通常包括以下内容：基地建设条件、城市规划要求、自然环境、社会人文与经济状况等方面。[见图 2.2-1]

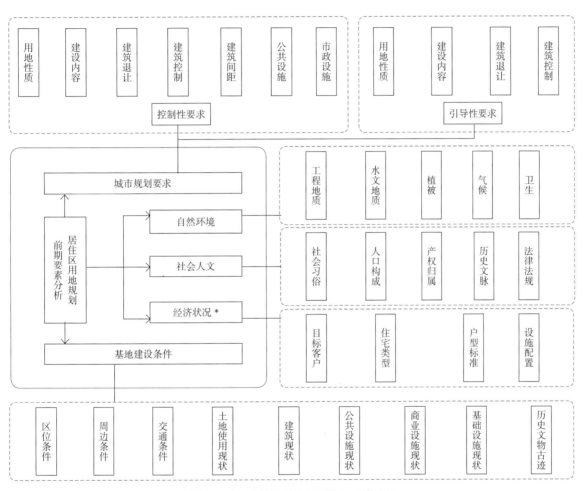

图 2.2-1　居住区用地规划前期要素分析
1. * 策划要求主要反映在本部分。

---

[1]　总图上的各种控制线：
　1.1　用地红线：各类建筑工程项目用地的使用权属范围的边界线。
　1.2　建筑控制线：建筑物基底位置的控制线。
　1.3　蓝线：城市地表水体保护和控制的地域界线。
　1.4　绿线：城市各类绿地范围的控制线。
　1.5　紫线：历史文化街区以及历史建筑的保护范围界线。
[2]　总平面设计的常见矛盾：
　2.1　均好性与特色性
　2.2　朝向与景象
　2.3　朝向与地形
　2.4　容积率与产品品质

1.基地建设条件分析[1][见表2.2-1]

基地建设条件主要包括区位条件、周边条件、交通条件、场地条件、土地使用现状、公共服务设施现状、商业服务设施现状、基础设施现状和历史文物古迹等。

基地建设条件分析		表 2.2-1
分类	**内容**	
区位条件	对基地在城市中所处的地理位置和空间联系的分析	
周边条件	对基地所在的区域环境、周边现有的各类资源的分析	
交通条件	对基地内部及周边道路通行状况、公交线路与站点、停车、对外交通联系等方面的分析	
场地条件	对基地场地高程、竖向、坡度、坡向等方面的分析	
土地使用现状	对基地内各类用地的使用性质、使用单位、分布、范围和相互关系的分析	
建筑现状	对基地内已有的建筑物、构筑物状态，如既有建筑或其他地上、地下工程设施，对他们的迁移、拆除的可能性、动迁的数量、保留	
公共服务设施现状	对基地内幼托、中小学以及各类文化活动设施的数量、规模、用地、设施和服务半径，公园及各类公共绿地以及休息设施的分布、大小、设施和服务半径等的分析	
商业服务设施现状	对基地内零售商业、市场、餐饮等各类商业设施的数量、用地、服务半径等的分析	
基础设施现状	对现有市政基础设施的分析，包括基地内以及周边区域的水、电气、热等供应网络及道路桥梁等状况	
历史文物古迹	基地内的历史遗迹、特殊意义构筑物、人文价值的建筑	

2.城市规划要求条件分析[见表2.2-2，表2.2-3]

居住区用地规划必须根据城市总体规划、近期建设规划和控制性详细规划的规定，在规模、标准、分布与组织结构等方面符合当地城市上位规划和城市规划管理技术规定的相关要求，包括控制性要求和引导性要求两个部分。

控制性要求		表 2.2-2
分类	**内容**	
用地性质	对规划用地性质的界定	
建设内容	对用地内建设内容的规定	
建筑退让	包括退道路红线、用地边界、河道控制线及其他需要控制的界线	
建设控制	包括对地块容积率、建筑密度、绿化率、建筑限高、基地出入口方位、机动车停车位、非机动车停车位等	
建筑间距	根据当地的气候条件和日照要求所规定的建筑间距控制	
公共设施	对规划用地内配套建设的公共服务设施提出的规划要求	
市政设施	对规划用地内配套建设的市政设施提出的规划要求	

引导性要求		表 2.2-3
分类	**内容**	
景观绿化	对规划用地性质的界定	
建设风格	对规划用地建筑风格提出的规划要求	

[1] 城市规划要求条件的资料来源：
    1.1 《××市城市规划管理技术规定》。
    1.2 用地上位规划。
    1.3 土地条件出让书上的技术要求。
    1.4 其他。

续表

分类	内容
建筑色彩	对规划用地建筑外立面的主色调提出的规划要求
开放空间	对规划用地内公共开放空间的位置、大小提出的规划要求

3. 自然环境分析 [见表 2.2-4]

自然环境分析主要包括工程性质、水文地质、植被、气候、卫生（视觉、声、尘、烟、磁场干扰）等。

自然环境分析　　　　　　　　　　　　　　　表 2.2-4

分类	内容
工程地质	对基地地质情况包括地标组成物质、冲沟、滑坡与坍塌、断层、地震等常见不良地质现象的分析
水文地质	对江、河、湖、水库等水系条件和基地水文地质条件的分析
植被	对基地现有绿化、植被情况的分析
气候	对当地气候天象的分析，包括风向、日照、太阳高度角、日照标准、日照间距系数、气温、降水等
卫生	对基地周边辐射噪声情况、三废排放情况，空气、水体污染状况等进行的分析

4. 社会人文分析 [见表 2.2-5]

社会人文分析主要包括社会习俗、人口构成、产权归属、历史文脉和法律法规等。

社会人文分析　　　　　　　　　　　　　　　表 2.2-5

分类	内容
社会习俗	当地的民俗民风、居住习惯、文化背景、技术条件等的基本情况
人口构成	包括人口的年龄结构、性别结构、人口总数、人口密度等
产权归属	城市新建居住区产权状况相对清晰，城市旧居住区物质环境相对较为复杂，需进行细数而深入的调查和分析，除产权状况外，还涉及大量社会的、历史的和政策方面（如私房政策、居民动迁等）一些其他问题
历史文脉	用地范围内地上、地下已发掘或待探明的文化遗址、文物古迹及相关部门的保护规划与规定等状况
法律法规	国际及地方相关的用地与环境等方面的规范和标准

5. 经济状况分析 [见表 2.2-6]

由于社会需求多元化，人们对住房与环境的选择也有所不同。因此，居住区的用地规划在市场条件下应考虑一定时期内城市经济发展水平，居民收入水平与居住空间的需求关系，如何适应满足各种不同层次的需求。

经济状况分析包括目标客户、住宅类型、户型标准、设施配置等。

经济状况分析　　　　　　　　　　　　　　　表 2.2-6

分类	内容
目标客户	根据项目条件分析确定项目的客户群体
住宅类型	包括住宅的产品类型、种类等
户型标准	包括户型的面积、户型比列等
设施配置	包括公共服务设施和商业服务设施的配置要求

建筑群体空间组织一般原则 [见表 2.2-7]

建筑群体空间组织一般原则 表 2.2-7

分类	内容
经济	结合基地地形地貌，注重节地、节能、节材
均衡	产品类型与资源优势相匹配；避免过度集中与平均主义
整体	注重自身独立性的同时，与城市的结构、机理相协调
美观	空间疏密得当，天际线变化丰富
灵活	适合分期开发，并为远期发展留有余地
特色	注重空间设计的特色，创造具有标示性的城市节点

影响建筑群体空间组织的主要结构类型

1. 从平面布局分类，住宅小区一般可分为行列式、围合式、点群式、混合式、自由式等几种。[见表 2.2-8]

单类型住宅群体空间组织 表 2.2-8

组织方式	案例	案例
片块式	 武汉万科城市花园 07 期	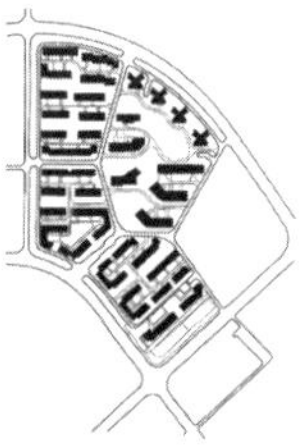 武汉常青花园 11 号小区
轴向式	 青岛万科花园四季城	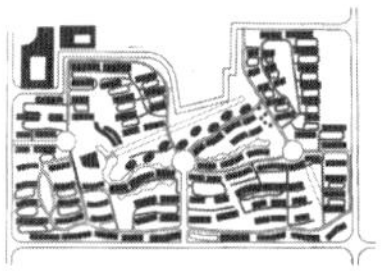 新疆阿克苏天山路南地块
向心式	 武汉常青花园	 武汉名流印象
周边式	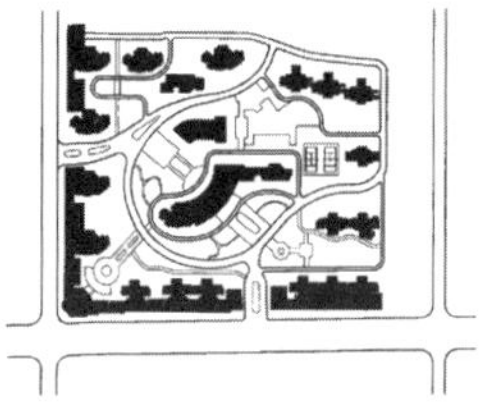 西安雅居乐花园	 重庆市华润二十四城

续表

组织方式	案例	案例
集约式	香港太古城	
自由式	广州市金地荔湖城	重庆龙湖蓝湖郡西岸
街坊式	日本幕张新城	宜宾莱茵河畔

2. 从高度和空间分类，按现行法规，一般可分为以多层为主的小区（以下简称多层小区）、以高层为主的小区（以下简称高层小区）。高层小区从建筑规范上一般有 11 层、18 层、18 层以上等三类，其形态差异也较大。多层、高层小区因我国各地日照条件不同，空间上呈现较大的差异。

3. 住宅用地功能常混合商业，与商业的组合主要分两种情况。

居住功能占主导，线状 + 周边围合式 [见图 2.2-2]

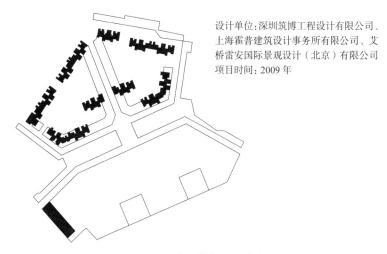

设计单位:深圳筑博工程设计有限公司、上海霍普建筑设计事务所有限公司、艾桥雷安国际景观设计（北京）有限公司
项目时间：2009 年

图 2.2-2 武汉菱角湖万达广场

商业功能占主导，配合线性商业流线布局 / 分布在大型商业底座的周边或沿线。[见图 2.2-3]

设计单位：湘潭市建筑设计院重庆分院；
日清国际（澳洲）有限公司
项目时间：2007 年

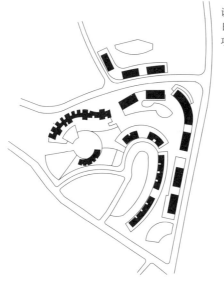

图 2.2-3 流线布局

第2章

总体设计
2.1　总平面概述
2.2　群体空间组织
2.3　道路与交通
2.4　总平面消防
2.5　居住环境
2.6　竖向与管线设计
2.7　经济技术指标
2.8　典型案例分析

2.3　道路与交通

道路系统功能

居住区交通系统是居住区的骨架，具有以下功能：

1. 划分"居住街坊"等不同居住区层级；

2. 组织车行交通与人行交通；

3. 引导居住区内公共服务设施设置与工程管线铺设；

4. 组织居住区景观结构，创造居民交流空间；

5. 防灾减灾，如救护、消防和疏散。

道路系统类型——道路系统与出入口设置

按照交通状态分为动态交通和静态交通两类。动态交通主要包括步行和车行（机动车和非机动车两大类），前者主要满足步行需要，后者主要承担机动车的通行，并负担非机动车及少量步行功能。出入口设置与道路系统相对应，一般有人行、人车混行两种，近年出现了地库出入口直接开向城市道路的现象（见静态交通部分）。

（1）人车分行——由车行和步行两套独立的道路交通系统所组成。人车分流的交通系统一般适用于小汽车较多的居住区。[见图2.3-1]

（2）人车混行——当居住区内私人小汽车数量相对较少的情况下采用，由于道路占用面积少、经济而被目前我国大多数居住区采用。我国目前大多数居住区都采用人车混行的交通系统。[见图2.3-2]

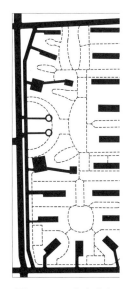

图2.3-1　人车分行

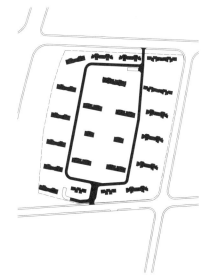

图2.3-2　人车混行

静态交通

静态交通包括机动车和非机动车的停放。

机动车停放主要采用地上、地下两种方式。地面停车一般采用沿路或者停于建筑底层，后者对小区环境影响较大，不建议采用。为便于使用、保障安全，地下停车出口一般位于小区机动车出入口附近。近年出现的"全人车分流"小区则采用地库入口直接从城市道路进入的方式，比较受居住者欢迎，但需要注意对城市交通的干扰。

非机动车也有地上、地下两种方式。地面停车一般就近停放于楼栋出入口附近，如数量过多则影响绿化环境。地下自行车库一般位于住宅地下室，综合交通距离及经济性，选择部分楼栋布置。

主要设计内容：

1. 出入口
2. 车行系统
3. 人行系统
4. 静态交通
5. 消防

居住区的道路规划，应遵循以下原则[1]：

1. 居住区应采取"小街区、密路网"的交通组织方式，路网密度不应小于 8km/km²；城市道路间距不应超过 300m，宜为 150 ~ 250km，并应与居住街坊的布局相结合。

2. 居住街坊内应避免过境车辆的穿行，道路通而不畅，避免往返迂回，并适于消防车、救护车、垃圾车等的通行。

3. 应便于居民汽车的通行；同时保证行人、骑车人的安全便利。

4. 有利于绿地、公共服务设施设置，以及建筑物布局的多样化；在地震烈度不低于六度的地区，应考虑防灾救灾要求。

5. 满足居住区的日照通风和地下工程管线的埋设要求。

规范要求

1. 根据《标准》，居住街坊以外的道路一般为城市支路，参照城市道路进行，建议最低宽度不小于 12m（即 7m 车行道加双侧各 2.5m 人行道）；居住街坊内的主要附属道路不应小于 4m；其他附属道路不应小于 2.5m。

2. 附属道路最大纵坡应符合表 8.0.3 规定，见表 2.3-1。

附属道路最大纵坡控制指标（%） 表 2.3-1

道路类别及其控制内容	一般地区	积雪或冰冻地区
机动车道	8.0	6.0
非机动车道	3.0	2.0
步行道	8.0	4.0

3. 附属道路至少应有两个出入口；机动车道对外出入口间距不应小于 150m。沿街建筑物长度超过 150m 时，应设不小于 4m × 4m 的消防车通道。人行出口间距不宜超过 200m，当建筑物

---

[1] 发展趋势与特点：
　　1.1 道路分级模糊化
　　1.2 人车分流趋于明显
　　1.3 人行系统与景观密切结合
　　1.4 道路竖向设计的精细化

长度超过 80m 时，应在底层加设人行通道。

4. 附属道路与城市道路相接时，其交角不宜小于 75°；当居住街坊内道路坡度较大时，应设缓冲段与城市道路相接。

5. 进入居住街坊的道路，既应方便居民出行和利于消防车、救护车的通行，又应维护院落的完整性和利于治安保卫。

6. 居住街坊内公共活动中心，应设置为残疾人通行的无障碍通道。通行轮椅车的坡道宽度不应小于 2.5m，纵坡不应大于 2.5%。

7. 居住街坊内尽端式道路的长度不宜大于 120m，并应在尽端设不小于 12m×12m 的回车场地。

8. 当居住街坊内用地坡度大于 8% 时，应辅以梯步解决竖向交通，并宜在梯步旁附设推行自行车的坡道。

9. 在多雪严寒地区，附属道路路面应考虑防滑措施；在地震设防地区，附属道路宜采用柔性路面。

10. 居住区道路边缘至建筑物、构筑物的最小距离，应符合表 8.0.5 规定，见表 2.3-2。

道路边缘至建筑物、构建物的最小距离（m） 表 2.3-2

与建、构筑物关系		城市道路	附属道路
建筑物面向道路	无出入口	3.0	2.0
	有出入口	5.0	2.5
建筑物山墙面向道路		2.0	1.5
围墙面向道路		1.5	1.5

注：道路的边缘对于城市道路是指道路红线；附属道路分两种情况：道路断面设有人行道时，指人行道的外边线；道路断面未设人行道时，指路面边线。

2.4 总平面消防

1. 街区内的道路应考虑消防车的通行，道路中心线间的距离不宜大于160m。当建筑物沿街道部分的长度大于150m或总长度大于220m时，应设置穿过建筑物的消防车道。确有困难时，应设置环形消防车道。

2. 对于高层住宅建筑，可沿建筑的一个长边设置消防车道，但该长边所在建筑立面应为消防登高操作面。

3. 在穿过建筑物或进入建筑物内院的消防车道两侧，不应设置影响消防车通行或人员安全疏散的设施。

4. 消防车道应符合下列要求：

（1）车道的净宽度和净空高度均不应小于4m；

（2）转弯半径应满足消防转弯的要求：高层住宅区消防车道的转弯半径不应小于12m，其他住宅区消防车道的转弯半径不应小于9m；

（3）消防车道与建筑之间不应设置妨碍消防车操作的树木、架空管线等障碍物；

（4）消防车道的坡度不宜大于8%。

5. 环形消防车道至少应有两处与其他车道连通。尽头式消防车道应设置回车道或回车场，回车场的面积不应小于12m×12m；对于高层建筑，不宜小于15m×15m。

6. 高层住宅应至少沿一个长边或周长的1/4且不小于一个长边长度的底边连续布置消防车登高操作场地，该范围内的裙房进深不应大于4m。

7. 消防车登高操作场地应符合下列规定：

（1）场地与厂房、仓库、民用建筑之间不应设置妨碍消防车操作的树木、架空管线等障碍物和车库出入口；

（2）场地的长度和宽度分别不应小于15m和10m。对于建筑高度大于50m的建筑，场地的长度和宽度分别不应小于20m和10m；

（3）场地应与消防车道连通，场地靠建筑外墙一侧的边缘距离建筑外墙不宜小于5m，且不应大于10m，场地的坡度不宜大于3%。

8. 建筑物与消防车登高场地相对应的范围内，应设置直通室外的楼梯或直通楼梯间的入口。

第2章

总体设计
2.1 总平面概述
2.2 群体空间组织
2.3 道路与交通
2.4 总平面消防
2.5 居住环境
2.6 竖向与管线设计
2.7 经济技术指标
2.8 典型案例分析

2.5 居住环境

《标准》从公共空间设计、城市风貌、绿地设计、海绵城市、夜景照明、风环境等各个方面提出了对居住环境的要求，本书不作赘述。绿地对居住区环境的影响较大，也是总体设计中重要的内容，本节从基本要求和常用手法两方面讨论绿地规划。

绿地规划

1. 绿地规划的基本要求：

对于开发常见的居住街坊及五分钟生活圈居住区来说，绿地规划应根据项目的规划布局形式、环境特点及用地的具体条件，采用集中与分散相结合，点、线、面相结合的绿地系统。并宜保留和利用规划范围内已有树木和绿地。公共绿地应根据小区不同的规划布局形式，设置相应的中心绿地，以及老年人、儿童活动场地和其他的块状、带状公共绿地等。[见表 2.5-1]

居住各类公共绿地的规划设计要求 　　　　表 2.5-1

分级	住宅组团级	居住小区级	居住区级
类型	儿童和老人游戏、休息场地	小游园	居住区公园
使用对象		小区居民	居住区公园
设施内容	幼儿游戏设施、座凳椅、树木、花卉、草地等	儿童游戏设施、老年和成年人活动休息场地、运动场地、座凳椅、树木、花卉、凉亭、水池、雕塑等	儿童游戏设施运动场地、老年和成年人活动场地、树木草地、花卉、水面、凉亭、休息廊、座凳椅、雕塑等
用地面积	大于 4000m²	大于 4000m²	大于 10000m²
步行距离	3~4min	5~8min	8~15min
布置要求	灵活布置	园内有一定的功能划分	园内有明确的功能划分

说明：为便于理解，表中"住宅组团"可对应《标准》中的"居住街坊"；"居住小区级"可对应"五分钟生活圈居住区、十分钟生活圈居住区"；"居住区级"可对应"十五分钟生活圈居住区"。

资料来源：同济大学李德华，城市规划原理（第三版），北京：中国建筑工业出版社，2001；447

2. 绿地规划的常见手法：

针对使用对象的特征、使用者人数、不同的活动方式进行动静分区，在总图布局时予以充分考虑。

（1）活动人数较多、需求场地较大的功能尽量结合小区公共服务设施布局，同时尽量远离住宅楼的主要朝向。如较大的硬地广场、网球场等设施可能产生噪声、灯光干扰，易激发矛盾。

（2）结合人车分流（或局部人车分流）的路网系统，将主要绿地布局在受车行道干扰较少的位置，提高绿地的安全性。

（3）可结合竖向设计、地库选址，在规划阶段为立体的景观创造可能性，空间层次更丰富。

（4）公共绿地与宅间绿地适度区分，提高空间识别性、利于公共性与私密性的划分。

（5）充分考虑国情，将老人及儿童活动场地的临近布置，并尽量位于日照较好的位置。

2.6　竖向与管线设计

地形研读

1. 分析与表达方法

主要分析图有：高程分析 [图 2.6-1]、坡度分析 [图 2.6-2]、坡向分析 [图 2.6-3]。可采用 GIS 软件辅助进行。

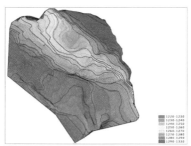

图 2.6-1　高程分析

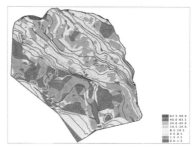

图 2.6-2　坡度分析

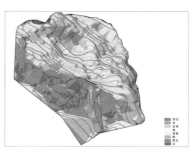

图 2.6-3　坡向分析

图 2.6-4　某旅游项目规划总平面图

2. 用地分类——可建设类型 [见表 2.6-1]

地形坡度与城市建设的关系　　　　　　　　　　　　　　　　　　　　表 2.6-1

土地类型	坡度（%）	对土地利用的影响及对应措施
低平地	< 0.3	地势过于低平，排水不良，需采取机械提升措施排水
平地	0.3 ~ 2	是城市建设的理想坡度，各项建筑、道路可自由布置
平坡地	2 ~ 5	铁路需要有坡度，工厂及大型公共建筑布置不受地形限制，但需要适当平整土地
缓坡地	5 ~ 10	建筑群及主要道路应平行等高线布置，次要道路不受坡度限制，无需设置人行堤道
中坡地	10 ~ 25	建筑群布置受一定限制，宜采取阶梯式布局。车道不宜垂直等高线，一般要设人行堤道
陡坡地	25 ~ 50	坡度过陡，除了园林绿化外，不宜作建筑用地，道路需要与等高线锐角斜交布置，应设人行堤道

竖向设计原则 [见图 2.6-4]

1.与建筑布局同步，并有利于居住区规划；尽量保护原地貌，利用地形成为设计要素。
2.满足建设用地、道路、管线的要求，并满足排水排涝防洪要求。
3.避免高填、深挖，减少土石方，降低造价。

竖向设计的一般方法与程序

1.平坡、台阶、混合三种典型手法。
2.城市道路——内部道路——场地——建筑的顺序确定控制点标高。
3.道路场地的坡度与坡向。
4.挡土墙、护坡、排水沟等室外工程设施。
5.土方平衡计算，一般采用方格网法，也可采用 GIS 软件辅助进行。
6.主要表达方法有：
（1）高程箭头法；（2）纵横断面法；（3）设计等高线法。

管线综合 [见图 2.6-5]

1.市政公用设施的种类
（1）给水工程设施
（2）排水工程设施
（3）供电工程设施
（4）燃气工程设施
（5）供热工程设施
（6）通信工程设施
（7）环卫设施

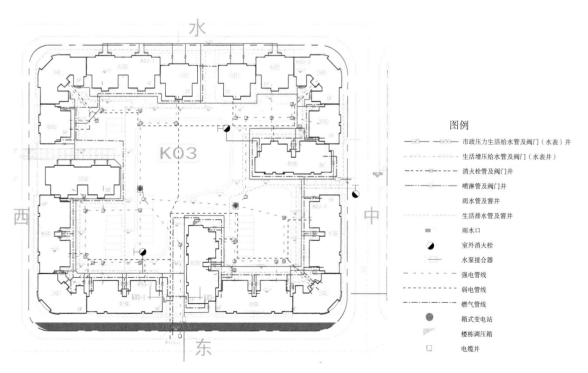

图 2.6-5　管线综合图

2.市政公用设施对总平面设计的要求

（1）各工程设施的选址，协调与建筑单体的关系。

（2）规划合适的管线通路，减少影响、提高安全性。

（3）控制地面建筑物的位置、间距，满足各工程管线的敷设要求。

（4）控制地下建筑物位置、覆土深度，满足各工程管线的敷设要求。

（5）控制绿化树种与各工程管线的距离要求。

3.市政公用设施的规范要求

详见《城市居住区规划设计标准》GB 50180—2018。

2.7 经济技术指标

居住区的经济技术指标及其计算规则在新版《城市居住区规划设计标准》中相关章节规定得很详细，此处不做赘述。以下列举总图设计密切相关的各种常用经济技术指标表（全国各地区略有不同），通过实例可以了解居住区总平面设计的各种指标要求（见表 2.7-1，表 2.7-2）。

主要经济技术指标表　　　　表 2.7-1

项目				数据	备注
用地面积				83674.20m²	
总建筑面积				287984.38m²	
其中	地下建筑面积			115496.00m²	
	地上总建筑面积			172488.38m²	
	其中	计容建筑面积		167348.40m²	
		其中	住宅	165956.40m²	
			配套公建	1392.00m²	
		不计容建筑面积		5139.98m²	
		其中	夹心保温外墙	4040.92m²	不大于 PC 住宅计容面积的 3%
			住宅出屋面楼梯间	1099.06m²	小于标准层八分之一，不计容
总户数				838 户	规划要求 800 套
容积率				2.00	
建筑密度				15.26%	
绿地面积				29285.97m²	
绿地率				35.00%	
集中绿地面积				8367.42m²	
集中绿地率				10.00%	
机动车停车位				1690 个	
非机动车停车位				700 个	

户型配比　　　　表 2.7-2

类型	户型编号	面积（m²）	套数	总面积（m²）	套数占比
一房一厅一卫	D4	63.25	72	4554	
	F3	62.02	72	4465.44	
小计			144		11.2%
二房一厅一卫	D2	85.49	72	6155.28	
	D3	97.44	72	7015.68	
	D3'	98.65	72	7102.8	
小计			216		16.8%
二房二厅二卫	D1	105.66	63	6656.58	
小计			63		4.9%
三房二厅一卫	A2	118.4	180	21312	
	G1/G2	113.72	72	8187.84	
小计			252		19.6%
三房二厅二卫	A1	132.54	180	23857.2	
	B1	131.21	144	18894.24	
	B2	131.21	144	18894.24	
小计			468		36.4%
四房二厅二卫	C1	170.39	36	6134.04	
	C2	175.13	36	6304.68	
	C3/C3'	171.45	72	12344.4	
小计			144		11.2%
总计			1287	151878.4	100%

2.8 典型案例分析

【1】上海浅水湾凯悦名城（见图2.8-1，图2.8-2）

· 总用地面积：34353m²

· 总建筑面积：91271m²

　　地上建筑面积：70292m²

　　地下建筑面积：20979m²

项目概况：浅水湾恺悦名城坐落于普陀区苏州河南岸，基地北面紧邻大型生态园景观绿地"梦清园"和苏州河的蜿蜒河道。基地向南2km左右即可到达南京路高档商业区。小区由8栋高层或小高层住宅及一栋叠加别墅组成，共482户。受苏州河沿岸限高以及梦清园视线的影响，小区楼栋南高北低、南紧北松：最北侧为三栋11层小高层，将最多的公园绿地景观引入小区。

图2.8-1　上海浅水湾凯悦名城总平面图

图2.8-2　上海浅水湾凯悦名城鸟瞰图

【2】上海世博村（见图2.8-3，图2.8-4）

· 总用地面积：8.81万m²

· 总建筑面积：19.3141万m²

项目概况：世博村B地块项目为豪华型酒店公寓区，采用被称作"新里弄"的跌落结构，

图2.8-3　上海世博村总平面图

图2.8-4　上海世博村鸟瞰图

设计重点突出场地丰富的景观价值、历史内涵和可持续发展。建筑布局充分尊重城市肌理和滨江空间的特点，通过平面的曲折和形体退台的方式，建筑既充分吸纳江景，又较多地留出指向江面的景观通廊，塑造梯度式的滨江城市景观，创造开放的滨江空间，给各国参展人员和城市居民一个优美的滨水空间。

【3】都江堰壹街区（见图2.8-5，图2.8-6）

· 总用地面积：145.6hm^2

· 总建筑面积：298027m^2

项目概况：项目为汶川地震灾后重建项目，位于都江堰二环路、尚阳大道、成灌铁路、浦阳干道围合区域，由十二个地块组成。住宅以多层为主、局部11层小高层；整体布局以小地块为单元，呈周边围和布局，创造具有邻里亲切感的内部空间。

图2.8-5　都江堰壹街区总平面图

图2.8-6　都江堰壹街区鸟瞰图

【4】昆明南亚风情园（见图2.8-7，图2.8-8）

· 总用地面积：188304m^2

· 总建筑面积：1028609m^2

地上建筑面积：768875m^2

地下建筑面积：259734m^2

项目概况：项目位于昆明滇池道南侧，由5个地块组成，是一个综合酒店、商业、配套、居

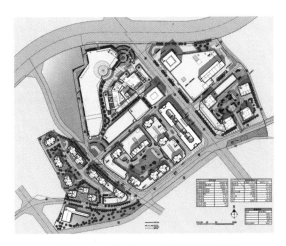

图2.8-7　昆明南亚风情园总平面图

图2.8-8　昆明南亚风情园鸟瞰图

住的综合项目。其中三个地块以居住为主，住宅布局呈围合状，沿道路为底商。综合高容积率以及地域特点，住宅朝向以景象为主。

【5】象山 23-06B 地块项目（见图 2.8-9，图 2.8-10）

· 总用地面积：43652m²

· 总建筑面积：85240m²

项目位于浙江省宁波市象山县，设计充分考虑场地周边环境情况，挖掘优势环境资源，采用南低北高的规划布局，与环境共生。规划结构上，北侧主入口与小区景观核心形成南北主轴线，营造高品质的中心景观带；西侧次入口连接景观带形成东西次要轴线，两条轴线交汇处形成核心景观区域。

图 2.8-9 象山 23-06B 地块项目总平面图

图 2.8-10 象山 23-06B 地块项目鸟瞰图

【6】大连维多利亚公馆（见图 2.8-11，图 2.8-12）

· 总用地面积：42847m²

· 总建筑面积：552801m²

项目概况：项目位于大连东港商务区核心地段，面对湾区一线海景。两栋 250m 高、两栋 200m 高的塔楼沿海湾展开，舒展大气。

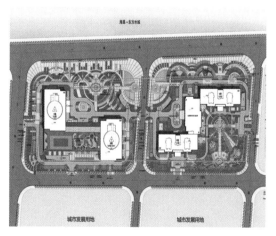

图 2.8-11 大连维多利亚公馆总平面图

图 2.8-12 大连维多利亚公馆鸟瞰图

【7】片块式（见图 2.8-13，图 2.8-14）

住宅建筑在尺度、体形、朝向等方面基本相同，住宅建筑组群构成的空间结构采取成片或成组成团的形式。

合肥天下锦城
· 总用地面积：297003m²
· 总建筑面积：813406m²

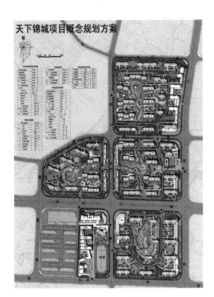

图 2.8-13 合肥天下锦城总平面图　　　　图 2.8-14 合肥天下锦城鸟瞰图

【8】轴线式（见图 2.8-15 ~ 图 2.8-18）

住宅建筑组群沿空间轴线对称或均衡布置。空间轴线可为线性的道路、水体或绿池。

上海新时代花园
· 总用地面积：14.1 万 m²
· 总建筑面积：19.7 万 m²

大华滨河华城四期
· 总用地面积：95539m²
· 总建筑面积：286201m²

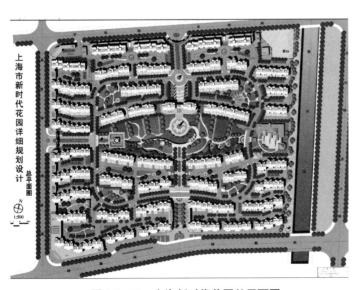

图 2.8-15 上海新时代花园总平面图　　　　图 2.8-16 上海新时代花园内景

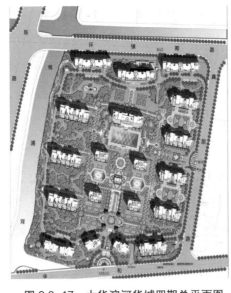

图 2.8-17 大华滨河华城四期总平面图

图 2.8-18 大华滨河华城四期鸟瞰图

【9】围合式（见图 2.8-19，图 2.8-20）

为取得安静的居住室外环境，住宅建筑沿用地周边布置。

上海嘉瑞国际广场

· 总用地面积：4.77 万 m^2

· 总建筑面积：14.31 万 m^2

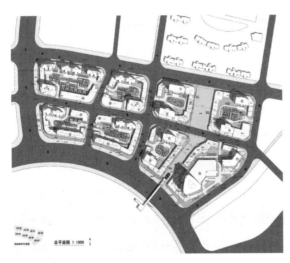

图 2.8-19 上海嘉瑞国际广场总平面图

图 2.8-20 上海嘉瑞国际广场鸟瞰图

【10】集约式（见图 2.8-21 ~ 图 2.8-24）

为节约用地，将住宅和公建上下重叠布置，形成居住和公建集约 的布局形式。

宜昌锦绣华府

· 总用地面积：76736m^2

· 总建筑面积：243152m^2

上海露香园

· 总用地面积：23705m^2

· 总建筑面积：145202m^2

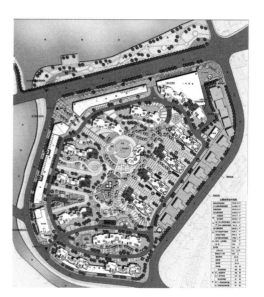

图 2.8-21　宜昌锦绣华府总平面图

图 2.8-22　宜昌锦绣华府鸟瞰图

图 2.8-23　上海露香园总平面图

图 2.8-24　上海露香园鸟瞰图

CHAPTER

第 3 章　户型设计

3.1 套内空间设计评价

国家规范

《住宅性能评定技术标准》GB/T 50362—2005[1] 是目前我国唯一的有关住宅性能的评定技术标准，适合所有城镇新建和改建住宅，反映住宅的综合性能水平。

住宅性能分为适用性能、环境性能、经济性能、安全性能、耐久性能五个方面。《标准》把评定总分设定为 1000 分，五方面性能满分分值不同，适用性能 250 分，环境性能 250 分，经济性能 200 分，安全性能 200 分，耐久性能 100 分。A 级住宅按照得分由低到高分为 1A（A）、2A（AA）、3A（AAA）三个级别。总分高低是区分住宅性能等级的基本依据，但 A 级住宅五方面性能的得分率必须分别达到 60% 以上。同时，用符号☆和★分别表示 A 级住宅和 3A 住宅的一票否决指标。

行业标准

《健康住宅评价标准》T/CECS 462—2017 是由国家住宅工程中心联合深圳华森等单位，近 40 位健康住宅建设专家委员会委员和社会各界专家，经过两年多的时间，在 2013 年版《住宅健康性能评价体系》基础上，通过广泛调查研究和征求意见，认真总结健康住宅试点示范工程项目的实践经验后，研究编制而成。

建立《健康住宅评价标准》的目的是，从保障居住者可持续健康效益的角度，系统、定量地评价和协调影响住宅健康性能的环境因素，将由设计师和开发商主导的健康住宅建设，转化为以居住者健康痛点或体验为主导的健康住宅全过程控制，鼓励人们开发或选择健康住宅产品。

该标准从 6 个方面通过控制项和评分项对健康住宅做出评价，其中，空间舒适、空气清新、水质卫生、环境安静和光照良好 5 类指标的参评评分项总分值各为 100 分，促进健康章节中参评评分项总分值为 120 分。

参评 6 类指标各自评分项得分 $Q_1 \sim Q_6$，总得分按《健康住宅评价标准》公式（3.2.6）进行计算，其中评价指标体系 6 类指标评分项的权重按表 3.1-1 取值。

$$Q = w_1Q_1 + w_2Q_2 + w_3Q_3 + w_4Q_4 + w_5Q_5 + w_6Q_6 \qquad （3.2.6）$$

健康住宅各类评价指标的权重　　　　　　　　　　　　　表 3.1-1

项目	空间舒适	空气清新	水质卫生	环境安静	光照良好	健康促进
设计评价	0.16	0.18	0.15	0.14	0.12	0.25
运行评价	0.15	0.17	0.14	0.13	0.11	0.30

当健康住宅总分分别达到 50 分、60 分、80 分时，等级评定分别为一星级、二星级、三星级。

1. 空间舒适

从空间尺度、空间安全、空间私密、设施设备和室内湿热环境等方面进行评价，见表 3.1-2。

空间舒适指标体系　　　　　　　　　　　　　表 3.1-2

指标名称		设计阶段	运营阶段	分值
空间尺度	空间净高	√	√	控制项
	空间进深	√	√	5

---

[1] 《住宅性能评定技术标准》GB/T 50362—2005 由低到高分为 1A（A）、2A（AA）、3A（AAA）三个级别。总分高低是区分住宅性能等级的基本依据。

续表

指标名称		设计阶段	运营阶段	分值
空间尺度	窗前视野	√	√	7
	入户空间	√	√	3
	储藏空间	√	√	6
空间安全	无障碍	√	√	控制项
	地面防滑	√	√	控制项
	场地环境	√	√	控制项
	卫生间	√	√	6
	交通环境	√	√	17
空间私密	平面布局	√	√	控制项
	楼栋间距	√	√	控制项
	相邻住宅间距	√	√	6
设施设备	公用电梯	√	√	控制项
	标识清晰	√	√	控制项
	开关插座	√	√	8
	安全报警	√	√	8
室内热湿环境	围护结构隔热	√	√	控制项
	热湿环境指标	√	√	16
	建筑外遮阳	√	√	6
	采暖空间	√	√	8
	热舒适监控	√	√	4

2. 空气清新

通过对室内空气质量、污染源控制、通风换气和空气质量监控等多方面的考量，评定室内空气质量环境。

3. 水质卫生

从给水水质卫生、给水排水系统、水质监测三方面评价住宅用水系统。

4. 环境安静

通过对室内外声环境建立评分体系确立住宅声环境评价标准。

5. 光照良好

从天然采光和人工采光两方面对室内光环境进行评价。

6. 健康促进

从促进交往、促进健身、公共卫生和健康创新四方面确立健康促进指标体系，见表3.1-3。

健康促进指标体系   表3.1-3

指标名称		设计阶段	运营阶段	分值
促进交往	交往层级	√	√	控制项
	交往设施	√	√	控制项
	开放街区	√	√	6
	交往大堂	√	√	4
	文化活动设施	√	√	6

续表

指标名称		设计阶段	运营阶段	分值
促进交往	老年人与儿童活动设施	√	√	9
	绿化环境	√	√	4
促进健身	场所面积	√	√	控制项
	场所距离	√	√	控制项
	健身器具	√	√	控制项
	场所标识	√	√	控制项
	慢跑道	√	√	8
	健身服务	√	√	5
	鼓励绿色出行	√	√	4
	鼓励使用楼梯	√	√	5
公共卫生	环境卫生保障	√	√	控制项
	医疗卫生机构	√	√	6
	家庭医生	—	√	3
	医疗卫生服务	√	√	8
健康服务	管理制度	√	√	控制项
	公共食堂	√	√	6
	家政服务	√	√	2
	健康教育	—	√	6
	健康保险	—	√	2
	健康调查	—	√	6
	健康数据发布	√	√	10
健康创新	健康创新	√	√	+10
	最佳实践	√	√	+10

地产资讯行业标准

世联地产对住宅设计有量化的考评，制定了《住宅户型评价表》分步骤进行户型评价：

第一步：户型分类

（1）将评价户型建筑面积对照《深圳住宅户型分类表》，对户型分类:豪宅、大户型、中户型、小户型。

（2）将《世联住宅性能标准表》之对应户型的功能空间性能的标准参数填入"标准参数"栏。

（3）将被评价户型的各类参数填入"评价参数"栏。

第二步：分项评价（三种方法）

（1）按《评价表》逐项评价户型（同时评分）。

（2）分项评分方法：

评分数值≤权重数值；评分数值以个位计，2、3等。

第三步：总体评价

（1）累计评分（填表）。

（2）户型等级标准：

总评分≥90，优秀户型；总评分≥75，良好户型；

总评分≥50，合格户型；总评分＜50，不合格户型。

第四步：修改建议

套内空间设计适用性

1. 功能齐备，见表 3.1-4。

功能空间必要性　　　　　　　　　　　　　　　　表 3.1-4

	空间功能				附加空间					
	卧室	起居室	厨房	卫生间	次卧	书房	餐厅	次卫	储藏	花园
必备	●	●	●	●						
可选					●	●	●	●	●	●

a. 必备空间——卧室、起居室、厨房及卫生间。

b. 可选空间——书房、储存空间、用餐空间及次卧、次卫、入户花园、过渡空间等。

2. 功能分区，见图 3.1-1，图 3.1-4 ~ 图 3.1-7

a. 公共活动区——供起居、交谊用，如客厅、餐厅、家庭厅、门厅等。

b. 私密休息区——供处理私人事务、睡眠休息用，如卧室、书房、保姆房等。

c. 辅助区——供以上两部分的辅助支持用，如厨房、卫生间、贮藏间、阳台等。

d. 干净区：客厅、餐厅、家庭室、卧室、书房、餐厅。

e. 污物区：厨房、门厅、卫生间、工作阳台。

3. 流线设计，见图 3.1-2，图 3.1-8 ~ 图 3.1-9

a. 访客流线

门厅——起居室——餐厅、卫生间。

b. 家人流线

门厅——起居室——餐厅、厨房、卧室、书房、阳台——卫生间。

c. 工作流线

厨房——起居室、餐厅、工作阳台。

工作阳台——餐厅、厨房。

4. 布局原则

a. 入口

设置玄关——保证家庭生活的私密性，避免访客在进门口一览无遗，消除不安全因素。

b. 厨房

邻近户门——以便蔬菜、食品和垃圾的出入。

c. 餐厅

餐厨相邻——避免就餐流线交叉。

d. 卫生间

邻近卧室——避免从卧室到卫生间要经过客厅，面积较大的套型，多卫生间也不应把卫生间都设在一起。

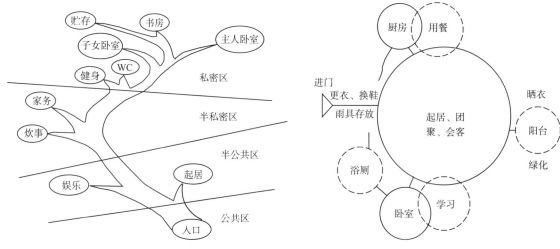

图 3.1-1 功能分区

图 3.1-2 流线示意

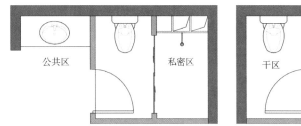
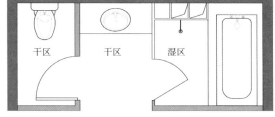

图 3.1-3 干湿分离

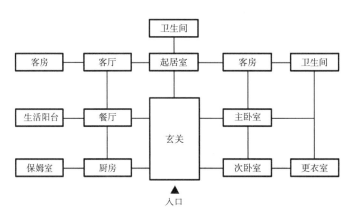

图 3.1-4 布局示意

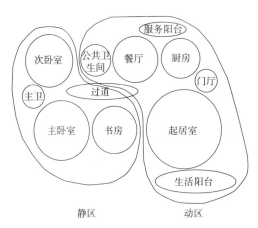

图 3.1-5 分区示意

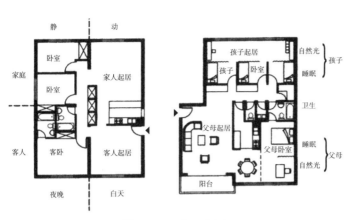

图 3.1-6　分区案例

图 3.1-7　不规则房间案例

图 3.1-8　流线案例

图 3.1-9　不规则房间案例

e. 储藏室

尽量设置——最好能面向过渡走道。

f. 厅

空间完整——避免穿越，开放、明亮，要有较好的视野和景观。

g. 主卧

核心区域——住宅中最私密的区域，通常设置在套内的最远端。

h. 次卧

邻近主卧——属于静区，但其空间布置位置比较灵活，可作书房功能。

i. 阳台

双重设置——生活阳台及工作阳台，保证各自的功能。

5. 尺度宜人

a. 避免过分狭长的长方形和刀把形。

b. 起居室、卧室、餐厅等功能空间需要有适宜比例，其长短边长度之比值不应大于1.8。

c. 主卧室的面积较之次卧室要大一些，有的应配有卫生间、衣帽间和阳台等。

d. 厨卫比例随起居、卧室的面积增加而增加。

6. 改造灵活，见图3.1-10

a. 可拆分的隔断墙。

b. 住户可以根据自身需求分割、改造及二次装修空间。

c. 首改、青年、一家三口，皆有可能。

7. 布局类型，见表3.1-5

套型布局类型大致可分为三种类型：

a. 大开间小进深；

b. 小开间大进深；

c. 开间进深接近。

不同的布局类型有其各自的优势和劣势，需根据具体设计条件进行选择和调整。

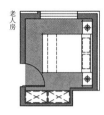

基于家庭构成的分析

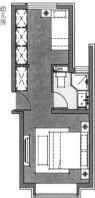

图 3.1-10 可改造户型

套型布局类型对比分析　　　　表 3.1-5

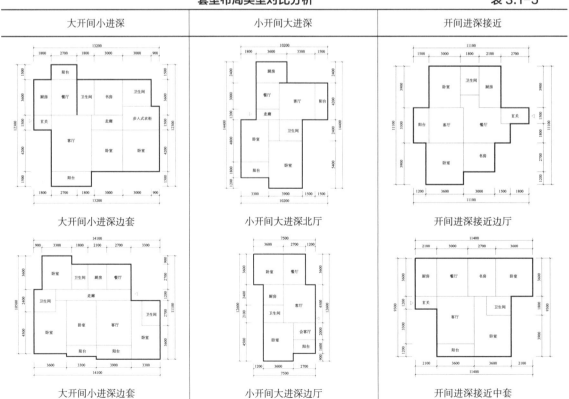

续表

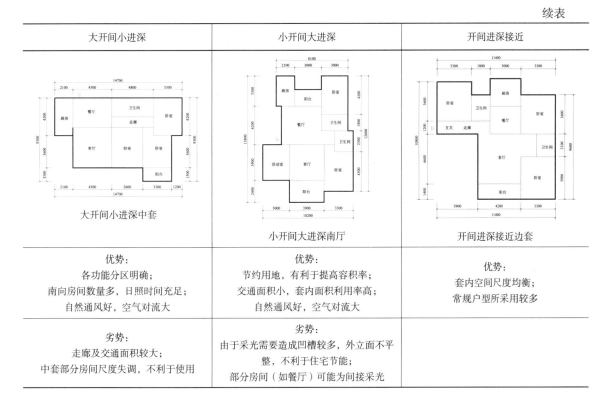

大开间小进深	小开间大进深	开间进深接近
大开间小进深中套	小开间大进深南厅	开间进深接近边套
优势： 各功能分区明确； 南向房间数量多，日照时间充足； 自然通风好，空气对流大	优势： 节约用地，有利于提高容积率； 交通面积小，套内面积利用率高； 自然通风好，空气对流大	优势： 套内空间尺度均衡； 常规户型所采用较多
劣势： 走廊及交通面积较大； 中套部分房间尺度失调，不利于使用	劣势： 由于采光需要造成凹槽较多，外立面不平整，不利于住宅节能； 部分房间（如餐厅）可能为间接采光	

套内空间组合设计

套型空间平面组合，见图3.1-11

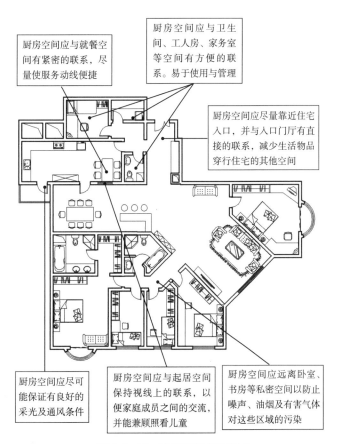

图3.1-11 套型空间平面组合

059

a.门厅在住宅平面中的位置，见图3.1-12，表3.1-6。

不同入户形式一定程度上决定了门厅在住宅平面中的位置。当选用梯间式入户时，门厅一般位于套型中部，采用庭院式或外廊式时，门厅则往往位于套型端部。

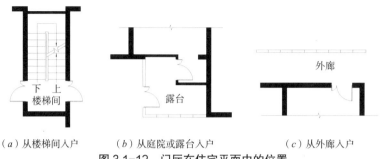

（a）从楼梯间入户　　（b）从庭院或露台入户　　（c）从外廊入户

图3.1-12 门厅在住宅平面中的位置

门厅在住宅平面中的两种位置及特点　　表3.1-6

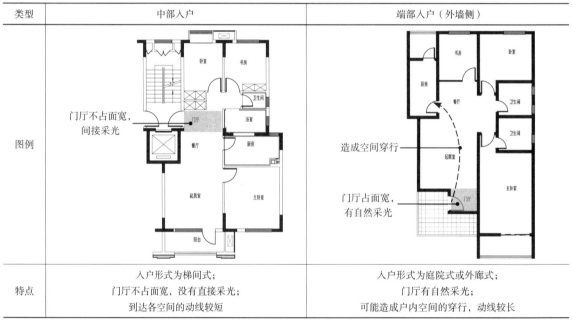

类型	中部入户	端部入户（外墙侧）
图例	门厅不占面宽，间接采光	造成空间穿行；门厅占面宽，有自然采光
特点	入户形式为梯间式；门厅不占面宽，没有直接采光；到达各空间的动线较短	入户形式为庭院式或外廊式；门厅有自然采光；可能造成户内空间的穿行，动线较长

b. 厨房在住宅平面中的位置关系。

实际设计中，以上各种制约因素有时会与其他房间的布置发生矛盾，因此需要在通盘考虑所有房间布局关系的基础上权衡取舍。

门厅是入户的必经之路；

厨房、卫生间要用水，易弄湿地面，会散发一些气味、产生垃圾；

厨房可接近门厅入口，方便食品垃圾进出；

无前室的卫生间的门不应直接开向起居（厅）或厨房，卫生间前室不宜直接开向起居室。

c.厨房与餐厅的位置关系，见表3.1-7，表3.1-8。

在确定厨房与餐厅的位置关系时，二者可占的住宅面宽的多少往往起决定性的作用。

在小户型和小面宽的住宅中，首先必须按国家规范保证厨房占有外墙面，能对外开窗。在有条件的情况下，争取餐厅直接通风采光，并且尽量增大厨房与餐厅的"接触面"（即两空间共同的界面），加强厨餐的空间交流，也使居住者在此处装修的自由度更大，为日后改造（如：设置开放式厨房等）创造条件，见表3.1-8。

3.1 户型设计·套内空间设计评价

第3章

户型设计
3.1 **套内空间设计
评价**
3.2 起居室
3.3 餐厅
3.4 卧室
3.5 书房
3.6 厨房
3.7 卫生间
3.8 门厅
3.9 走道、储藏间、
保姆间
3.10 阳台
3.11 露台
3.12 户内隔墙
3.13 核心筒

根据厨房与餐厅的位置关系，我们将其分为两大类，见表3.1-7：

串联式——厨房与餐厅穿套布置，餐厅不占和少占面宽；

并联式——厨房与餐厅并列布置，餐厅占住宅面宽。

厨房与餐厅并联式及串联式对比　　　　　　　　　　　　表 3.1-7

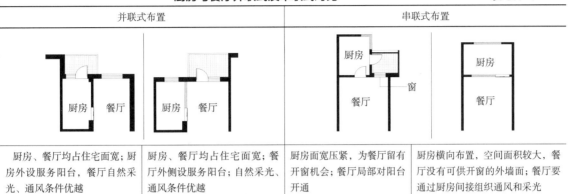

并联式布置		串联式布置	
厨房、餐厅均占住宅面宽；厨房外设服务阳台，餐厅自然采光、通风条件优越	厨房、餐厅均占住宅面宽；餐厅外侧设服务阳台；自然采光、通风条件优越	厨房面宽压紧，为餐厅留有开窗机会；餐厅局部对阳台开通	厨房横向布置，空间面积较大，餐厅没有可供开窗的外墙面；餐厅要通过厨房间接组织通风和采光

厨房与餐厅细分类型对比　　　　　　　　　　　　表 3.1-8

穿越型布置	相邻型布置	对角型布置	半分离式布置
厨房门与服务阳台门位于相对两侧墙面，且位置基本相对。橱柜有双列式、单列式及"U"形排法	门位于相邻的两侧墙面，距离较近，能最大限度增加台面，节约交通面积，空间利用率高	厨房门与服务阳台门位于厨房空间的对角线位置	餐厅与起居室之间以入口为通路连接，空间通透，视线穿越距离长，有增大空间感的效果

结合式布置	分离式布置	中岛式布置	
餐厅与起居室之间集中在同一个大空间内，空间相互借用，面积紧凑	相对独立，空间不可借用，占用面积多。可成为单独待客空间或改造成独立功能的房间	采用中西厨布局，餐厅结合西橱形成中岛式，空间开敞通透，视觉放大公区	

d. 洗衣房的设计关系，见表3.1-9。

洗衣空间是住宅设计中必不可少的功能空间，在设计时，需统筹考虑与厨房、卫生间等辅助空间的流线关系，同时需考虑衣物晾晒的便捷性，做到功能合理、流线便捷、管线经济。

在小户型的设计中，洗衣空间通常与阳台、卫生间等空间结合设置，形成空间的复合利用，节省面积。而在中大户型的设计中，洗衣空间可相对独立设置，与厨房、辅助阳台或保姆间相邻，构成串联式的辅助空间，有利于主要起居流线与辅助家政流线的分离，提升住宅品质。

洗衣房的设置关系，我们将其分为两大类：

复合式——洗衣空间与卫生间、阳台等空间结合设置。

独立式——作为洗衣房独立设置。

洗衣房设置对比   表 3.1-9

与卫生间复合设置	与辅助阳台复合设置	与南阳台复合设置
用水空间集中设置，管线较集中，比较经济，同时便于打扫	充分利用辅助阳台，不影响住宅内其他房间的使用，空间相对独立	便于晾晒，充分利用阳台空间，使用较方便。结合洗衣柜设置，洗衣机相对隐蔽，不影响美观

形成辅助流线分流	形成辅助空间核
由玄关分流，形成最短污线，家政空间相对独立，使用方便	与厨房等辅助空间贴邻，消解大户型大进深的矛盾，形成独立的洗衣房

e. 卫生间在住宅平面中的位置关系，见图3.1-13，表3.1-10。

卫生间是住宅中与厨房并列的另一个重要功能空间，由于其功能上的特殊性和使用时间的不确定性等原因，使得住宅各主要空间都应尽量与卫生间有较为直接的联系。

双卫生间可减缓家人早晚如厕高峰时间使用的矛盾，有许多优点。目前在三居室及以上户型中应用很多。

　　两个卫生间所处位置，明与暗，大与小，对于住宅节地、省面宽乃至整个套型的布局都起到至关重要的作用。

　　两个卫生间之间的位置关系与套型整体布置存在着一定的内在联系，经过总结，常见的布置方式有以下两种情况：

　　分开式布置；

　　临近式布置。

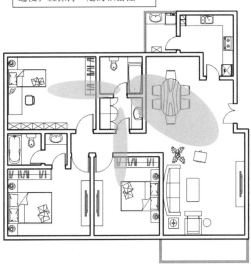

共用卫生间应靠近卧室区布置，特别是与老人、儿童室要联系近便，且保持一定的私密性

共用卫生间还应做到与公共活动空间既联系近便又有分隔

图 3.1-13　卫生间在住宅平面中的位置关系

双卫生间设置对比　　　　　　　　　　　　　　　　　表 3.1-10

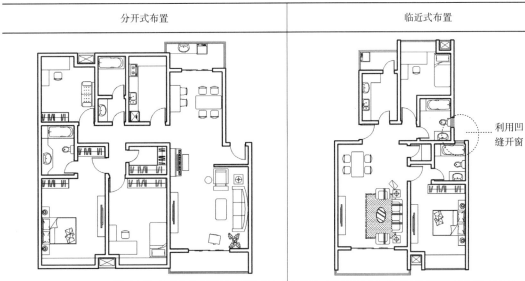

分开式布置	临近式布置
一个卫生间在北部，为公共卫生间，可以直接采光；另一个卫生间在中部，为暗主卫。因只有一个主卫在中部，户型总进深不大。当在北部的卫生间与厨房临近时，有管线比较集中的优点	将两个卫生间相邻布置在中部，同时利用楼栋的凹缝，组织自然通风是常用的节地手法；但采光效果不太好，同时还需解决对视的问题。此类设计有助于增加套型的进深，节约面宽，并使管线布置集中

利用凹缝开窗

f. 主卧卫生间、衣装间的位置关系，见表 3.1-11。

近几年，在面积较大的住宅户型中，主卧室的地位有所提高，不光带有主卧卫生间，又增设了主卧衣装间。由于多个空间的组合，使设计增加了难度。

在权衡主卧室、主卧卫生间和衣装间的关系时，要着重推敲空间的利用率，尽量减少交通面积，同时注意避免卫生间的潮气侵入卧室或衣装间。

主卧室与主卧卫生间、衣装间的位置关系大体可以归纳为以下三种：

贯通式；

穿套式；

对面式。

主卧与主卧卫生间、衣装间设置对比　　　　　　　表 3.1-11

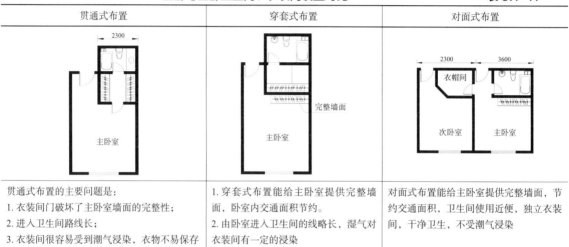

贯通式布置	穿套式布置	对面式布置
贯通式布置的主要问题是： 1. 衣装间门破坏了主卧室墙面的完整性； 2. 进入卫生间路线长； 3. 衣装间很容易受到潮气浸染，衣物不易保存	1. 穿套式布置能给主卧室提供完整墙面，卧室内交通面积节约。 2. 由卧室进入卫生间的线略长，湿气对衣装间有一定的浸染	对面式布置能给主卧室提供完整墙面，节约交通面积，卫生间使用近便，独立衣装间，干净卫生，不受潮气浸染

g. 次卧室位置的选择，见表 3.1-12。

在普通住宅中，一般三室两厅中除主卧室外，还有两个次卧室。

在其中有一个次卧室常称为书房，其布置比较灵活，常见位置有：

靠近主卧室布置穿套式；

与起居室相连通形式。

次卧室设置对比　　　　　　　表 3.1-12

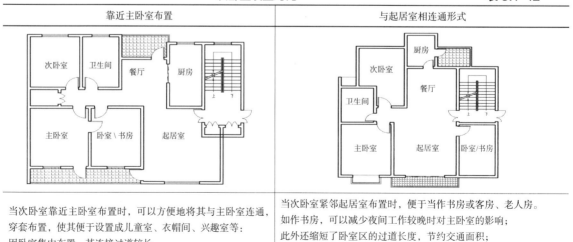

靠近主卧室布置	与起居室相连通形式
当次卧室靠近主卧室布置时，可以方便地将其与主卧室连通，穿套布置，使其便于设置成儿童室、衣帽间、兴趣室等； 因卧室集中布置，其连接过道较长	当次卧室紧邻起居室布置时，便于当作书房或客房、老人房。 如作书房，可以减少夜间工作较晚时对主卧室的影响； 此外还缩短了卧室区的过道长度，节约交通面积； 若其作为儿童房时则不便于父母照顾孩子

套内空间设计技术性

1. 声环境[1] [见图 3.1-14 ~ 图 3.1-16]

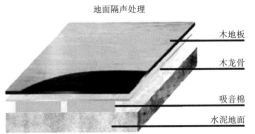

在地板下的木龙骨中间填上吸音棉，可以很好的减少噪声对下层空间的影响。

图 3.1-14 地面隔声

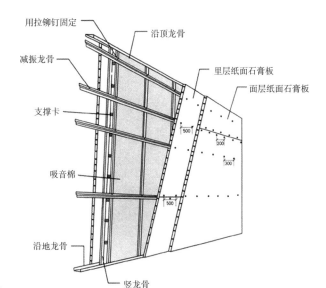

图 3.1-15 门窗隔声

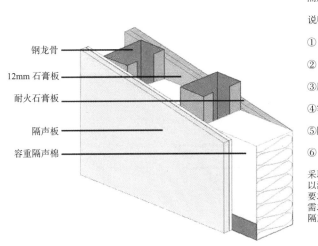

隔声房墙体设计图

说明：

① 100mm 竖龙骨

② 100mm 天地龙骨

③ 原始墙体

④ 容重隔声棉

⑤ 隔声板

⑥ 12mm 和 15mm 石膏板

采取本方案隔声墙体可以满足你对噪声效果的要求，另对隔声效果的需求，可以参考《轻质隔声墙体设计图集》

图 3.1-16 墙体隔声

①通常而言，住宅噪声主要有三种来源：

a. 透过墙、门窗传入室内的噪声。

b. 楼上活动透过楼板传到楼下的噪声。

c. 下水管道内流水撞击管壁产生的噪声。

其他第一种是空气传声，第二、三种是撞击声，针对其特点可采用不同的构造技术解决。

②解决方式：

a. 通过增加墙体质量、提高门窗和玻璃的隔声性能以及门窗的气密性。

---

[1] 声环境
室内环境要求参见《民用建筑隔声设计规范》GB 50118—2010: 卧室允许噪声级昼间 ≤ 45，夜间 ≤ 37，起居室 ≤ 45。高要求住宅的卧室允许噪声级昼间 ≤ 40，夜间 ≤ 30，起居室 ≤ 40。

b. 建筑构造上设置绝缘层的方法。

c. 套内空间设计应当采用一定的隔声降噪措施。

d. 采用同层排水、旋流弯头等有效措施加以控制或改善。

2. 光环境[1]

①影响光环境的因素：

照明强度、日光比例、采光方向、光源显色性、色温以及避免眩光等。

②解决方式：

a. 尽量采用自然光，保证套内采光时间、卧室、厨房和起居室（厅）都应满足《建筑采光设计标准》GB 50033—2013 的要求。

b. 考虑局部照明和背景，照明提出设计指标。

c. 客厅、主卧、厨房和餐厅的照明应当考虑墙面颜色。材料的反射率和色坐标、水平照度和垂直照度（如厨房、书房）等较为具体而有效的考核指标。

3. 热环境 [见图 3.1-17]

①舒适性体现：

a. 空气温度。

b. 室内物体表面温度。

c. 相对湿度以及空气流动速度来实现。

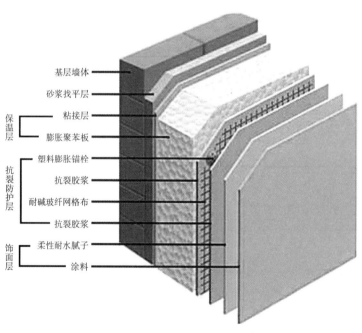

图 3.1-17　墙体保温

②解决方式：

a. 采用现代构造技术与材料，消除冷桥。

b. 采用高性能门窗。

---

[1] 光环境

a. 套内尽量采用自然采光。

b. 室内阅读区照度要求：

300lx，均匀度不低于0.5c。主要使用空间加入照明色表、反射率、色坐标、水平照度、垂直照度等指标。

c. 使用高效的采暖、制冷设备，并提高输送管线的保温隔热性能。

4. 安全及耐久性

耐久性是住宅性能的基础性指标，随着时间的延伸会显出其不断增加的重要性。然而套内空间设计的在安全及耐久性方面往往容易被人们所忽视。事后被发现时多已或将会造成较大损失。作为绿色建筑评价中的一项重要指标，耐久性也是国外某些住宅性能评定标准中的一项重要指标。

目前我国的住宅设计中，落地窗及飘窗的设计较为普遍、时尚。然而，其本身存在一定安全隐患，按照国家规定需设计一定高度的防护栏杆。实际情况却是，在项目交付验收成功，特别是业主装修为了美观方便，几乎全部拆除，从而造成人力及资源浪费，产生不安全因素。

此外，目前我国大多拆除的混凝土或砖石结构建筑并非因为结构的安全性不足，而是本身设施设备落后，不能满足需求。因此，设计、建造需要采用耐久性强的部品和系统。

套内空间设计经济性

1. 节能 [1]——朝向

朝向是中国人置业中的传统理念，一般以南北为正、东西为偏。我国大部分地区东西向楼房吸热大，夏天空调使用强度大。具体的房间布置中：

a. 客厅朝向以南为最佳。

b. 卧室不应朝西以避免夏季日照。

c. 卫生间不宜位于住宅中部。

d. 形成"穿堂风"户型，应注意建筑进深不宜过大。

2. 节地 [2]——面宽与进深

a. 减少对土地和空间的占用。

b. 平面空间考虑的面宽与进深对节地的影响较大。

3. 得房率 [3]

得房率 = 套内建筑面积 / 总建筑面积。

多层　　85% ~ 92%；

小高层　80% ~ 85%；

高层　　75% ~ 84%。

①影响因素———一般原因。

a. 房型结构（几梯几户）。

b. 楼盘形态。高层得房率最低，小高层次之，多层则得房率较高。

c. 物业类型。板式得房率最高，叠式次之，点式则较低。

d. 公共活动区域大小。高品质的物业多建有高挑 大堂，宽敞电梯、室内车库，这些都会占

---

[1] 节能——朝向

a. 客厅宜位于南向

b. 卧室不宜朝西

c. 卫生间不宜位于套型中部

d. 住宅以南北向为宜，进深不宜过大，以形成"穿堂风"为最佳

[2] 节地——面宽与进深面宽愈小愈节约土地

[3] 得房率

a. 得房率 = 套内建筑面积 / 总建筑面积

b. 高层得房率为 73% ~ 83%，多层为 82% ~ 90%

c. 可通过设置开敞阳台及飘窗的方式提高得房率，但套型优劣与得房率并不直接关联

用到大量公摊面积，故得房率相对较低。

②公摊面积——最直接原因，见图 3.1-21。

a. 地上：电梯井、管道井、楼梯间、公共门厅以及外墙（包括山墙）水平投影面积一半的建筑面积，见图 3.1-18 ~ 图 3.1-20。

b. 地下：变电室、设备间。

c. 屋顶：超过规范要求的楼梯间、水箱间、电梯机房。

图 3.1-18 屋顶公摊   图 3.1-19 地上公摊

图 3.1-20 地下公摊

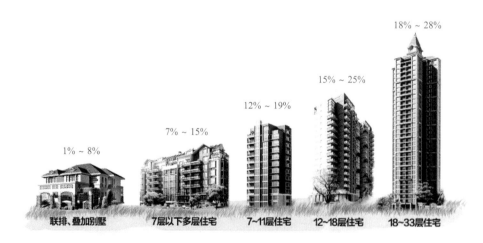

图 3.1-21 不同产品公摊比例

3.2　起居室

定义

起居室是供居住者会客、娱乐、团聚等活动的空间。

设计要点

a. 起居厅在住宅套内的布局应处于住宅套的前部，靠近门厅、餐厅布置；应占据较好的朝向，一般以南向为多，并应直接采光通风（即明厅）。

b. 起居室空间设计应尽量减少交通穿越干扰；避免与其他空间穿套，导致行为相互干扰，如因频繁走动打搅其他家庭成员看电视等，见表3.2-1。

起居空间的稳定性比较　　　　　　　　　　表3.2-1

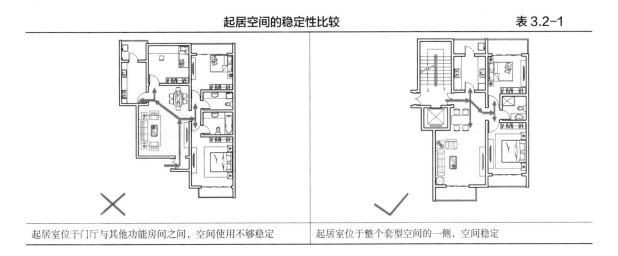

| 起居室位于门厅与其他功能房间之间，空间使用不够稳定 | 起居室位于整个套型空间的一侧，空间稳定 |

c. 起居室空间设计还要尽量避免开向起居室的门过多，应尽可能提供足够长度的连续墙面供家具"依靠"[1]（我国《住宅设计规范》规定起居室内布置家具的墙面直线长度应大于3000mm）；如若不得不开门，则尽量相对集中布置，见图3.2-1。

图3.2-1　内墙面长度与门的位置对起居室家具摆放的影响

d. 起居室（厅）应与卧室间有明确的分隔，以实现"动静分离"，避免户内干扰。

・卧室门不宜直接开向起居厅；

---

[1]　客厅内布置家具的墙面直线长度应大于3m。

069

· 主卧室门不允许直接开向起居厅；

· 卫生间的前室门洞不宜直接开向起居厅；

· 厕所、浴室的门洞不允许直接开向起居厅；

· 厨房门不宜面向起居厅开口，避免油烟干扰。

起居室空间的尺寸确定

a. 面积

在不同平面布局的套型中，起居室面积的变化幅度较大。其设置方式大致有两种情况：相对独立的起居室和与餐厅合而为一的起居室。在一般的两室户、三室户的套型中，其面积指标如下：

· 起居室相对独立时，起居室的使用面积一般在 15m² 以上；

· 当起居室与餐厅合而为一时 [1]，二者的使用面积控制在 20 ~ 25m²；或共同占套内使用面积的 25% ~ 30% 为宜。

b. 面宽

起居室开间尺寸呈现一定的弹性——有在小户型中满足基本功能的 3600mm 小开间"迷你型"起居室，也有大户型中追求气派的 6000mm 大开间的 "舒适型"起居室。

· 常用尺寸

110 ~ 150m² 的三室两厅套型设计中，较为常见和普遍使用的起居面宽为 3900 ~ 4500mm。

· 经济尺寸

当用地面宽条件或单套总面积受到某些原因限制时，可以适当压缩起居面宽至 3600mm。

· 豪华尺寸

在追求舒适的豪华套型中，其面宽可以达到 6000mm 以上，见图 3.2-2。

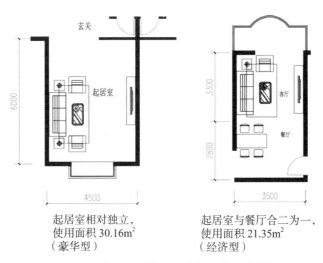

起居室相对独立，
使用面积 30.16m²
（豪华型）

起居室与餐厅合二为一，
使用面积 21.35m²
（经济型）

图 3.2-2　起居室的豪华尺寸与经济尺寸比较

---

[1] 当餐厅与起居室之间的空间连通时，视线通透，穿越距离长，有增大空间的效果。

3.3 餐厅

定义

餐厅是家居生活中的进餐场所，与起居室一并成为家居生活中重要的公共活动空间。

设计要点

a. 空间灵活性需求：能够适当"延伸"以满足节假等特殊日期和状况下多人用餐的需求。

b. 餐厅空间应独立、完整。随着人们生活水平的逐渐提高，对用餐环境的要求也越来越高。餐厅最好能至少有两面完整的墙面，减少餐厅空间的被穿透性，同时能有独立的采光和通风，提高餐厅的舒适度[1]。

c. 餐桌旁需要设置餐边柜。餐边柜的主要作用有，放置牙签、餐巾纸之类的零碎物品，接纳收拾餐桌时暂时移放的物品，储藏茶具，酒具等物品。随着生活水平的提高，很多家庭中餐边柜成了餐厅的对景，又进一步增加了展示和营造宜人就餐气氛的功能。

餐厅的尺寸确定

餐厅的尺寸除了要考虑摆下餐桌椅、餐具柜，还要考虑通行区域及节假日多人进餐时扩大就餐区的需求。一般情况下不同规模的家庭应考虑"配置"相应大小的餐厅[2]，见图 3.3-1。

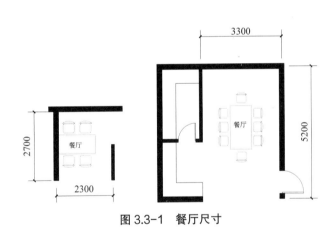

图 3.3-1 餐厅尺寸

a. 3 ~ 4 人就餐，开间净尺寸不宜小于 2700mm，使用面积不要小于 $10m^2$。

b. 6 ~ 8 人就餐，开间净尺寸不宜小于 3000mm，使用面积不要小于 $12m^2$。

最小"适用"尺寸与"舒适"尺寸，见表 3.3-1。

---

[1] 无直接采光的餐厅、过厅等，其使用面积不宜大于 $10m^2$。

[2] 《住宅设计规范》GB 50096—2011：餐厅最小面积 ≥ $5m^2$，短边净尺寸 ≥ 2100mm。

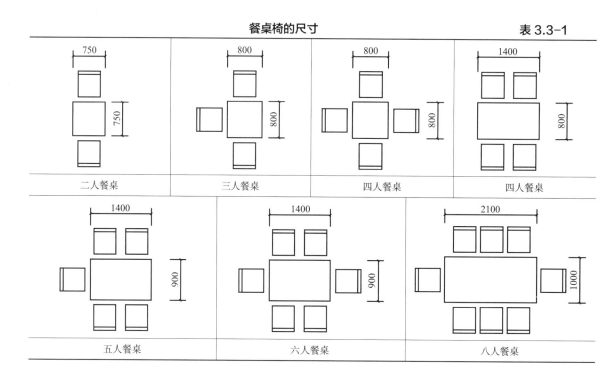

餐桌椅的尺寸			表 3.3-1

餐桌宽度 800mm，餐桌与墙之间距离 800mm（这个距离是包括把椅子拉出来就餐的人方便活动，同时可以供另外一人侧身通过的最小距离），因此净开间尺寸要大于 2700mm。

餐厅的"舒适"或"高舒适"开间进深尺寸可按 3.6m×4.8m 或 3.9m×5.1m 设计，见图 3.3-1。"舒适"型可改放十人餐桌；也可仍放八人餐桌，使空间宽畅些；"高舒适"型不仅可改放十人餐桌，还可将冰箱甚至吧台置于其中，所以就是"高舒适"的了。

3.4 卧室

定义

卧室[1]在套型中扮演着十分重要的角色。其功能不仅限于睡眠，同时还包括贮藏、更衣、休憩、工作等；此外作为个人活动空间，卧室的私密性要求较高。因此，设计时要考虑该空间多功能的需求，并设法使其免受外界和其他房间视线、活动的干扰。

卧室的分类

a. 主卧室；
b. 次卧室。

卧室的设计要点

卧室应有直接采光，保证卧室与室外自然环境有必要的直接联系，如良好的采光、通风和景观等。

卧室空间尺度比例要恰当。一般开间与进深之比不宜大于 1 : 2。

主卧室

a. 主卧室的家具布置

·床的布置

床作为卧室中最主要的家具，双人床应居中布置，满足两人不同方向上下床的方便及铺设、整理床褥的需要。

·床周边的活动尺寸，见图 3.4-1。

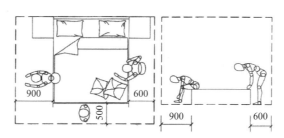

图 3.4-1 床的边缘与墙或其他障碍物之间的距离

床的边缘与墙或其他障碍物之间的通行距离不宜小于 500mm；考虑到方便两边上下床、整理被褥、开拉门取物等动作，该距离最好不要小于 600mm；当照顾到穿衣动作的完成时，如弯腰、伸臂等，其距离应保持在 900mm 以上。

b. 主卧室的尺寸确定，见图 3.4-2。

·双人卧室的使用面积一般不应小于 12m²。

·在一般常见的三室户中，主卧室的使用面积宜控制在 15 ~ 20m² 范围内。过大的卧室往往存在空间空旷、缺乏亲切感、私密性较差等问题，此外还存在能耗高的缺点。

---

[1] 尽量保持卧室的功能单一性，功能越简单的卧室受到打扰的可能性就越低、舒适度也会随之越高。

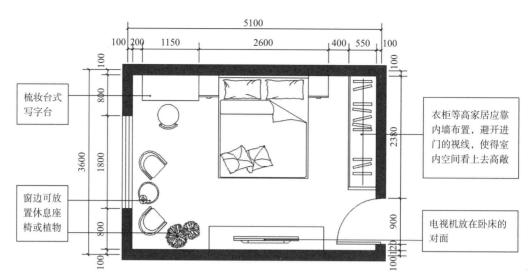

图 3.4-2　主卧室的家具布置

c. 其他使用要求和生活习惯要求，见图 3.4-3 ～ 图 3.4-5：
床不要正对门布置，以免影响私密性。

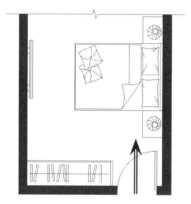

图 3.4-3　床对门布置影响卧室私密性

床不宜靠窗摆放，以免妨碍开关窗和窗帘的设置。

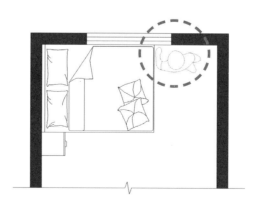

图 3.4-4　邻窗摆放影响窗的开关操作和窗帘设置

寒冷地区不要将床头正对窗放置，以免夜晚着凉。

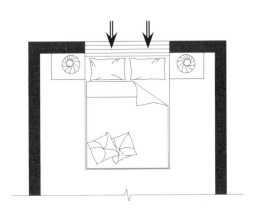

图 3.4-5　床头对窗易着凉

次卧室

由于大多数家庭将次卧室安排成子女用房或是老年人房间，故以下叙述仅就这类用途的次卧室设计展开。

a. 次卧室的使用需求

次卧室活动方面需求：

睡眠休息、休闲娱乐、学习工作等。

次卧室空间方面需求：

1. 基本空间需求。

2. 储藏空间需求。

3. 个性化空间需求。如：钢琴、画板、按摩椅、缝纫机等。

4. 外接阳台需求。老年人希望房间外部设有阳台，能够满足晒太阳、养花喂鸟和储藏等需求。

b. 次卧室的家具及布置

青少年房间（13 ~ 18 岁）：对于青少年来说，他们的房间既是卧室，也是书房，同时还充当客厅，接待前来串门的同学、朋友。因此家具布置可以分区布置：睡眠区、学习区、休闲区和储藏区，见图 3.4-6。

儿童房间[1]（3 ~ 12 岁）：主人年龄较小，与青少年用房比较，还要特别考虑到以下几方面需求，见图 3.4-7：

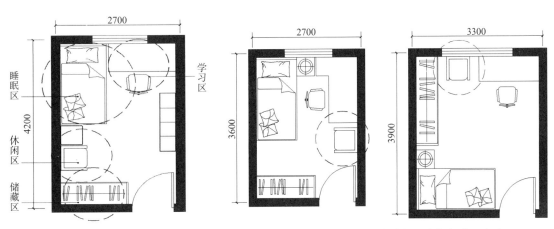

图 3.4-6　青少年房间示意图　　　图 3.4-7　儿童用房中布置座椅便于家长与孩子交流

---

[1]　设置儿童房可使住宅套型设计更方便，即将受户面宽和进深限制不能将其设计为主卧、次卧、客房的空间设计为儿童房。

可以设置上下铺或两张床，满足两个孩子同住或有小朋友串门留宿的需求；

宜在书桌旁边另外摆一把椅子，方便父母辅导孩子做作业或与孩子交流；

在儿童能够触及到的较低的地方有进深较大的架子、橱柜，用来收纳儿童的玩具箱等。

c. 次卧室的尺寸确定，见图 3.4-8

· 次卧室功能具有多样性，一般认为次卧室房间 的面宽不要小于2700mm，面积不宜小于 $10m^2$。

· 当次卧室用作老年人房间，尤其是两位老年人共同居住时，房间面积应适当扩大，面宽不宜小于3300mm，面积不宜小于 $13m^2$。

· 当考虑到轮椅的使用情况时，次卧室面宽不宜 小于3600mm。

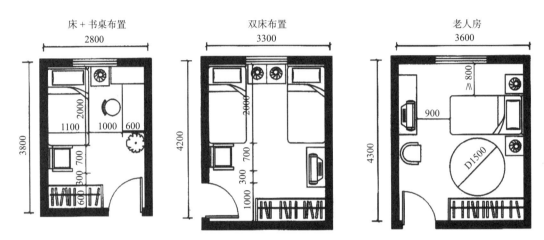

图 3.4-8 不同功能次卧室常用平面尺寸（单位：mm）

3.5 书房

定义

书房是办公、学习、会客的空间，应具备书写、阅读、谈话等功能，书房在人们的生活中的确占有越来越重要的地位。

书房的使用需求

a. 书房[1]活动方面需求

办公学习、待客谈话、收藏展示、健身娱乐等，见图3.5-1。

图 3.5-1   常见的书房家具布置形式

b. 书房空间方面需求

· 基本空间需求；

· 两人共用空间需求；

· 空间摆床需求。

要求空间能够摆下一张单人床或是沙发床。

书房的家具布置

当书房的窗为低窗台的凸窗时，如将书桌正对窗布置时，则会将凸窗的窗台空间与室内分隔，

---

[1] 三室以上的户型宜设置书房。

导致凸窗窗台无法使用或利用率低，同时也会给开关窗带来不便。设计时要预先照顾到书桌的布置与开窗位置的关系，见图3.5-2。

图3.5-2　书桌摆在凸窗前的问题

书房的尺寸确定[1]

a. 书房的面宽

在一般住宅中，受套型总面积、总面宽的限制，考虑必要的家具布置，兼顾空间感受，书房的面宽一般不会很大，但最好在2600mm以上。

b. 书房的进深

在板式住宅中，书房的进深大多在3~4m左右。因受结构对齐的要求及相邻房间大进深的影响（如起居室、主卧室等进深都在4m以上），书房进深若与之对齐，空间势必变得狭长。为了保持空间合适的长宽比，应注意相应的减小书房进深[2]。

[1]　书房尺寸要求不像卧室那样严格，如儿童房一样可使住宅套型设计更方便，即将受户面宽和户进深限制，不能将其设计为主卧、次卧、客房的空间设计为书房。

[2]　开间进深尺寸较大的书房可随时据需要改为卧室，增加了房间使用的灵活性。

3.6 厨房

定义

是指可在内准备食物并进行烹饪的房间。

厨房的空间需求 [1]

a. 空间流线组织需求

厨房空间合理的平面形式及空间安排应符合操作者的作业顺序与操作习惯。此外动线尽可能简捷，并尽量避免作业动线的交叉和相互妨碍，见图 3.6-1、图 3.6-2。

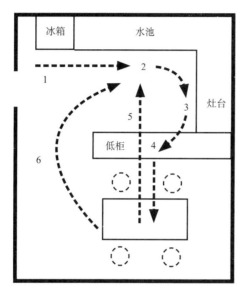

图 3.6-1 厨房空间流线组织需求

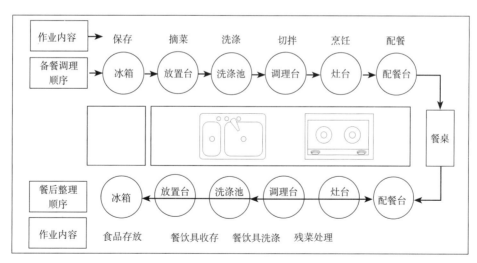

图 3.6-2 厨房的操作内容及顺序

b. 空间视觉联系需求

厨房空间与其他空间应有视觉上的联系。视线覆盖区域及视野的开阔程度等都对厨房空间

---

[1] 面积较大的高档户型中，作为服务空间的厨房应于工人房、家务室这样的辅助空间有密切联系。并可设置"双厨"，即封闭的中厨与开放的西厨。

的感觉及与家人交流有很大影响，如与餐室、客厅形成开放式空间，能使空间有扩大的感觉，并便于照看在餐厅、起居活动的儿童及客人，见图 3.6-3。

　c. 厨房应有直接的采光、通风窗口，才能保证基本的操作需要和自然通风换气。

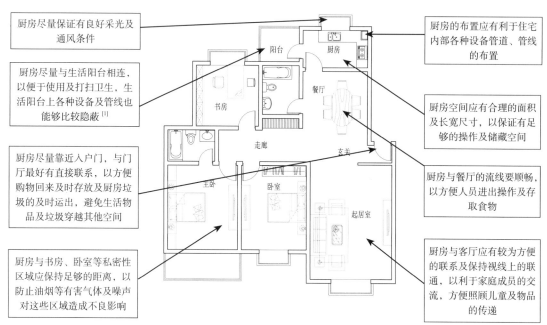

图 3.6-3　厨房的空间需求

厨房的尺寸确定

　　近几年新建住宅厨房有增大趋势，但从使用角度来讲，厨房面积不应一味扩大，面积过大、厨具安排不当，会影响到厨房操作的工作效率[2]。

　　可以将厨房按面积分成三种类型，即：经济型、小康型、舒适型（表 3.6-1）。并建议经济适用型住宅采用经济型厨房面积，一般住宅采用小康型厨房面积，高级住宅、别墅等采用舒适型厨房面积。

厨房的尺寸类型　　　　　　　　　　　　　　　　　　　表 3.6-1

	图示	特征
经济型		面积应在 5 ~ 6m² 左右； 厨房操作台总长（含水池、灶具，以下同） 不小于 2.4m； 单列和"L"形设置时，厨房净宽不小于 1.5m，双列设置时厨房净宽不小于 1.8m； 冰箱可入厨，也可置于厨房近旁或餐厅内
小康型		面积应在 6 ~ 8m² 左右； 厨房操作台总长不小于 2.7m； 单列和"L"形设置时，厨房净宽不小于 1.8m，双列设置时厨房净宽不小于 2.1m； 冰箱尽量入厨

[1]　在厨房的平面布局中，应尽可能考虑服务阳台的设置。

[2]　"据美国康奈尔大学研究小组的研究总结，操作者在厨房三个主要设备——水池、炉灶和冰箱之间来往最多，他们称三者之间连线为工作三角形。其三边之和宜在 3600 ~ 6600mm 之间，过小则局促，太长则人易疲劳。"

续表

图示	特征
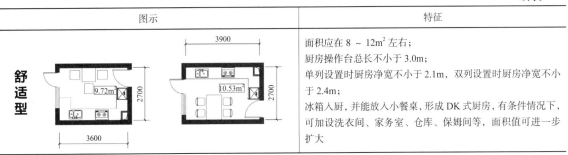 舒适型	面积应在 8 ~ 12m² 左右； 厨房操作台总长不小于 3.0m； 单列设置时厨房净宽不小于 2.1m，双列设置时厨房净宽不小于 2.4m； 冰箱入厨，并能放入小餐桌，形成 DK 式厨房，有条件情况下，可加设洗衣间、家务室、仓库、保姆间等，面积值可进一步扩大

厨具的平面形式

厨具的平面形式可分为单列型、"L"形、双列形、"U"形和岛形五种形式，见表 3.6-2 ~ 表 3.6-6。

单列型厨房分析　　　　　　　　　　　　　　　　　　　　表 3.6-2

单列形	
适用范围	适用于面宽狭小，只能单面布置橱柜设备的狭长形
优点	这种布局管线短、经济，且便于施工和水平管道的隐蔽；同时立管集中布置，便于封闭；橱柜布置简单
缺点	运动路线过长而使人感觉不舒适，且降低工作效率。另外单列式操作台的通道只能单侧使用，降低了空间利用的有效性
平面	4200 1800 冰箱 电饭煲微波炉 消毒柜 阳台 厨房

"L"形厨房分析　　　　　　　　　　　　　　　　　　　　表 3.6-3

"L"形	
适用范围	适用于开间净尺寸 1500 ~ 2100mm 之间或虽然开间大于 2100mm，由于厨房入口位置和阳台门位置的限制，而无法布置成 "U" 形布置的厨房
优点	这种布置方式较为符合厨房炊事行为的操作流程，是经济合理、动线较短的一种布置方式。管线仍可集中于一角，便于隐蔽。橱柜整体性强，外表整齐美观
缺点	"L"形橱柜转角处空间不易利用，需要特别处理来提高利用率
平面	3600 冰箱 电饭煲微波炉 消毒柜 1800 厨房

双列形厨房分析		表 3.6-4
双列形		
适用范围	适用于与厨房入口相对的一边设有服务阳台而无法采用"L"或"U"形布局的厨房。采用此种布局的厨房，其净开间不小于 2100mm，最好为 2400mm	
优点	这种布置形式可以重复利用厨房的走道空间，提高空间的使用效率，较为经济合理。相对单列形动线距离变短	
缺点	该布置方式不能按炊事流程连续操作，需转身；同时也不利于管线的布置，需双侧设置管道区或加设横向管线，出现跨越厨房空间的横管不易隐蔽	
平面	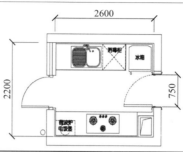	

"U"形厨房分析	表 3.6-5
"U"形	
适用范围	一般用于面积标准较高、平面接近方形的住宅厨房，开间净宽要求 2400mm 以上
优点	这种布置方式操作面长，储藏空间充足，厨房空间利用充分，基本集中了双列形和"L"形布局的优点，是动线距离最短的一种布置方式
缺点	由于三面布置橱柜，服务阳台设置受到一定限制。可能出现两个转角储藏柜，不好使用
平面	

岛形厨房分析	表 3.6-6
岛形	
适用范围	在厨房中布置"岛"形台面，作为操作台或餐台使用。岛式平面布局在单元住宅厨房中较为少见，多用于别墅、独立式住宅等面积较大的住宅厨房中，并且多在 DK 型厨房及开敞式厨房的平面设计中采用
优点	这种布局方式适合多人参与厨房操作，厨房的工作气氛活跃
缺点	这种布局形式占用空间较多；若为开放式，则油烟散溢会污染到其他房间的空气质量
平面	

厨房的相关设备布置，见图 3.6-4

a. 冰箱

冰箱与炉灶要保持一定的距离，大于 60cm 为宜，最小不低于 40cm；冰箱一般不要置于窗前，这样会影响采光且冰箱有可能受到暴晒；冰箱放在门后容易产生碰撞，并且使用不便，可更换位置或改变门的开启方式；冰箱紧靠操作台面会遮挡住部分工作台面，应移开一些保证有充分操作空间。

b. 水池

水池两侧最好都要有台面，以保证操作的连续性；水池位置不要太靠近墙边或冰箱，需留一定的身体活动空间及放置物品的台面；水池与炉灶中间要保持一定的操作台面，通常不低于 60cm，最小不低于 40cm。

c. 炉灶

炉灶应避免靠出入口和通道布置，以免风吹灭火焰及人员进出碰到炉具；炉灶应避免设在窗前，以免风吹灭火焰及油污影响窗户的清洁；炉灶与墙边应保持一定的距离，尤其是炉灶右侧，至少留 20cm 净宽操作空间；炉灶应与水池保持一定的距离，以放置待烹饪食物及避免水溅到油锅里。

d. 烟道与排水管

排风烟道通常设在厨房墙角处，排水立管通常设在工作阳台或厨房墙角，具体位置需结合厨房的整体设计进行布置；烟道与灶台应保持合理距离，不要太远，以免影响排烟，但若厨房空间受限，可考虑将烟道移至与厨房相邻的阳台；

竖向共用排风烟道大多设置在厨房墙角，具体位置需结合本层厨房的整体布局以及上下层用房的相互关系综合确定。

烟道应靠近灶台，便于抽油烟机的短距离排烟。

e. 门窗的开启

门窗开启的位置应利于橱柜的布置，尽可能做到可布置更多橱柜的方案；门与窗注意不要靠得太近，以免造成空气不流通。

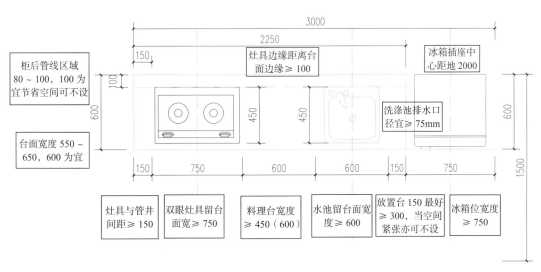

图 3.6-4 厨房的相关设备布置

3.7 卫生间

随着居住质量的改善，住宅中的卫生间已超越了满足简单的个人卫生需求的阶段，因此如今的卫生间设计需要解决的是如何提高其品质，以适应居民对居住环境文明与更高舒适程度的要求。

卫生间的使用需求

a. 卫生间活动方面需求，见图 3.7-1。

· 便溺。

· 洗漱、剃须、化妆。

· 洗浴。

· 洗衣用的卫生设备设施。如洗衣机、烘干机、烫衣板等。

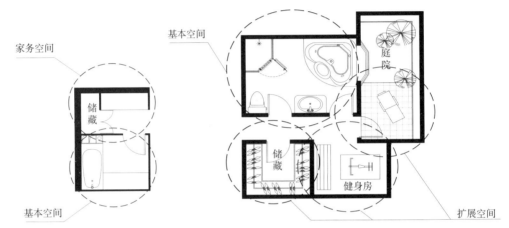

图 3.7-1 卫生间的空间方面需求

b. 卫生间空间方面需求：

· 基本空间需求。

· 家务空间需求。

· 扩展空间需求——在大型住宅和别墅中应用 较多。

卫生间设备及布置

a. 卫生间主要设备布置

· 便器的布置。

坐便器的前端到前方门、墙或洗脸盆（独立式、台面式）的距离应保证在 500 ～ 600mm 左右，以便站起、坐下、转身等动作能比较自如，左右两肘撑开的宽度为 760mm，因此坐便器的最小净面积尺寸应为 800mm×1200mm（如下图 3.7-2）。

由于便器旁边需设手纸盒和扶手，因此应尽量布置在靠墙一侧。

b. 盆浴和淋浴的布置，见图 3.7-3。

由于盆浴与淋浴时都会有大量的水溅出弄湿周边空间，因此在布置浴盆和淋浴器这两件设备时最好与手盆及坐便器分开，形成干湿分区、也可用淋浴隔屏或浴帘等将水挡住。

---

[1] 共用卫生间应靠近卧室布置，也应做到与公共活动空间既联系近便又有分隔，出入卫生间应避免穿行门厅、客厅等公共活动空间。

第3章

户型设计
3.1 套内空间设计
评价
3.2 起居室
3.3 餐厅
3.4 卧室
3.5 书房
3.6 厨房
3.7 卫生间
3.8 门厅
3.9 走道、储藏间、
保姆间
3.10 阳台
3.11 露台
3.12 户内隔墙
3.13 核心筒

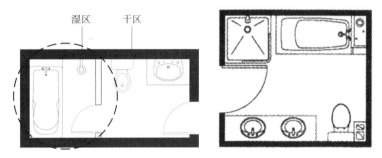

图 3.7-2 卫生间便器最小尺寸

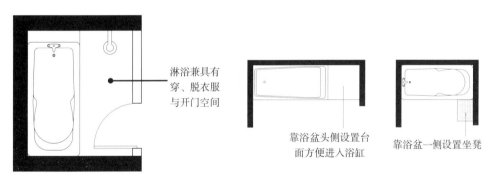

图 3.7-3 盆浴和淋浴的布置

浴缸一般靠墙布置，洗浴空间布置时还要考虑留有完成穿、脱衣服，擦拭身体等动作的空间及门的开启，尤其内开门占去的空间，见图 3.7-4。

当卫生间较宽时，浴盆旁边应当设置一定的台面用来放置洗浴用品或便于老年使用者，见图 3.7-5。

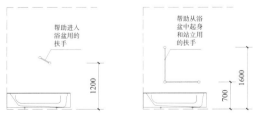

图 3.7-4 浴缸的设置   图 3.7-5 浴缸旁设置台面示例

要注意在浴盆邻近的墙面上设置扶手，方便进入和起身，见图 3.7-6。

图 3.7-6 浴缸旁扶手的设置位置

设置淋浴间时，应考虑人体在里面活动转身空间的大小和门的开启方式。内部空间较大时，淋浴房的门可朝内开；内部空间较小时，须向外开门，以防人在内侧发生事故倒下时挡住门，使外面的人无法救助。

常用的三件套卫生间中[1]：手盆、便器和浴盆，其中浴盆的位置可与淋浴房互换，见图3.7-7。

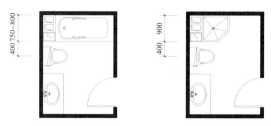

图 3.7-7 坐便器与浴盆和淋浴间之间的位置关系

c.洗衣机的布置

洗衣机一般设在公用卫生间的前室或阳台上，洗衣机旁需要设置洗涤池，并且尽量在靠近洗衣机的位置设置一定长度的操作台，便于洗衣前后准备及分拣衣物和搓洗局部，见图3.7-8。

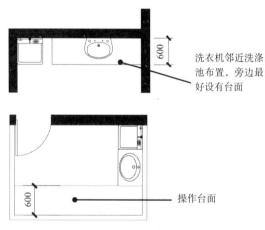

洗衣机邻近洗涤池布置，旁边最好设有台面

操作台面

图 3.7-8 洗衣机的布置要点

卫生间平面布局形式

卫生间的平面布局有多种形式，归结起来可以分为集中型、前室型和分设型三种形式，见表3.7-1。

卫生间平面类型对比　　　　　　　　　　　　　　　　　　　　　　表3.7-1

集中型	*(图)* 300 900 800 900 800 1800 3.40m²	定义	集中型卫生间是将卫生间的各种功能集中在一起，即把洗脸盆、浴缸、便器等卫生设备布置在同一空间内
		优点	节省空间； 管线等布置简单； 较为经济
		缺点	当一个人占用卫生间时，会影响家庭其他成员的使用，因此不适合人口较多的家庭； 另外，浴室的湿气等会影响洗衣机的寿命，因此集中型卫生间适于在多卫生间户型中的主卧室卫生间采用。公用卫生间不推荐

---

[1] 应在主卧卫生间布置适量的插座，随着新电器设备的不断研发，将会有许多先进的小电器和卫生设备出现在卫生间中，如美容设备、保健电器、智能卫生洁具等。因此在主卫内应布置足够数量的插座，一般不少于四处；同时要考虑设备的更新与加设，在坐便器附近预留电源插座，以备日后住户加设高档次的智能卫生洁具之需。

第3章

户型设计

3.1 套内空间设计
　　　评价
3.2 起居室
3.3 餐厅
3.4 卧室
3.5 书房
3.6 厨房
3.7 卫生间
3.8 门厅
3.9 走道、储藏间、
　　　保姆间
3.10 阳台
3.11 露台
3.12 户内隔墙
3.13 核心筒

续表

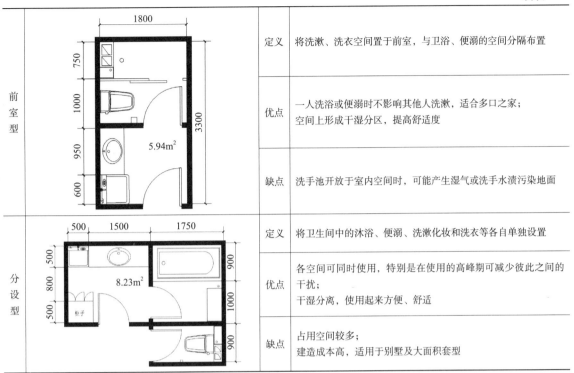

	定义	将洗漱、洗衣空间置于前室，与卫浴、便溺的空间分隔布置
前室型	优点	一人洗浴或便溺时不影响其他人洗漱，适合多口之家；空间上形成干湿分区，提高舒适度
	缺点	洗手池开放于室内空间时，可能产生湿气或洗手水渍污染地面
	定义	将卫生间中的沐浴、便溺、洗漱化妆和洗衣等各自单独设置
分设型	优点	各空间可同时使用，特别是在使用的高峰期可减少彼此之间的干扰；干湿分离，使用起来方便、舒适
	缺点	占用空间较多；建造成本高，适用于别墅及大面积套型

卫生间的尺寸确定

a. 三件套（浴盆或淋浴房、便器、洗脸盆）卫生间平面尺寸，见图3.7-9。

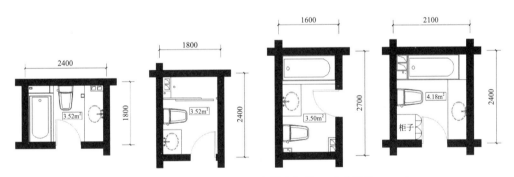

图3.7-9　三件套卫生间平面布置及相关尺寸（单位：mm）

b. 四件套（浴盆、便器、洗脸盆以及洗衣机或淋浴房）卫生间平面尺寸，见图3.7-10。

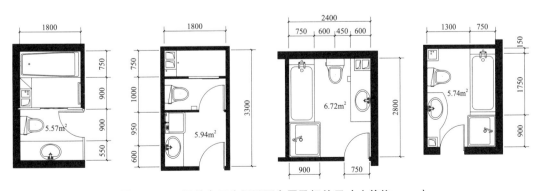

图3.7-10　四件套卫生间平面布置及相关尺寸（单位：mm）

卫生间管线和风道的布置

a. 管井的布置

管井的设置直接影响到卫生间洁具设备的摆放和空间利用，布置时要注意以下问题：

· 管井应当首先考虑靠近坐便器设置，以解决其排水量大且容易堵塞的问题；

· 合理布置卫生间洁具，使管道不靠近卧室墙面布置，从而减小给水和排水管道对卧室的噪声影响；

· 洁具尽可能同侧布置，减少排水管的长度及管线之间的交叉，见图 3.7-11。

b. 管井与风道的布置关系，见图 3.7-12。

· 管井和风道应尽可能紧临承重墙布置，以加强空间的适应性。

· 不同位置及形式的卫生间中管井与风道的布置应当具体分析，例如两卫紧临的情况下，通常将管井与风道布置在两卫之间。

· 风道设计。

图 3.7-11　洁具尽可能同侧布置

图 3.7-12　公共管井与风道的布置

3.8 门厅

定义

门厅是从户外进入室内的过渡空间，是联系户内外空间的缓冲区域。近几年的住宅中，门厅的功能逐步扩大并受到重视。

设计要点

a. 随着生活水准提高，人们养成了进门后换鞋和更衣习惯，门厅要为换鞋、更衣、整装及存放鞋帽、衣物、雨具、包袋等功能提供足够的空间；

b. 门厅是一个半开放性的空间，门厅应能够方便地迎送、礼待客人，给来访者留下良好的第一印象；

c. 门厅还应具有一定的装饰性，并与居室内整体的装饰风格相协调，能够充分反映主人的审美修养和情趣个性；

d. 门厅应具备"屏风"的功能，避免一览无余，使入户门处不能直视私密性要求高的区域，保证住宅内部空间的私密性；

e. 门厅在大小及空间划分上应根据套型的面积大小综合考虑。在小面积的套型中，采用面积较小、空间限定较弱的门厅设计，门厅与起居或就餐空间合并，达到空间互借的效果；而在面积较大的套型空间中，门厅则可以宽敞、独立，成为"高舒适"的门厅，更好地起到过渡、缓冲的作用。

综上所述，门厅虽然空间相对较小，但需要担负多种功能，必须精心设计安排，充分利用空间，见图 3.8-1。

图 3.8-1 高舒适门厅示意

门厅的尺寸确定

a. 当鞋柜、衣柜需要布置在户门一侧时，要确保门侧墙垛有一定的宽度：摆放鞋柜时，墙垛净宽度不宜小于 400mm；摆放衣柜时，则不宜小于 650mm，见图 3.8-2。

b. 综合考虑相关家具布置及完成换鞋更衣动作，门厅的开间不宜小于 1500mm，面积不宜小于 2m²。

（a）摆放鞋柜时墙垛尺寸

（b）摆放衣柜时墙垛尺寸

门旁墙垛尺寸（单位：mm）

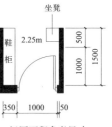

门厅面积参考尺寸

图3.8-2 门厅墙垛与面积尺寸示例

3.9 走道、储藏间、保姆间

走道

走道、过厅是户内各房间联系的纽带，其功能是避免因房间穿套而造成空间之间的穿插与干扰。其设计要点主要有以下几方面：

1. 能便捷地连接各个功能空间。

2. 注意面积经济节约，避免过道延伸过长。

3. 过道的宽度[1]及过道中门的位置的确定要照顾到方便大件家具（如沙发、双人床、床垫等）的搬运，同时不宜过于狭窄、曲折，见图3.9-1。

4. 通常情况下，过道连接多个门，在确定门的位置时要从通风角度加以考虑，见图3.9-2。

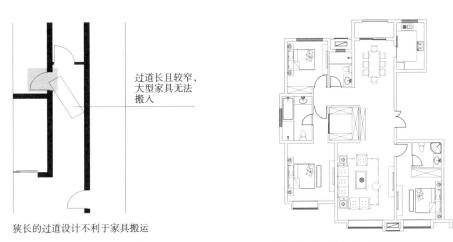

图3.9-1 狭长过道问题　　　　图3.9-2 门的位置应考虑通风问题

储藏空间

储藏需求各家不同，难于统一，但储藏空间不足、设计不合理是当前住宅设计的通病，见图3.9-3。

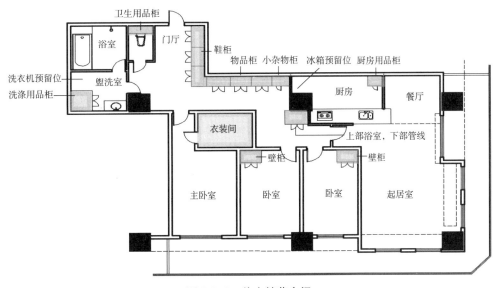

图3.9-3 住宅储藏空间

---

[1] 住宅规范中规定通往卧室、起居室的过道净宽不得小于1000mm，通往辅助房间时不应小于900mm。

储藏空间设计要点有以下几方面：

1. 在一套住宅中应设有集中的储藏室，同时还应有分散在不同空间的、专门的储藏空间。其中集中式储藏空间设置需考虑：

a. 希望预留管线、地漏，必要时便于将储藏空间改作卫生间、洗衣间等用水空间。

b. 围护墙宜采用轻质隔墙，以方便日后改造，如并入其他居室以扩大其面积等，见图 3.9-4。

2. 储藏空间多为没有自然通风采光的"黑房间"，应注意采取措施保证储藏空间有一定的通风，如门上设置百叶、房间上方加设排风扇等。

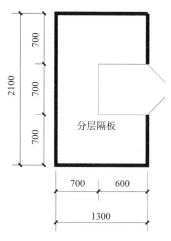

图 3.9-4　使用储藏间尺寸

保姆间

保姆间布置较为简单，主要家具有单人床和储藏柜。有条件的住房可在保姆室内设置专用小卫生间，以避免卫生洁具的交叉使用。

保姆间面积一般 4 ~ 6m² 即可，在家庭不需要雇请家庭工人时，可作为家庭机动的空间。如小储藏室、小书房、茶室，见图 3.9-5。

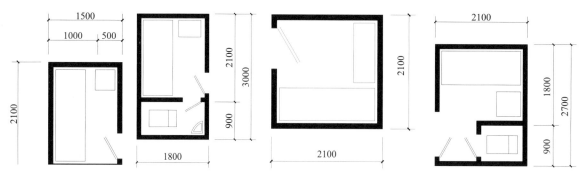

图 3.9-5　保姆间的尺寸示例

3.10 阳台

定义

阳台，顾名思义，是为了获取阳光而设置的，是住宅通向自然的过渡空间。它对于改善居室的通风、日照和采光，起到重要的作用。此外，阳台还具备晾晒衣物、培植花草和储存物品等使用功能；是住宅功能中不可或缺的空间，同时也是丰富建筑外观的重要元素。

阳台分类

按使用功能分类：分为生活阳台和服务阳台。

a. 生活阳台供生活起居使用，一般设于楼栋阳光充沛的南向，起居室或卧室外侧，见图 3.10-1。

b. 服务阳台则是家居生活中进行杂务活动的场所，满足住户储藏、放置杂物、洗衣、晾衣等功能需求，多与厨房或餐厅连接，见图 3.10-2。

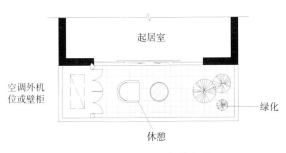

图 3.10-1　生活阳台的布置

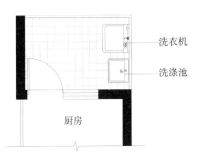

图 3.10-2　服务阳台的布置

服务阳台设计要点

过去我国住宅设计中对服务阳台的设计不够重视，其使用性质也不明晰，设计人员仅是在厨房外侧划出一块空间当作服务阳台，没有根据相应的功能确定空间大小、进行细部设计，导致服务阳台在住户心目中就是堆放杂物、破烂儿的空间，多数家庭的服务阳台使用混乱。

然而，厨房与服务阳台构成的服务空间是家居生活的支撑后台。邻近的国家如日本、韩国等，非常注重服务性空间的设计。

鉴于上述状况，我们在进行服务阳台设计时要考虑以下要点：

a. 将阳台的侧面围护结构尽量设计成实墙面，使住户有机会依附墙面打制隔板、吊柜用来分类储藏，见图 3.10-3。

---

[1] 异形阳台

转角（弧状）阳台：为了建筑立面设计的需要而出现的 80 度、270 度观景阳台、落地窗观景台等，这些特色转角阳台以其开阔的视野给人一种全新的感受。

娱乐阳台：将阳台设计为独立的一间厅室：阳光室、阳台书房、阳光休闲室，将阳光室与阳台分离，半封闭式的阳台可晾晒衣物、种花种草。

抬起式阳台：是使阳台地面高于与之相连的厅室地面，形成两三个台阶错层的感觉，空间变化有了丰富的层次感。

双层阳台：是把阳台分为里外间，外层阳台有围栏露台，伴着拂面的轻风尽情赏景；内层阳台也叫玻璃阳光室，为室内遮挡风沙。

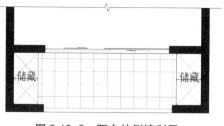

图 3.10-3　阳台的侧墙利用

b. 要考虑在服务阳台放置洗衣机、设置污水池的可能。注意设置上下水管，见图 3.10-4。

c. 符合安全规定的情况下，可以考虑服务阳台的灵活性，如可以放下一张床，能够阶段性充当保姆间，见图 3.10-5。

图 3.10-4　服务阳台布置

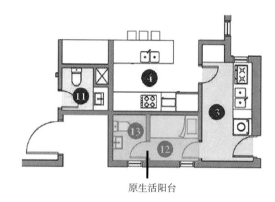

图 3.10-5　服务阳台的灵活性设置

阳台设计一般要求

a. 开敞式阳台的地面标高应低于室内标高的 30 ~ 150mm，并应有 1% ~ 2% 的排水坡度将积水引向地漏或泄水管。

b. 阳台栏杆需要具有抗侧向力的能力，其高度应满足防止坠落的安全要求，低层、多层住宅不应低于 1050mm，中高层、高层住宅不应低于 1100mm 的要求（《住宅设计规范》GB 50096—2011）。栏杆设计应防止儿童攀爬，垂直杆件净距不应大于 0.11m，以防止儿童钻出，见图 3.10-6。

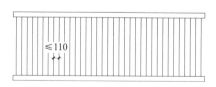

图 3.10-6　阳台栏杆设置要求

c. 阳台设计应综合考虑空调室外机的放置问题，便于空调室外机的安置和检修，同时使阳台立面丰富。

d. 要避免阳台过深或形状特殊对下层住户造成的阳光遮挡，影响其日照效果。

3.11 露台

定义

露台是指顶部无遮盖的露天平台，如不设雨篷的顶层阳台、退台式住宅中退台后部分的下层屋顶。

它是居室空间的外延，为住户提供理想的室外活动空间——呼吸新鲜空气、获取阳光、种植花草、休憩娱乐、烧烤聚餐等。此外可以用来晾晒衣服和被褥，因具备底层院落的优点，受到不少居住者的青睐。

露台设计要点

a. 要尽量避免进入露台必须穿行私密性较强房间的情况发生，见图 3.11-1，图 3.11-2。

b. 由于露台基层需要进行找坡、保温、防水等处理，往往会使屋面构造层厚度超过居室楼面构造层厚度，造成室外标高高于室内标高。

因此要注意相关构造措施及空间处理，如露台处进行降板处理、在不碍事处设置门和台阶等，见图 3.11-3。

c. 露台栏杆、女儿墙必须防止儿童攀爬，国家规范规定其有效高度不应小于 1.05m，高层建筑不应小于 1.1m。

d. 应为露台提供上下水，方便住户洗涤、浇花、冲洗地面、清洗餐具等活动。

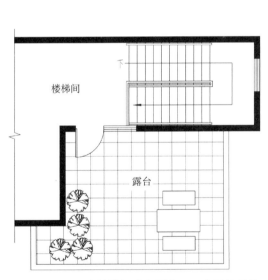

图 3.11-1　经由楼梯间进入露台，不会干扰其他房间的活动

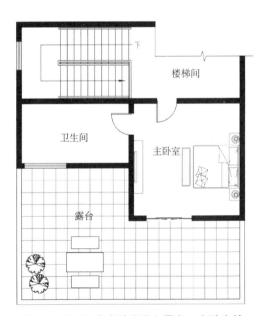

图 3.11-2　经由主卧室进入露台，主卧室的私密性受到影响

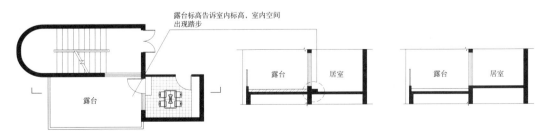

图 3.11-3　露台标高高于室内标高的空间处理

3.12 户内隔墙

定义

隔墙指不起承重作用，用来分隔建筑物内部空间的墙。

隔墙选材要求

隔墙的基本要求是自身质量小，以便减少对地板和楼板层的荷载，厚度薄，以增加建筑的使用面积；并根据具体环境要求隔声、耐水、耐火等。考虑到房间的分隔随着使用要求的变化而变更，因此隔墙应尽量便于拆装。

隔墙材料分类

隔墙材料一般来讲有如下几种：轻质量砖、玻璃砖、玻璃、木材、石膏板等，隔墙材料须考虑防火、防潮、强度高等诸多因素，见表 3.12-1。

户内隔墙材料　　　　表 3.12-1

产品类别	产品名称	物理性能	优点	缺点
			户内隔墙材料分析	
砌筑隔墙	泡沫砖	干密度 300～1200kg/m³，抗压强度大于 0.5MPa	抗压性能良好；质较轻；保温、隔热隔声性能优；抗震性好，不开裂，使用寿命长，抗水性好	密度低，防水性欠佳，施工较慢
	轻质砖（发泡砖）	干密度 500～700kg/m³，导热系数为 0.11～0.16W/MK	1. 质量较轻，隔声效果较好；2. 造价低，比采用实心黏土砖，综合造价可降低 5% 以上；3. 由于加气混凝土隔热，保温效果好；4. 具有良好的可加工性，施工方便简单，由于块大、质轻，还可减轻劳动强度，提高施工效率，缩短建设工期	强度没有黏土砖大，有渗水问题，主要是由缝隙渗入
	玻璃空心砖		隔声、隔热、防水、节能、透光良好；可营造丰富多变的空间造型	可应用范围较小，由于砖块间使用胶粘，不适宜大面积使用
龙骨隔墙	木龙骨＋石膏板		质轻、壁薄、拆装方便	防火、防潮、隔声性能差，耗用木材较多
	金属龙骨＋纸面石膏板、金属钢板等		材料来源广泛、强度高、质轻、防火、易于加工，施工方便	坚固度较差，防水性能不佳，保温效果较弱
条板隔墙	硅酸钙板	密度在 200～1000kg/m³	生产成本低。产品较轻。隔声和保温效果均优于一般的石膏隔墙材料	抗水性差、易变形、易吸潮
	GRC 板（玻璃纤维增强水泥复合材料）	表观密度 1700～1900kg/m³，抗压强度大于 10MPa	具有水泥制品的不燃性和抗压强度高的特点，施工简单，安装方便，能锯、刨、钉，便于安装各种管线。量轻、强度高、刚度大、韧性好，吊挂能力高，防火、防水、耐腐、遇水不变形，强度不降低。因采用高强抗碱玻纤，墙体不龟裂，抗震性能好。隔声性能好	吸潮后容易变形
	石膏空心条板	表观密度 550～620kg/m³，空气计权隔声量 37～48dB，抗压强度 4.6MPa	相比石膏砌块质量更轻、施工效率更高；无需龙骨；造价低。石膏空心条板具有重量轻、强度高、隔热、隔声、防水等性能，可锯、可刨、可钻、施工简便。与纸面石膏板相比，石膏用量少、不用纸和胶粘剂、不用龙骨，工艺设备简单，所以比纸面石膏板造价低	间隙难处理，容易有裂开、不隔声、不保温（可以加石棉解决）、墙面易损
	秸秆轻质条板	密度 130～160kg/m³	安装方便，施工简单，环保	秸秆碎料加工后，秸秆存在粗细度问题，会影响板材强度

3.13 核心筒

定义

核心筒就是在建筑的中央部分，由电梯井道、楼梯、通风井、电缆井、公共卫生间、部分设备间围护形成中央核心筒，与外围框架形成一个外框内筒结构，以钢筋混凝土浇筑。

核心筒是住宅标准层中空间最局促，功能最复杂的部分，其设备管井间涉及管线综合布局、管理、查抄和检修等多种问题，需要统筹安排、细致考虑。合理精致性的设计既能保证使用的舒适性，又能够适当压缩减少这类空间所占面积，提高空间的使用效率，减少公摊。

根据《建筑设计防火规范（2018年版）》GB 50016—2014第5.5.25 ~ 5.5.27条对住宅建筑核心筒的类型和数量进行了规定，总结如下表3.13-1 ~ 表3.13-5。

住宅核心筒类型　　　　　　表 3.13-1

住宅核心筒类型分类（参考防火规范总结）			
建筑高度	≤ 21m	21m＜高度≤ 33m	＞ 33m
楼梯间类型	敞开楼梯间	封闭楼梯间	防烟楼梯间
电梯数量	一部电梯 *	一部电梯	两部电梯
户型	一梯两户 ~ 四户	一梯两户 ~ 四户	一梯四户 ~ 六户
需要符合条件		户门乙级防火门可做敞开楼梯间	户门不宜直接开向前室，当必须时，不超 3 个

住宅疏散楼梯分类　　　　　　表 3.13-2

住宅疏散楼梯数量分类（参考防火规范总结）		
建筑高度	≤ 27m	27m＜高度≤ 54m	＞ 54m
楼梯间数量	一部	一部	两部
需要符合条件		疏散楼梯应通至屋面，且单元之间的疏散楼梯应能通过屋面连通	

各楼梯间类型特点及平面　　　　　　表 3.13-3

开敞楼梯间	封闭楼梯间	防烟楼梯间	剪刀楼梯间
1. 楼梯间应靠外墙，并应直接天然采光和自然通风； 2. 开向楼梯间的户门应为乙级防火门，除此以外不应开设其他门、窗、洞口	1. 楼梯间应靠外墙，并应直接天然采光和自然通风； 2. 楼梯间应为乙级防火门，并应向疏散方向开启，除此以外不应开设其他门、窗、洞口； 3. 楼梯间的首层紧接主要出口时，可将走道和门厅等包括在楼梯间内，形成扩大的封闭楼梯间；并采用乙级防火门等防火措施与其他走道和房间隔开	1. 楼梯间入口应设前室、阳台或凹廊； 2. 前室的面积不小于4.5m²； 3. 前室和楼梯间的门均应为乙级防火门，并应向疏散方向开启； 4. 户门不应直接开向前室，当确有困难时，部分开向前室的户门均应为乙级防火门，且不超过3扇； 5. 除开设通向公共走道的疏散和户门外，内墙上不应开设其他门、窗、洞口	1. 剪刀楼梯间应为防烟楼梯间（设置要求与防烟楼梯间相同）； 2. 剪刀楼梯段之间，应设置耐火极限不低于1.00h不燃烧墙体分隔； 3. 剪刀楼梯的前室不宜共用；共用时，前室面积不应小于6m²； 4. 楼梯间的前室或共用前室不宜与消防电梯的前室合用；楼梯间的共用前室与消防电梯的前室合用时，合用前室的使用面积不应小于12.0m²，且短边不应小于2.4m²

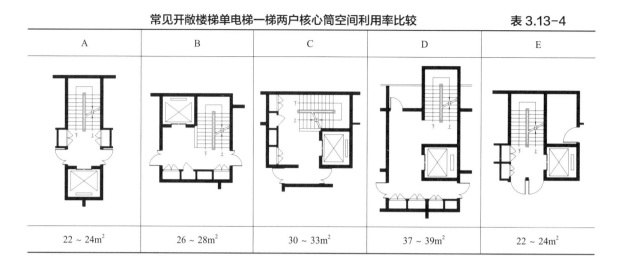

常见开敞楼梯单电梯一梯两户核心筒空间利用率比较　　表 3.13-4

A	B	C	D	E
22 ~ 24m²	26 ~ 28m²	30 ~ 33m²	37 ~ 39m²	22 ~ 24m²

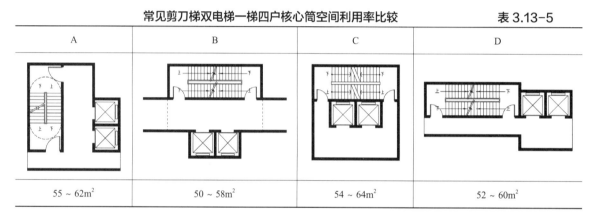

常见剪刀梯双电梯一梯四户核心筒空间利用率比较　　表 3.13-5

A	B	C	D
55 ~ 62m²	50 ~ 58m²	54 ~ 64m²	52 ~ 60m²

单元组合式高层住宅核心筒归类

高层住宅常将电梯、楼梯间、公共走廊及设备管井等功能房间集中组合成一个垂直交通单元，形成上下贯通的核心筒，以解决楼层间和同层各户间的交通联系和安全疏散。核心筒是垂直交通与水平交通的交结点，是将住户与入口、住户与住户联系起来的关键，又是影响住宅公共部分面积的主要因素。

根据平面与核心筒的关系，高层住宅可以分为塔式与单元式两种，下文将以长三角区域广泛使用的单元式住宅为例，根据消防要求的不同进行分类描述。

≤ 33m 的单元式高层住宅

根据防火疏散要求，≤ 33m 的高层住宅可设置一部开敞的自然通风采光的楼梯间及一台普通客梯（上海要求多层及多层以上住宅配电梯，其余地方见地方规定），见表 3.13-6。其公共部位主要由楼梯间、电梯间、设备管井、公共走廊等部分组成，通常为一梯二户至一梯四户，按楼梯所在的位置分为北梯式和南梯式两种，北梯可节约南面的面宽，是最为常用的形式，下面主要研究北梯式住宅公共部位。按楼梯和电梯之间的相对位置北梯式又可细分为：

A. 电梯与竖梯上下相对；

B. 电梯位于竖梯一侧；

C. 电梯与横梯上下并列；

D. 电梯与竖梯上下错位四种常见的形式。

第3章

户型设计

3.1 套内空间设计
评价
3.2 起居室
3.3 餐厅
3.4 卧室
3.5 书房
3.6 厨房
3.7 卫生间
3.8 门厅
3.9 走道、储藏间、
保姆间
3.10 阳台
3.11 露台
3.12 户内隔墙
3.13 核心筒

　　主要从公共交通体的建筑面积和所占面宽、采光通风、入户门位置、管井位置、空间形态等几个方面对其进行分析，讨论其优缺点。为了使不同形态的交通空间具有可比性，采用统一的最低限尺寸：层高 2800mm，楼梯开间 2600mm，进深 4500mm，电梯间取轴线尺寸 2300mm×2400mm，候梯厅深度轴线尺寸为 1800mm（在实际工程中，此数值有可能不同）。

≤ 33m 的单元式高层住宅核心筒布置对比　　　　　　　表 3.13-6

		≤ 33m 的单元式高层住宅		
序号	类型	核心筒平面	单元平面	综合评价
A	电梯与竖梯上下相对			单元式住宅中最为常用的习惯形式，只适用于一梯二户的经济型住宅；公共交通体建筑面积小，面宽节约；采光通风良好；但电梯对于相邻房间的影响较为明显，需要注意
B	电梯位于竖梯一侧			适用于经济型住宅；对于一梯二户的高层住宅而言，公共交通体建筑面积及面宽都较大，一般不宜采用；对于一梯三户及一梯四户的高层住宅而言，由于入户门设置的要求，这种布置方式最为经济，公共交通体的建筑面积及面宽都较为节约，是最为常用的形式；功能布局清晰；采光通风较好
C	电梯与横梯上下并列			适用于舒适型住宅；可用于一梯二户与一梯三户；功能分区明确，采光通风较好；但是公共交通体的建筑面积及面宽较大，经济型住宅中采用不多
D	电梯与竖梯上下错位			适用于经济型住宅，只可用于一梯二户；公共交通体面积与面宽较小；采光通风良好；功能流线有一定交叉；电梯位置对住户有干扰

小结

　　从以上对于 ≤ 33m 的单元式高层住宅的公共交通体 常见的组合形式设计的分析中可以看出：一梯二户的高层住宅采用对面式的布置方式较为经济；一梯三户及一梯四户的高层住宅采用左右式的布置方式较为经济，而错位式的第二种排布方式也相对经济，但由于户型设计具有一定难度，这种排布方式并不多见。

　　楼梯间、电梯间及管道井还存在其他的组合形式，以上分析的组合形式仅是在中小户型住宅的研究背景下提出的，是以经济节约为最重要的出发点考虑，寻求的是各种组合符合规范要求的最小尺寸。从不同的出发点考虑，将会出现不同的布置方式。例如从私密性的角度出发，将入户空间扩大，形成一个小门斗，可以形成较为独立的入户空间，减少两户对望（图 3.13-1）；同样是从私密性的角度考虑，电梯可以向两个方向开门，直接到达每户，每户均有独立的入户空间，（图 3.13-2）这种布置方式适合于高档住宅。这些布置方式都导致了公共部位面积的增大，是以降低住宅的使用面积系数为代价，来提高住宅其他方面的使用需求的处理方式。在设计住宅公共部位时，应在满足经济节约的前提下，根据实际需要作适当的调整。

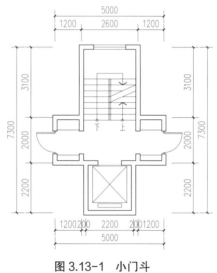

图 3.13-1　小门斗

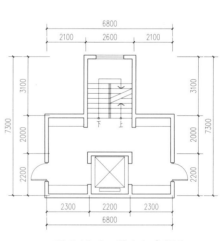

图 3.13-2　独立入户门斗

33m < 高度 ≤ 54m 的单元式高层住宅

　　根据防火疏散要求，高度大于 33m，但不大于 54m 的单元式高层住宅，当楼梯间通至屋面连通时，应设置一部防烟楼梯间及两台电梯，其中一台为消防电梯，并设有消防电梯前室，其具有一定的防排烟要求，见表 3.13-7。同样以北梯的方式作为研究对象，根据楼梯和电梯之间的相对位置可分为以下五种形式。

　　A. 电梯与竖梯上下相对；

　　B. 电梯与横梯上下相对；

　　C. 电梯分别位于竖梯两侧；

　　D. 电梯与竖梯左右相对；

　　E. 相对布置的电梯与竖梯上下并列。

　　右图示例中空间尺寸统一取最低限值：层高 2800mm，楼梯开间 2600mm，进深 4500mm，电梯间取轴线尺寸 2600mm×1800mm（电梯尺寸与所选电梯的标准尺寸有关），候梯厅深度轴线尺寸应不小于 2000mm（在实际工程中，此数值有可能不同）。

33m< 高度 ≤ 54m 的单元式高层住宅核心筒对比　　　　表 3.13-7

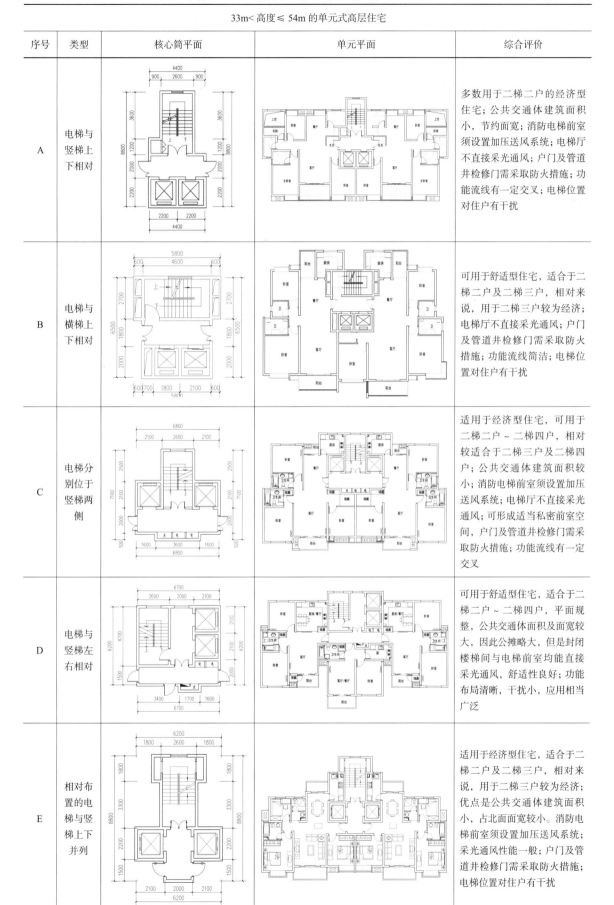

序号	类型	核心筒平面	单元平面	综合评价
		33m< 高度 ≤ 54m 的单元式高层住宅		
A	电梯与竖梯上下相对			多数用于二梯二户的经济型住宅；公共交通体建筑面积小，节约面宽，消防电梯前室须设置加压送风系统；电梯厅不直接采光通风；户门及管道井检修门需采取防火措施；功能流线有一定交叉；电梯位置对住户有干扰
B	电梯与横梯上下相对			可用于舒适型住宅，适合于二梯二户及二梯三户，相对来说，用于二梯三户较为经济；电梯厅不直接采光通风；户门及管道井检修门需采取防火措施；功能流线简洁；电梯位置对住户有干扰
C	电梯分别位于竖梯两侧			适用于经济型住宅，可用于二梯二户～二梯四户，相对较适合于二梯三户及二梯四户；公共交通体建筑面积较小；消防电梯前室须设置加压送风系统；电梯厅不直接采光通风；可形成适当私密前室空间，户门及管道井检修门需采取防火措施；功能流线有一定交叉
D	电梯与竖梯左右相对			可用于舒适型住宅，适合于二梯二户～二梯四户，平面规整，公共交通体面积及面宽较大，因此公摊略大，但是封闭楼梯间与电梯前室均能直接采光通风，舒适性良好；功能布局清晰，干扰小，应用相当广泛
E	相对布置的电梯与竖梯上下并列			适用于经济型住宅，适合于二梯二户及二梯三户，相对来说，用于二梯三户较为经济；优点是公共交通体建筑面积小，占北面面宽较小。消防电梯前室须设置加压送风系统；采光通风性能一般；户门及管道井检修门需采取防火措施；电梯位置对住户有干扰

小结

通过以上对于 33m< 高度 ≤ 54m 的单元式高层住宅的核心筒常见的组合形式设计的分析，对各种排布方式进行综合的经济性评价，可以看出：采用将住宅走道作为扩大的消防电梯前室的排布方式，其公共交通体建筑面积相对节约；采用独立的消防电梯前室的排布方式，其公共交通体建筑面积较大，但舒适度相对较高，一般在建筑面积相对宽松的情况下，消防电梯前室应以自然排烟为首选，与加压送风相比其主要公共空间的环境和节能方面都有较好的优势。值得注意的是，仅以公共交通体建筑面积最小为衡量标准来选取电梯与楼梯的组合形式是很片面的，在实际工程应用中，必须结合功能布置的难易程度、户型的舒适度、防火疏散的安全性等各个方面进行综合考虑，例如电梯与竖梯左右相对（D 型）的布置方式虽然公共面积较大，但是由于其具有平面结构规整、舒适度高、安全性良好等优点，在高层住宅设计中，其应用相当广泛。

54m 以上单元式高层住宅

根据防火疏散要求，54m 以上单元式高层住宅应设置防烟楼梯间及两台电梯；应设两个安全出口，可以采用一部剪刀楼梯的形式，须设有防烟前室；必须设有一台消防电梯，且有消防电梯前室；所有防烟前室须具有一定的防排烟要求，见表 3.13-8。

此外，根据消防条文的解释，住宅建筑中两部疏散楼梯楼梯间采用剪刀楼梯间时，应确保人员能在每个楼层通过公共区进行楼梯间的转换，而不需要经过住宅的套内空间。

此类住宅剪刀楼梯和电梯有多种组合方式，按照剪刀楼梯和电梯的相对位置将其分为五大系列。

A. 电梯与横梯同侧系列；

B. 电梯与横梯不同侧系列；

C. 电梯与竖梯左右相对系列；

D. 电梯与电梯厅独立分置与竖梯系列。

由于此类住宅的公共部位要求有两个防烟楼梯前室以及一个消防电梯前室，防烟前室组合形式较为灵活，在各地的消防规范之中，前室的合用规则也不同，因此以下仅将对各种形式的优缺点进行分析，实际选用需要根据情况进行调整。有关参数取最低限值即层高 2800mm，楼梯开间 2700mm，进深 6600mm，电梯间取轴线尺寸 2600mm×1800mm（电梯尺寸与所选电梯的标准尺寸有关），候梯厅深度轴线尺寸根据消防要求分为 2000mm（楼梯间独立前室）；轴线 2600mm（楼梯前室与消防电梯前室合用）。

小结

据防烟前室设置形式的不同，此类高层住宅前室设置变化多样，基本上可分为扩大防烟前室及设置分开防烟前室的两种基本做法。扩大防烟前室的做法是节约公共部位面积的一种有效方式，虽然 2018 版的《建筑设计防火规范》中明确了它的使用条件，但未必能满足各地的消防要求。因此，设计必须结合地方法规的具体规定综合考虑。

防烟前室的防排烟形式也有自然防排烟及机械防排烟两种基本形式，从公共空间的环境和节能方面考虑，自然排烟系统优于加压送风系统，在设计中应作为首选。但是由于住宅建筑设计中对建筑面积和面宽进深的限制条件，有些情况下较难实现自然防排烟，则需根据实际情况综合考虑选用公共交通体的形式。

各种组合方式中，（C）电梯与竖梯左右相对布置由于采光通风效果佳、安全性高、舒适性良好等优点，不需要机械送风，是 100m 内高层住宅较为理想的核心筒模式之一。之前传统的两部电梯位于竖向剪刀梯两侧，两个独立电梯前室的核心筒布局由于具有很高的私密性，而常见于许多高端楼盘,但因其不满足本层消防公共区域连通的要求,近年已被废止。取而代之的是（D）电梯与电梯厅独立分置与竖梯系列的变通方式。通过牺牲部分面积,本层内设计有两个楼梯的转换通道,从而保留两个独立电梯前室空间的可能性,满足了两梯两户高端户型对独立入户空间私密性的需求,这种方式也是个不错的替代选择。

54m 以上单元式高层住宅核心筒对比　　　　　　表 3.13-8

序号	类型	核心筒平面	单元平面	综合评价
		54m 以上单元式高层住宅		
A	电梯与横梯同侧系列；采用扩大前室、前室需设加压送风系统			适用于经济型住宅,适合于二梯二户~二梯四户,但是由于公共交通体建筑面积较大,一般不宜用于二梯二户；各防烟前室合并形成三合一前室,安全性降低,且须设置加压送风系统；采光通风性能不佳；户门及管道井检修门需采取防火措施；功能流线有一定交叉；选用此种形式时需要结合地方法规综合考虑,严格规范要求下不建议采用。（需注意前室的宽度满足消防要求）
B	电梯与横梯不同侧系列；采用扩大前室、需设加压送风系统			适用于经济型住宅,适合于二梯二户~二梯四户,相对来说,用于二梯三户及二梯四户较为经济；公共交通体建筑面积相对较小；将各防烟前室合并形成扩大前室,安全性降低,且须设置加压送风系统；采光通风性能不佳；户门及管道井检修门需采取防火措施；功能流线有一定交叉。（需注意前室的宽度满足消防要求）
C	电梯与竖梯左右相对系列；采用扩大前室、可以自然防排烟			适用于经济型住宅,适合于二梯二户~二梯四户,用于二梯三户及二梯四户较为经济；公共交通体建筑面积偏大,将各防烟前室合并形成扩大前室,安全性降低；但是采光通风性能良好；功能布局清晰,干扰小；选用此种形式时需要结合地方法规综合考虑,严格规范要求下不建议采用
D	电梯与电梯厅独立分置结合竖梯系列；分开设置防烟前室、前室需设加压送风系统			适用于舒适型住宅,此类核心筒常规用于需要营造私密电梯厅的两梯两户平面。因两个疏散口需要每层在公共部位连接,故需增加一条走道,公摊较大；合用防烟前室须设置加压送风系统；采光通风性能一般；户门及管道井检修门需采取防火措施

第 4 章　细部设计

4.1 设计必要性

必要性

本章节目的旨在对规范规定之外的设计内容进行细节深化，从而提升建筑设计品质。

细部是建筑整体的一部分，只能依靠整体建筑而存在，细部设计影响整体的美观，反之，建筑的整体又限制着细部的设计。然而，建筑的整体又不能简单解释成是由细部的重复叠加组成的，因此，分析建筑细部设计对建筑整体的重要性与建筑设计的成败有着非常重要的作用。

住宅是设计师根据但不限于从自己的设计经验，生活经验和对人的生活习惯，行为方式的理解来决定设计的问题。随着人们生活水平的提高和科学技术的进步，人们对生活环境的舒适性，效率性和安全健康性都有了更高的要求，住宅作为一个系统也变得更加复杂和精巧，功能性和专业化更强，这就要求设计师秉承以人为本的原则，将住宅设计细致化，科学化，通过创新美观考究的外观，合理，精致的空间布局，让生活在其中的人有舒适感，安全感，归属感。从新中国成立初期到现在，随着我国人们居住水平的提高，科技不断的创新，市场上高水平，高品质的住宅产品越来越多，越来越丰富，设计师也在累积更多的经验和创新能力。

设计内容

除去户内空间，剩下的部分为公共活动所能共享的空间。楼电梯间的合理尺度、美观的装修方案、消火栓的合理设置均会影响居住品质。住宅立面上空调机位的设置对整个立面的影响。室外空间的绿化，环境道路的合理布置，均影响着小区的品质及住户的体验。

"以人为本"这个词在现在已经耳熟能详，但是真正做到"以人为本"其实对于开发商对于使用者都是双赢的事情。开发商掌控着小区的指标，配套设置、建筑密度、小区环境等对开发成本有着较大的影响，同时也影响着使用者的使用感受。做到"以人为本"，不一味地以盈利为目的，会使得开发商开发出来的楼盘销售率上涨，同时也可以为自己的品牌提高知名度与可信度。而对于使用者，环境优雅，配套齐全，建筑密度不是太高的小区相对于其他小区是有不可估量的竞争力的。

本章节主要着重介绍的细部设计内容包括室外空间、公共交通和立面控制三大方面，见图 4.1-1 ~ 图 4.1-5。

图 4.1-1　立面控制　　　　　　　　　　　图 4.1-2　立面控制

图 4.1-3　室外空间

图 4.1-4　公共交通 1

图 4.1-5　公共交通 2

4.2 室外空间

台阶、坡道

台阶设置应符合下列规定：

1. 公共建筑室内外台阶踏步宽度不宜小于 0.30m，踏步高度不宜大于 0.15m，并不宜小于 0.10m，踏步应防滑。室内台阶踏步数不应少于 2 级，当高差不足 2 级时，应按坡道设置；

2. 人流密集的场所台阶高度超过 0.70m 并侧面临空时，应有防护设施。

无障碍设计要求，见图 4.2-1。

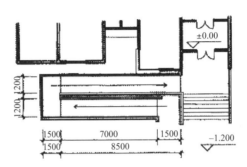

图 4.2-1 设台阶和坡道的无障碍入口示意图

1. 建筑入口设台阶时，应同时设置轮椅坡道和扶手；
2. 坡道的坡度应符合表 4.2-1 的规定；

无障碍坡道规定				表 4.2-1
坡度	1:20	1:16	1:12	1:10	1:8
最大高度（m）	1.20	0.90	0.75	0.60	0.30

3. 供轮椅通行的门净宽不应小于 0.8m；
4. 供轮椅通行的推拉门和平开门，在门把手一侧的墙面，应留有不小于 0.4m 的墙面宽度；
5. 供轮椅通行的门扇，应安装视线观察玻璃、横执把手和关门拉手，在门扇的下方应安装高 0.35m 的护门板；
6. 门槛高度及门内外地面高差不应大于 0.015m，并应以斜坡过渡。

地面材质

水泥路面的特点是强度高耐久性好、稳定性好、平整度和粗糙度好、养护费用少，但是缺点是挖掘和修补困难、阳光下反光强烈，见图 4.2-2。

图 4.2-2 水泥铺砌

第4章

细部设计

4.1 设计必要性
4.2 室外空间
4.3 公共交通
4.4 立面控制

采用透水砖铺装地面，透水砖具有良好的透水透气性能，同时可吸收水分和热量调节地表局部空间的温湿度。透水砖色彩丰富、自然朴实、经济实惠、规格多样化，是一种新型的生态环保材料，见图4.2-3。

图 4.2-3　透水砖铺砌

路面材质的选择多种多样，设计时应充分考虑当地的气候条件、经济状况、小区的品质档次、道路用途以及各种材质的特点等方面，确定使用最佳的路面材质。路面铺装施工质量的关键，在于路面下市政设施管线的一次到位和做好底基层的素土夯实，保证基层的级配砂、级配砂石或（当有机动车载荷时）混凝土、三合土等的施工质量。这是提高路面耐久性的基础，见图4.2-4。

小区广场的地面铺装，可选用加工后的花岗石块材地面。园林道路，可采用碎块拼花的铺装手法。花岗岩铺装的特点有：良好的装饰性能、优良的加工性能、耐磨度高，但是价格较贵，且不透水、透气，见图4.2-5。

各类混凝土预制制品如方砖、花格砖、道牙砖等已被广泛采用。其中，空眼彩色地砖能兼顾硬化与绿化两种功能，既美观又耐车轮滚压；国外甚至用它铺筑公路，尤其适用于路边停车场和边坡防护，见图4.2-6。

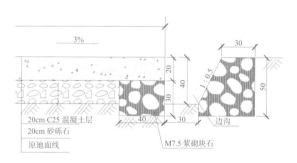

图 4.2-4　水泥路面断面示意

图 4.2-5　石材铺砌

图 4.2-6　空眼彩色地砖

第4章

细部设计

4.1 设计必要性
4.2 室外空间
4.3 公共交通
4.4 立面控制

停车与绿化的结合

　　小区是市民生活休憩的场所，其绿化造景较好，尤其是一些高档次的住宅小区，更是如此。因此，停车场绿化也应与之协调。停车场可采用草坪砖铺装，种植一些耐践踏的草坪品种，用于保湿，以降低夏季地表高温对车辆的蒸晒；其间以绿化带形式种植一些分支点高、耐修剪高大乔木，树种成型后，树形扩展，枝条茂密，可减轻日光对车辆的暴晒。小区内停车场停留的多是家用小型汽车，树距一般可定位 6m 左右不能过密，以方便车辆进出，在不影响车辆行驶的情况下，在靠近墙边，绿篱的地方适当种植一些花灌木，成为简洁明快的花园式停车场，与周围的植物造景相呼应，见图 4.2-7。

图 4.2-7　深圳某小区花园式停车场

道路排水与窨井设施

　　道路排水的设计一般按照以下步骤进行，见图 4.2-8：

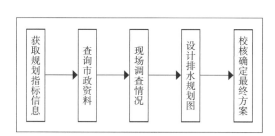

图 4.2-8　道路排水设计一般流程

　　1. 要求小区道路排水设计委托单位提供小区建筑规划平面图、管网综合图、建筑一层排水平面图、地形图、人口总数及给水定额等；

　　2. 查询住宅小区范围内的既有市政管线设计资料、既有道路设计资料、需保留建筑的基础资料等；

　　3. 现场调查公用管线及排水管出路、既设管径、高程、流体性质，确定排水管道的控制标高；现场调查小区周边的既有道路情况；

　　4. 按照建筑规划平面图设计小区道路平面，根据小区自然地势、人口总数及给水定额等核算排水管径、坡度，按照管网综合图及现有周边既有市政管线情况确定排水平面及排水管出路，先初步确定排水管线标高，在保证管线埋深的基础上，确定场区竖向高程，依据周边既有道路

第4章

细部设计
4.1 设计必要性
4.2 室外空间
4.3 公共交通
4.4 立面控制

情况、场平高等确定道路标高，再确定建筑物 ± 零标高；

5.当排水、道路、建筑 ± 零标高三大标高初步确定后，需根据建筑物门口的高程、排水管线的埋深、既有道路标高、区域填挖方平衡等反复校核，并根据情况进行适当调整，确定最终设计方案。

小区的窨井会对整体的道路美观性有较大的影响，在设计时应充分考虑完成后的窨井盖的摆放效果。主要注意以下几点：窨井位置需与所处位置铺地纹路相吻合，避免设于两种材质间；避免一半在道路中，一半在绿化中；窨井应呈一直线布置，与路边相对关系相同，见图 4.2-9。

道路旁的雨水口应与道路平齐，不应出现交叉、倾斜等影响道路美观的因素。窨井盖四周的后浇部分应统一，一般为 250mm，避免杂乱。侧面排水口的布设窨井应统一，应综合考虑施工的管线等因素影响，见图 4.2-10 ~ 图 4.2-12。

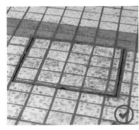   

图 4.2-9 位置与铺地纹路吻合　　　　图 4.2-10 雨水口与道路平齐

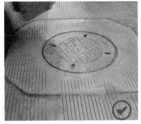   

图 4.2-11 后浇部分统一　　　　图 4.2-12 侧面排水口布设窨井统一

第 4 章

细部设计

4.1 设计必要性
4.2 室外空间
4.3 公共交通
4.4 立面控制

4.3 公共交通

首层入口门厅

入口门厅的特点，见图 4.3-1 ~ 图 4.3-4：

1. 入口门厅的设置会提高入户的尊贵感，提高住宅的档次。

2. 入户门厅的层高一般在 4.2m 以上，面积一般不超过 30m²。

3. 门厅设计要考虑与室外景观的借景关系。

4. 入口门厅还应考虑无障碍设计。

5. 随着住宅档次的提高，入口门厅的配置也会不断提升。基本配置有信报箱等基本设施，升级配置设有含沙发的等候空间等开敞区域，而奢华配置会出现挑空大堂等处理手法，增强住户入户的尊贵感。

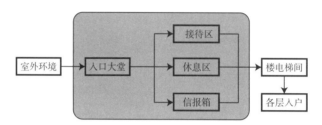

图 4.3-1 入户示意图

图 4.3-2 首层入口门厅效果示例 1

图 4.3-3 首层入口门厅效果示例

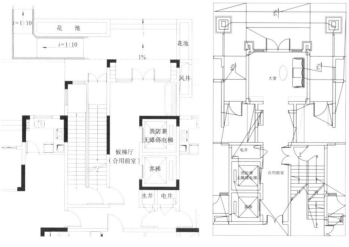
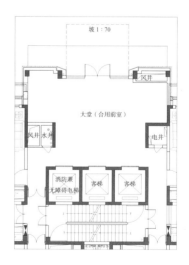

图 4.3-4 入口门厅平面示例

第 4 章

细部设计
4.1 设计必要性
4.2 室外空间
4.3 公共交通
4.4 立面控制

地下入口门厅

地下入户设计特点，见图 4.3-5：

1. 随着地下车库的普及，越来越多的人通过地下室大堂直接入户，从而形成了地上地下双大堂的模式。地下入户门厅应考虑采光设计，使其有自然的采光和通风，有条件的应将景观引入。

2. 通过地下门厅与地库交接面处理、吊顶与地面处理、通道边贯穿上下的景观设置等，使地下门厅引导性、标志性明显。

3. 一般设置公告栏。

4. 地下入户门厅层高一般与地下室层高一致，建议通道宽度不小于 2.5m，建议面积 12m^2 以上。

图 4.3-5　地下入口门厅效果示例

架空层

架空层的特点，见图 4.3-6 ~ 图 4.3-8：

1. 定义：仅有结构支撑而无外围护结构的开敞空间层。

2. 架空层架空空间通过引入绿化、小品、休憩空间等，将室外景观引入建筑内，形成特殊的"灰空间"。因为架空层往往会引入绿化，所以又会增加小区的绿化率，对小区的景观贡献很大。

3. 架空层还可以设置活动场所，形成"泛会所"，增加公共活动面积。

4. 架空层可以打通视线，从外部可以看到小区内部花园，提高小区的品质。

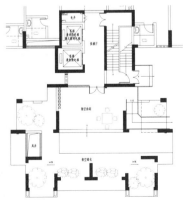

图 4.3-6　架空层平面示意图

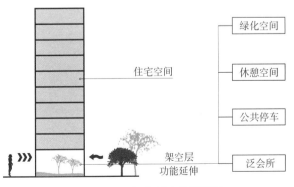

图 4.3-7　架空层功能示意图

图 4.3-8　架空层示意图

5. 架空层除了大堂、电梯部分等围合的部分外，是不计入公共面积的。

6. 气候与生活习惯的不同，架空层也会有地域的区别。例如，南方潮湿，架空层的做法比较普遍。北方住宅设架空层相对少见。

架空层与容积率

各个地区对架空层不计入容积率有着不一样的规定，但基本都有规定架空层的使用功能为公共活动用途，见图 4.3-9 ~ 图 4.3-12。

比如深圳市就规定作为公共通道、公共空间、公共停车、布置绿化小品、居民休闲、配套设施等公共用途，并符合相关规范的建筑首层架空或塔楼底层架空空间的建筑面积计入地上核增建筑面积。

①建筑楼层（包括首层）内，按城市规划要求设置的 24 小时免费向公众开放的城市公共通道，其中车行通道有效宽度 ≥4m，净高 ≥5m；人行通道净宽 ≥3.5m，梁底净高 ≥3.6m。

②建筑首层架空作为 24 小时免费向公众开放的公共空间，梁底净高 ≥5.4m。

③建筑首层或塔楼底层架空（整层或局部），作为公共或公用停车场。或者作为公共绿化或公共休闲活动场地，梁底净高 ≥3.6m。

图 4.3-9　绿化空间

图 4.3-10　休憩空间

图 4.3-11　公共停车

图 4.3-12　泛会所

第4章

细部设计
4.1 设计必要性
4.2 室外空间
4.3 公共交通
4.4 立面控制

楼电梯厅

1. 住宅的竖向交通由楼电梯来完成，为住户每天必须使用到的部分，故楼电梯厅的设计对整栋建筑至关重要。

2. 楼电梯厅需要有合理的尺度，增大面积意味着增加开阔感，但同时会带来公摊面积的增加。目前住宅楼的电梯厅一般采用"经济路线"，这样可以尽量减少公摊面积。

3. 住宅的电梯一般采用多台单侧排列的方式，这就要求候梯厅的深度要不小于最大一台电梯的轿厢深度，见表4.3-1。

候梯厅最小深度　　　　　　　　　　表4.3-1

电梯类别	布置方式	候梯厅深度
住宅电梯	单台	≥ B
		老年居住建筑≥ 1.6m
	多台单侧排列	≥ B*
	多台双侧排列	≥相对电梯 B* 之和并< 3.5m

注：B 为轿厢深度，B* 为电梯群中最大轿厢深度。

4. 电梯井道和机房不宜与有安静要求的用房贴邻布置，否则应采取隔振、隔声措施。电梯井道不应紧邻卧室布置。

电梯要求——担架梯要求

1.《住宅设计规范》GB 50096—2011 中规定十二层及十二层以上的住宅，每栋楼设置电梯不应少于两台，其中应设置一台可容纳担架的电梯。

2. 不能盲目选用医用电梯，医用电梯的设计针对的是病床，尺寸较大，需要配套较大的走道净空及转弯半径，往往是担架能进电梯但是进不了家门，见图4.3-13，表4.3-2。

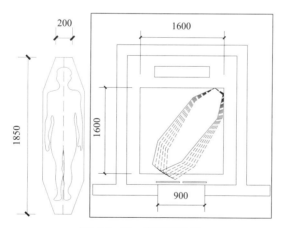

图 4.3-13　担架梯示意

电梯主要技术参数及规格尺寸　　　　　　　表4.3-2

名称	住宅电梯		
额定载重量（kg）	400	630	1000
乘客人数（人）	5	8	13
额定速率（m/s）	0.63、1.00、1.60、2.50		

续表

名称		住宅电梯		
轿厢尺寸（mm）	宽	1100	1100	1100
	深	1000	1400	2100
	高	2200	2200	2200
井道尺寸（mm）	宽	1800	1800	1800
	深	1600	1900	2600
机房尺寸（mm）	宽	2200	2200	2400
	深	3200	3700	4200
	高	2000	2200	2600
电梯间隔时间（s）	电梯标准等级			
	舒适		正常	经济
	40~70		70~90	90~120

3. 各个地方对担架电梯的要求不同，比如天津要求有 2600mm×1800mm 的井道；青岛要求其中至少 1 台电梯保证手把可拆卸的担架平放进去（最小轿厢尺寸为 1100mm×2100mm）。温州要求有 1400mm×1600mm 的轿厢；宁波要求可容纳担架电梯的轿箱内净尺寸不应小于 1600mm×1500mm，轿箱门洞净宽不应小于 900mm（当门洞不居中开设时，其净宽可适当缩小，但最小不得小于 800mm，且应确保担架的出入）；上海要求担架电梯的轿厢尺寸不应小于 1600mm×1500mm。

私密性要求

1. 住宅的户门不宜直接面对电梯厅设置，会对住户的住家体验造成比较大的影响。
2. 高档住宅或设置电梯入户，极大地增加住户的住家私密性，见图 4.3-14，图 4.3-15。

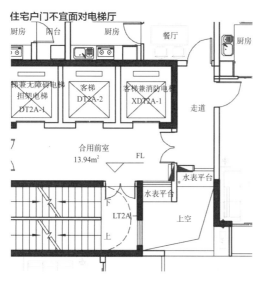

图 4.3-14 住户门避免正对电梯厅平面处理

图 4.3-15 住户门避免正对电梯厅空间效果

4.4 立面控制

外墙材料与质量

建筑材料的选用对建筑外立面有着较大的影响，在材料的选用上，需要同时考虑美观、成本等因素。产品定位不同，相对应使用的外墙材料也会有所差异，见表4.4-1。

第4章

细部设计
4.1 设计必要性
4.2 室外空间
4.3 公共交通
4.4 立面控制

常用外立面材料 表 4.4-1

名称		特点	图示
涂料	一般涂料	优点：较为经济，整体感强，装饰性良好、施工简便，维修方便，首次投入成本低，即使起皮及脱落也没有伤人的危险，而且便于更新换代，丰富不同时期建筑的不同要求，进行维护更新以后可以提升建筑形象。同时，在涂料里添加防水剂可以一次施工就解决防水问题。 缺点：质感较差，容易被污染、开裂。同时，寿命较短，此外用涂料的外墙在水泥凝固后收缩会在外立面产生一些裂纹，虽然新型的弹性涂料可以解决这一问题，但弹性涂料的成本较高。目前，涂料大多数用于档次相对低下的住宅	
	弹性质感涂料	外墙刮砂型弹性质感涂料由纯丙烯酸黏合剂及其他助剂组成。适用于砖墙面、水泥砂浆面、砂石面等基面，其特性表现为，优异的附着力和完美的遮盖力；优异的户外耐候性，持久保色；柔韧性好，抗碰撞及冲击；质感强烈，表现力丰富。主要用于相对高档的住宅、别墅	
	矿物性油漆	在国外，早已经使用矿物性油漆来取代外墙的瓷砖，这种矿物性油漆具有耐酸雨、可刷洗、可抗空气污染等优点，目前国内，实际运用在高级别墅住宅上	
面砖		优点：在于坚固耐用，具备很好的耐久性和质感，并具有易清洗、防火、抗水、耐磨、耐腐蚀和维护费用低等特点。耐久性包括耐脏、耐旧、耐擦洗、寿命长、特别是在环境污染比较大、空气灰尘多的地区，无疑具有非常大的优势。 缺点：首次投入成本较高，施工难度大。鉴于其不安全性，砖墙应用并不是很广泛，主要用于低层和多层住宅	
石材	人造饰面石材	优点：人造石材是人工根据实际使用中的问题而研究出来的，它在防潮、防酸、防碱、耐高温、拼凑性方面都有长足的进步。 缺点：自然性不足。一般不用于对建筑品质要求较高的项目	
	天然饰面石材	大理石：大理石的质感柔和美观庄重，格调高雅，是装饰豪华建筑的理想材料。但其产生的辐射会对人体形成不好的影响，而且造价高。 花岗岩：花岗岩不易风化，颜色美观，在户外使用能长期保持光泽不变，大多数高档建筑物的外墙都用花岗石装饰，也是大厅地面和露天雕刻的首选之材。 天然文化石：抗压强度和耐磨率介于花岗岩和大理石之间，且吸水性低，易安装，耐酸性好	
铝板		优点：耐久性好，不褪色，无裂纹，色差小。抗污染能力强，清洁方便，便于维护。且能承载一定荷载，承受一定撞击，安全性高。加工性能好，平整度高。重量轻，强度高，抗震性好。 缺点：铝合金耐撞击性差，一般不用在建筑的低层	
玻璃幕墙窗系统		优点：住宅运用玻璃幕墙窗系统，能很好地将建筑美学、建筑功能、建筑节能和建筑结构等因素有机统一起来，使住宅建筑更加公建化，更具有设计感、美感。 缺点：住宅玻璃幕墙的运用使住宅的隐私性减弱，同时住宅玻璃幕墙也会带来一定的光污染。注：《住房城乡建设部国家安全监督总局关于进一步加强玻璃幕墙安全防护工作的通知》建标[2015]38号规定新建住宅不得在二层及以上采用玻璃幕墙	

窗及其细部设计

窗是住宅建筑上一个非常实用的建筑元素，它既为建筑室内空间提供自然采光、通风，满足建筑功能使用要求，同时也是一个非常重要而又灵活多变的立面构图元素。窗户的设计要考虑的因素很多，主要包括建筑功能、建筑技术、形式美的法则和建筑师的构图等。在满足使用功能的前提下，窗的外观造型、比例尺度、色彩选择以及排列组合形式等方面，均应与建筑物的内外环境、立面整体风格与形式统一地艺术处理。如果能根据建筑视觉原理的一些基本方法灵活运用窗户构成元素的功能来设计建筑立面，就可以使本来平淡的建筑立面变得丰富、活跃并富有某种神韵，给视觉上带来一定的冲击力和美感。

同时，窗台板和窗框的设计也能增强外立面的生动性及虚实对比。合理的设置和利用窗台板和窗框不仅能美化外立面同时也能提升住宅的品质和住户的舒适性，见图 4.4-1。

图 4.4-1 深圳华侨城香山里

在住宅立面形象设计中窗的形式主要有平窗、凸窗和凹窗三种形式。

1. 平窗

平面窗是指与建筑外墙在同一平面上的窗。它的发展呈现出窗扇的组合与窗樘的划分形式日趋多样；窗扇的开启方式更加灵活，围绕窗户所作的墙面细部处理更加细腻的趋势。

平面窗一般位于客厅、厨房以及卫生间的外墙面，见图 4.4-2。

2. 凸窗

凸窗是现代住宅建筑中广泛使用的一种窗户形式。它具有增添室内空间容积，增加光照进深的优点，可令相同面积的房间感觉更加宽敞、明亮。同时，它可在住宅立面上产生有节奏的凹凸，如果结合其他构件进行设计还能丰富立面造型。另外，利用上下凸窗中间形成的空间再配合百叶能够很好地将空调室外机遮挡起来。

依照现在的建筑面积计算规定，采用凸窗来增大室内的空间不计入建筑面积。如此一来，凸窗自然成了现代住宅建筑广泛采用的一部分，见图 4.4-3。

第 4 章

细部设计

4.1 设计必要性
4.2 室外空间
4.3 公共交通
4.4 立面控制

图 4.4-2 平窗

图 4.4-3 凸窗

3. 凹窗

凹窗是与建筑外墙成内凹关系的窗体。采取凹窗的形式，可以丰富建筑立面的轮廓线，衬托出住宅建筑稳重厚实的形象，并赋予建筑量体在日影变化及夜间照明下丰富的表情。同时，可使立面形成强烈的虚实对比关系，给住宅立面带来别具一格的效果。

由于凹窗会占用室内空间等因素，现在住宅建筑中凹窗的应用并不是很广泛，见图 4.4-4。

图 4.4-4 凹窗

窗及其细部设计

窗作为建筑的基本构件，在今天，越来越多的建筑师、开发商、居住者开始关注住宅建筑窗的设计，将窗的设计作为营造温馨居所的"筹码"。下面从五个方面着重介绍住宅建筑窗的设计。

一、确定窗的位置

1. 注意开窗的位置与室内开口位置的关系，争取做到当人位于内部房间时，视线能够通过开口部穿越多个空间延伸至窗外，增加通透感。（图 4.4-5）

2. 确定窗的位置时要照顾室内家具的布置，过多和过于分散的窗会影响家具的摆放。（图 4.4-6）

3. 无论身处窗前还是远离窗口处，保持坐姿或是站姿均有良好的视野范围。

4. 东西向开窗时必须考虑相应的遮阳措施，卧室、起居室应尽量开南向窗。

4.4 细部设计·立面控制

第4章

细部设计

4.1 设计必要性
4.2 室外空间
4.3 公共交通
4.4 立面控制

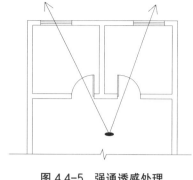

图 4.4-5 强通透感处理

保证床的宽度　考虑大衣柜的宽度

图 4.4-6 家具摆放

二、考虑窗的大小

1. 尽量以 100mm 的模数确定窗洞口尺寸，并与砌块组合的尺寸相协调。

2. 开窗面积符合窗地比的要求。

3. 从外立面考虑，应注意窗自身及窗间墙之间的比例关系，以求形成虚实对比，有节奏感的立面效果。

4. 尽量提高窗的上沿高度以增加进深方向的照度。（图 4.4-7）

5. 条件允许的情况下可以运用反梁，最大限度地增强进深方向的采光质量。（图 4.4-8）

6. 注意窗上沿高度与楼板吊顶的关系（尤其是卫生间），避免吊顶后顶棚面低于窗上沿高度的情况发生。

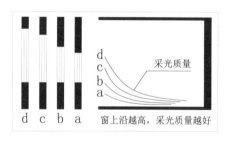

图 4.4-7 采光与窗高

图 4.4-8 反梁与采光

三、设计窗的形式

1. 凸窗，考虑开关窗时，人在保持身体平衡的前提下，探身并伸开手臂的有效作用范围和不计建筑面积等因素。凸窗的设计要满足以下条件。①凸窗的窗台高度不小于 0.45m。②凸窗凸出于外墙，凸窗外侧无其他建筑空间，窗体上、下方凹入部分的外侧无围护物（不包括百叶、穿孔板）封闭、遮挡。③凸窗的高度小于 2.2m。④凸窗的进深不大于 0.6m。（图 4.4-9）

2. 当住宅建筑的窗台低于 900mm 时要采用护栏或在窗下部设相当于护栏高度的固定窗作为防护措施以确保居住者的安全。

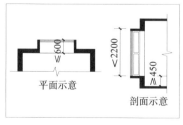

图 4.4-9 凸窗

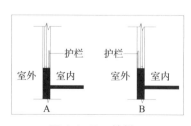

图 4.4-10 护栏

3. 设置护栏时要充分权衡将其设置在室内或室外的位置以及优缺点。(A:护栏设在室内,不影响建筑外观,便于清洁,但占用室内空间。B:护栏设在室外,不占用室内空间,但容易积灰,擦拭不便。)(图4.4-10)

4. 选择窗的形式时要照顾到建筑的整体外观和风格,注意协调、统一。

5. 同一立面上不同房间的窗,其形式要能够形成一定的节奏、韵律。

四、进行窗的划分、确定窗的开启

1. 在满足通风、开启等要求的基础上要推敲窗划分的比例关系。

2. 满足规范中对通风开口面积的要求,卧室、起居室、明卫生间的通风开口面积不应小于该房间地板面积的1/20;厨房的通风开口面积不应小于该房间地板面积的1/10,并不得小于0.6m²。

3. 考虑到玻璃的整体强度以及构件的承受能力,平开窗的开启扇净宽不宜大于0.6m,净高不宜大于1.4m;推拉窗的开启扇净宽不宜大于0.9m,净高不宜大于1.5m。(图4.4-11)

4. 确定窗扇位置时,需考虑室内流场分布,以免影响居室自然通风质量。(图4.4-12)

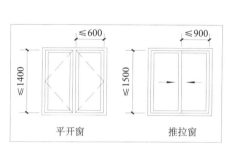

图4.4-11 开启扇宽度

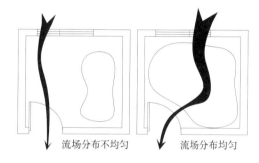

图4.4-12 窗与通风

五、选定窗的部件

1. 在一定强度质量范围内,尽量选用断面尺寸小的型材并进行合理划分,控制窗框所占窗面积的比值,避免将窗划分过于细碎,阻挡入射光。

2. 应注意窗框材料的颜色与建筑外立面,栏杆等构件的用色协调,一般深色框在视觉效果上比白色框对视线遮挡少。

3. 注意玻璃品质的选择,使其满足保温。隔热、降低噪声以及节能等需求。同时,合理选择窗玻璃的色彩,提倡使用无色透明的玻璃,选择有色的如蓝色或绿色玻璃时,要考虑对室内光线及立面的影响等问题。

4. 关注外窗台的排水设计,重点是窗台下滴水的设置以及窗台与窗洞侧边节点的处理。防止雨水冲刷积灰的窗台后沿窗台两侧流下,浸染墙面。

阳台及其细部设计

除窗之外,阳台是另外一个重要细部,因为人为活动能较为清晰地被外界感知,在联系室外活动中是一个活跃的空间要素,所以更易成为视觉焦点。

通过立面阳台的一定变化,是取得建筑外观多样化的手段之一,见图4.4-13 ~ 图4.4-15。

1. 立面构图。阳台是立面形式的构图元素之一,并且对立面的比例关系有一定的调整作用。居住建筑立面的艺术形象,一般离不开阳台在立面上的构图特征,阳台在立面上的灵活运用和构图,可以使建筑显得亲切、活泼和富有生气。在不少住宅建筑中,层层重复的阳台可以使立面表现出强烈的横向构图特征和韵律感。同样,阳台的不同组合和布置,还可以使住宅立面呈

第4章

细部设计

4.1 设计必要性
4.2 室外空间
4.3 公共交通
4.4 立面控制

图 4.4-13   深圳红树西岸

图 4.4-14   深圳湾 1 号

图 4.4-15   阳台栏杆的运用

现出垂直构图、成组构图、网格式构图、散点式构图、不规则的自由式构图等不同特征。

2. 立面比例关系。建筑物的比例与其长、宽、高三维空间的尺度有密切关系，如果其中某种尺度欠佳，而又难于在建筑平面或体型方面加以调整，往往可以通过阳台这一处理手段加以修正。在高层和多层住宅建筑中，阳台一般是有组织地、成排成行地出现在立面上。

3. 阳台栏杆。阳台的栏杆或栏板是一种围护性构件，阳台的立面形象除了受平面轮廓的制约之外，主要反映在栏杆或栏板的外部形态上，包括栏杆或栏板的艺术处理、构造做法以及色彩、材料的运用等。阳台处理向精巧、轻盈、通透的方向发展，铁花栏杆和玻璃栏杆在居住建筑中开始运用，铁花栏杆的优点是外观效果好，造型轻巧，易于以不同的颜色来强化或弱化其立面效果。玻璃栏杆的运用在保证其安全性的前提下，则会表现出简洁、轻巧、通透的效果。

一、住宅阳台的平面尺寸

符合相关规范的阳台可以只计一半的建筑面积，各地区规范会有所差异。深圳地区计一半面积阳台相关规范如下：

1. 阳台面宽不大于 1.5m 时，其对外连续开敞面的边长不小于阳台计建筑面积线周长的 1/6；阳台面宽大于 1.5m 时，其对外连续开敞面的边长不小于阳台计建筑面积线周长的 1/4。（图 4.4-16）

2. 阳台栏板至阳台上盖的垂直空间范围内无任何形式的结构或装饰性构件。

3. 阳台进深不超过 2.4m。（阳台的进深，均包含与其相连的花池、空调机位等平台，以及阳台内凸出于外墙且不计面积的凸窗）

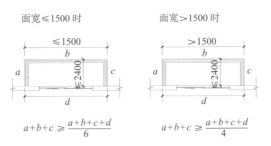

第4章

细部设计

4.1　设计必要性
4.2　室外空间
4.3　公共交通
4.4　立面控制

图4.4-16　阳台对外连续开敞面要求

二、住宅阳台的构成要素

构成一个空间的基本要素是点、线、面和体，空间的形态是由造型的表面及外缘独特的配置所形成的。阳台的形态表现为构件的围合，它的构成要素对于整个空间感受起决定性作用。阳台的构成要素主要包括基面、顶面、立柱、栏杆（板）和临靠的墙体，其中顶面和侧面是非必要元素。

基面：基面的变化由阳台的使用功能来决定，它支撑人们在阳台上活动，也是空间中一个重要的设计元素。阳台基面的形式、颜色及纹理决定了界定空间界限的程度。基面可以被处理成提供休憩、观赏用的各种尺度平台。（图4.4-17，图4.4-18）

图4.4-17　瓷砖阳台基面

图4.4-18　石材阳台基面

阳台及其细部设计

1. 室外阳台的排水也是通过基面来完成，通常设计中会把基面设计低于室内楼面标高50mm，有组织排水，并向地漏方向做1.0%的坡度。

2. 顶面，并不是所有的阳台都有顶面，有顶面的阳台在空间上围合感更强。顶面对于阳台的空间围合感觉是影响最大的因素。顶面不仅仅是遮蔽其下面的空间以防日晒雨淋，同时它能影响阳台整体造型和空间形状。

3. 临靠墙体，与阳台临靠的墙体是内部空间与阳台空间的"临界面"，墙体的开口决定了他们之间相关联的程度。墙体的外界面连同基面与顶面的处理确定了他们所界定的空间氛围，他们的视觉性质、相互的关系及大小、开口位置决定了阳台的空间品质以及空间与周围关联的程度。另外，墙的色彩、材质应与外墙保持协调，从而达到立面的完整和一致性。

把阳台和客厅作为一个整体来考虑，这种设计方法不仅使客厅显得宽大、明亮更使人增加了与自然接触的机会，同时也是一种更好的处理"临界面"的方法。（图4.4-19，图4.4-20）

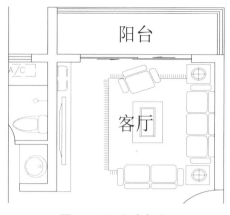

图 4.4-19　阳台与客厅　　　　　　　　　　图 4.4-20　阳台效果

4. 栏杆（板），阳台的栏杆（板）应根据台面的深度，对阳台内空间的视线阻挡要求及安全、造型的需要而决定。

栏杆（板）的首要功能是起到安全维护的作用，栏杆（板）的安全设计主要有以下几点。①栏杆（板）应以坚固、耐久的材料制作，并能承受荷载规范规定的水平荷载。②临空高度在 24m 以下时，栏杆（板）高度不应低于 1.05m，临空高度在 24m 及 24m 以上时，栏杆（板）高度不应低于 1.10m。③ 栏杆（板）离楼面或屋面 0.10m 高度内不宜留空。④中高层、高层住宅及严寒、寒冷地区住宅阳台宜采用实体栏板。

注：栏杆高度应从楼地面或屋面至栏杆扶手顶面垂直高度计算，如底部有宽度大于或等于 0.22m，且高度低于或等于 0.45m 的可踏部位，应从可踏部位顶面起计算。（图 4.4-21）

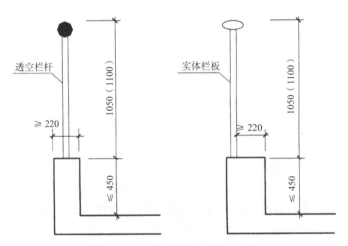

图 4.4-21　阳台栏杆 / 栏板要求

其次，栏杆（板）的种类、造型以及玻璃的颜色等细部构件对建筑整体形象和品质也有影响。目前栏杆主要有铁艺栏杆、木栏杆、玻璃栏杆、石栏杆等。对于玻璃栏杆，合理选择玻璃的色彩，提倡使用无色透明的玻璃，选择有色的如蓝色或绿色玻璃时，要考虑对室内光线及立面的影响等问题，见表 4.4-2。

栏杆材质对比   表 4.4-2

玻璃栏板	玻璃阳台护栏是现在市面上运用比较广泛的一种护栏类型，其优点有：色泽鲜艳、不褪色。加上它坚固耐用、抗冲击强度高。玻璃阳台护栏的使用寿命长，一次性投入，终生享用。缺点：隐私性差，具有不安全因素	
金属栏杆	金属护栏独特的艺术魅力和环保、安全的特性，正日益被人们普遍接受和喜爱，其优点有：坚固、耐用、连接牢靠、结构性好，可塑性极强，可根据客户要求，打造各种规格和款式的金属护栏，安装简单。缺点有：需要定期除尘，注意防潮处理以防生锈等	
木栏杆	木护栏的使用在如今的住宅上并不多见。其优点有：木护栏的使用使居住者更能够亲近自然，能根据人们的需要雕刻出各种精美样式等。缺点有：在风吹日晒下木护栏的色泽和使用年限会有所改变，价格相对高昂	
石栏杆	石护栏在住宅上的应用主要集中在别墅上，一般的多层、高层住宅很少见。其优点有：美观、时尚、环保、抗老化、不变形，使用寿命长。缺点有：雕刻精细的石护栏清洗难度较大，价格相对昂贵	

管线布置

住宅建筑的管线对立面的影响是不可忽视的因素，故在设计时应充分考虑其摆放位置。管线能暗埋的应尽量暗埋，最大化减小对外立面的影响。

屋面雨水管的设置尽量隐蔽，不能直接暴露于立面墙上，只能设于平面凹槽内或阴角处。单向排水屋面宽度宜控制在 9 ~ 12m。雨水管不能明露，应结合冷凝水管或阳台排水管布置于凹角内，并注意与空调孔洞的关系，位置要协调。阳台排水应设地漏，地漏位置建筑专业要结合水落管，宜靠近外墙、阳台角端设置，不宜设在门口。

①雨水管与空调机位结合，利用空调百叶遮挡雨水管。但是在预留空调机位空间时要考虑到雨水管所占用的空间。（图 4.4-22）

②雨水管与冷凝水管或阳台排水管结合布置凹角处。也可以布置在隐蔽性强的凹槽内。（图 4.4-23）

图 4.4-22　结合空调位

图 4.4-23　结合凹阳台

空调布置

　　住宅空调机位设计因为无强制性规范要求，从设计院到开发商，在住宅营造过程中往往缺乏足够关注，导致出现部分建筑完全没有预留空调机位，或即使有预留，但因为缺乏统一的标准规范，尺寸不合理，无法安装或尺寸过小，导致空调死机等问题，不仅直接影响了建筑的美观，同时也给住户使用、安装和检修带来极大问题与不便。下面对常见的家用分体式空调进行研究。

　　一、尺寸

　　空调室外机尺寸过小容易导致进、排风不畅，引起死机、制冷效率低等问题。常见品牌的室外机尺寸、空调板尺寸如下：（表 4.4-3 ）

常用空调尺寸				表 4.4-3
分类	功率	使用面积	室外机尺寸（宽 × 高 × 深）	室外空调板尺寸（宽 × 高 × 深）
壁挂式	1P	8 ~ 14m²	800 × 600 × 350	1100 × 900 × 500
	2P	21 ~ 34m²	900 × 650 × 400	1200 × 950 × 550
立柜式	2P	21 ~ 34m²	900 × 650 × 400	1200 × 950 × 550
	3P	32 ~ 50m²	1000 × 700 × 450	1300 × 1100 × 600

　　为保证空调室外机有充分的通风空间，根据空调室外机通风的基本要求，通常情况下空调机位净宽尺寸不小于1200mm。（图 4.4-24 ）

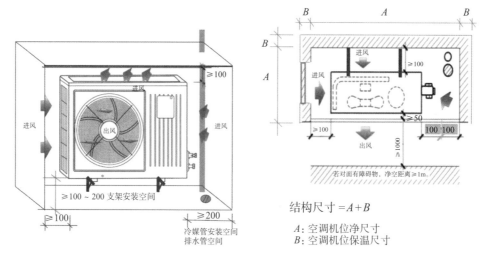

结构尺寸 = A + B

A：空调机位净尺寸
B：空调机位保温尺寸

图 4.4-24　空调净宽尺寸要求

第4章

细部设计
4.1　设计必要性
4.2　室外空间
4.3　公共交通
4.4　立面控制

二、安装

1. 为了检修安装的方便，室外机挑板应尽量靠近窗洞设置，可开启的窗户离空调室外机位一侧应 <1200mm。

2. 当空调机位需结合飘窗设置时，建议将其放置在飘窗顶板之上，一方面飘窗顶板属于此户业主，可以避免产权纠纷，另一方面可以减少室内冷媒管行走距离，避免破坏立面。

3. 当空调需上下叠合放置在窗间墙处时，应注意窗户是否为同一户，如为同户，上层室外机可用空调室外机架安装，在减少土建成本的同时，也能利于外机的散热；如为异户，上下空调机位之间应设置混凝土隔板，并各自预留套管。

4. 当雨水管与空调机位结合布置时，安装时要综合考虑各自的要求。

三、排水

1. 空调安装应充分考虑空调冷凝水的排放路径，避免发生冷凝水倒灌或无法顺畅排出的现象。空调冷凝水排水立管末端应间接排水。

2. 空调留孔应直接通向室外，不宜穿越相邻房间。如不得不穿越其他房间，必须控制在卫生间、厨房、储藏室等辅助房间内。如果穿越距离相距较长，洞口之间应有高差，以保证冷凝水顺畅排出。

3. 有组织排水的空调板的地漏设在内边缘靠近冷凝水管处，注明排水方向，坡度 1%；无组织排水的空调机位底板面层向外找坡，内外高差 20mm，并在百叶横框上预留 ϕ10 小孔，确保能顺利排出雨水。

四、散热

1. 为了避免影响散热效果，当两室外机对吹时，其间距不能 <1800mm，否则应错位排布；当两室外机并排放置时，其间距不能 <200mm。

2. 空调外防护结构建议采用外高内低的空调百叶，热空气向上流动，此种百叶百叶更有利于热空气的气流组织，同时可起到遮挡视线，隐藏立面室外机的效果。需在空调位另设排水同时为了满足排风散热要求，空调百叶要保证空隙率 ≥ 75%，见图 4.4-25。

空调布置

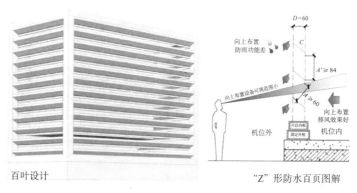

图 4.4-25　空调散热要求

五、空调位置

1. 窗间布置：窗间布置优点是检修方便、与立面效果能较好的结合。缺点是占用南立面宽度。在设计过程中建议采用此方法。（图 4.4-26）

2. 阳台布置：阳台布置空调优点是检修方便，与立面效果能较好的结合。缺点是室外机放置在阳台，会影响住户对阳台的使用，对住宅品质也有不好的影响。在设计过程中建议采用此方法。（图 4.4-27）

图 4.4-26　窗间布置空调

图 4.4-27　阳台布置空调

3. 窗上（下）布置：窗上（下）布置空调优点是最大限度地利用飘窗上下空间，不占用建筑采光面。缺点是检修及其不方便；冷媒管、冷凝水管如不包裹对立面影响较大。在设计过程中，建议在充分考虑不利影响的前提下，有条件的采用此方法。（图 4.4-28）

图 4.4-28　窗上（下）布置空调

4. 独立布置：独立布置空调的优点是检修方便，缺点是冷媒管、冷凝水管对立面影响较大，且较难处理。设计过程中不建议采用。（图 4.4-29）

第4章

细部设计
4.1 设计必要性
4.2 室外空间
4.3 公共交通
4.4 立面控制

图 4.4-29 独立布置空调

5. 空调室内机位置: 卧室空调机位应该尽量避免对床出风; 另外从家具摆放的便利性考虑, 客厅内的空调立柜机应位于电视墙墙角处。(图 4.4-30)

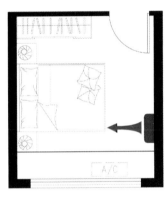

不合理　　　　　　　　　　　　　合理

图 4.4-30 空调室内机布置

空调位细部设计时常见的一些问题如下。

一、没有妥善地设计好空调室外机与室内机的位置。(图 4.4-31)

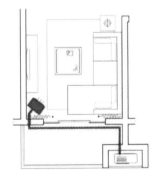
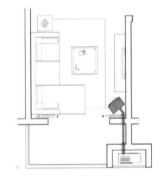

不合理:　　　　　　　　　　　　合理:
冷媒冷凝管道横穿并暴露　　　　　冷媒冷凝管道不影响外观,
在阳台　　　　　　　　　　　　　便于隐藏

图 4.4-31 室内外机相对位置合理性

129

二、没有考虑好水管位置及检修。（图4.4-32）

 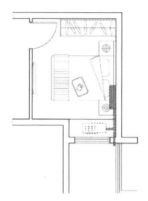

不合理：
1. 无法检修。
2. 冷媒冷凝管道对室内立面影响较大。

合理：
1. 冷媒冷凝管道从室外墙角连接到室外机

图4.4-32 冷凝水管位置合理性

三、有的空调机位需要装修人员爬到室外安装，那可踏面不能用保温材料等非结构体做。

四、空调机不应设计在没有窗户的墙上。不易安装，且对立面也有较大影响。

五、有的空调安装需要爬出窗外才能到达，因此这些窗户不应设计成上悬窗或其他不易开启的方式。

六、空调板的宽度应根据外墙厚度做调整，如外墙为石材时，应增加空调板厚度。

七、业主们经常反应的问题：空调位放不进空调，空调位置不合理导致噪声大，空调位不够。

CHAPTER

第 5 章　成本控制

第 5 章

成本控制

5.1 造价概述
5.2 定位与设计
5.3 建筑材料选择
5.4 地下车库
5.5 其他关注点
5.6 设计管理
5.7 结构设计

5.1 造价概述

造价构成

房地产成本由土地成本、前期费用、工程成本、管理成本、财务成本、税费和其他费用等构成（图 5.1-1）。工程成本主要包括主体建筑工程成本、主体安装工程费、配套设施费、基础设施建设费等。其中，主体建筑工程成本包括基础造价、结构及初装修造价、门窗工程、公共部位精装修费与户内精装修费。主体安装工程费包括室内水暖电管线设备费、室内设备及其安装费与弱电系统费。配套设施费包括建造球场、学校、设备用房的支出等。基础设施建设费包括室外给水排水系统费、室外采暖系统费、室外燃气系统费、室外电气及高低压设备费、室外智能化系统费及园林景观工程费。

房地产成本以工程成本占主要部分，土地成本与税金也占着相当比重。后两者有时能达到总成本的 35% 左右，其余部分相对比重较小（图 5.1-2）。

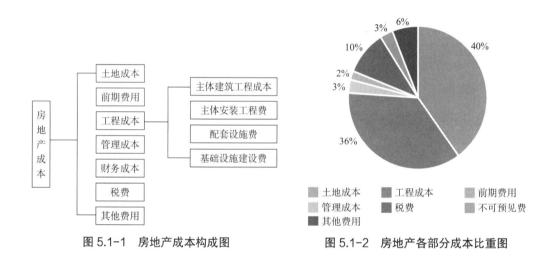

图 5.1-1 房地产成本构成图　　图 5.1-2 房地产各部分成本比重图

造价走势分析

最近几年来住宅的造价随着时间在不断上升，升幅相对较大，且不同时间段、不同地区及不同类型的升幅不尽相同。究其原因，既由于组成建筑成本的人工、材料、设备等的价格不断上涨，也由于人们对建筑功能的要求不断增加导致成本上升，还由于新材料、新概念、新技术的引入导致建筑成本的上升，且不同时间、地点、类型所受影响不同。人工和材料等费用的上涨是导致建筑成本上升的直接原因。

随着社会的发展，整个社会的物价水平不断上涨，因此建筑成本中的人工和材料等费用不断上升是必然的趋势。随着建筑业的发展，人工费比例将上升，建筑材料费比例将下降，但是未来一段时间内，在我国，建筑材料费的绝对值仍将稳步上升。据统计，在国内建筑材料费占建筑成本 60% 左右（每年耗用全社会钢材总量的 25%，木材的 40%，水泥的 70%，玻璃的 70%，预制品的 25%）。因此，合理使用建筑材料，减少建筑材料消耗，对于降低工程成本具有重要的意义。

随着社会的进步和科技发展，国家可持续发展战略的不断深化，住宅建筑将有向钢结构、超高层、地下多层住宅、绿色节能环保、工业化生产等方向发展的自然走势。随着新的要求的出现，造价会出现新的增长波动。

全国 2012～2017 年住宅建安成本走势图详见图 5.1-3；省会城市 2017 年上半年住宅建安成本指标详见图 5.1-4；上海地区住宅建安成本及造价指数详见表 5.1-1。

第5章

成本控制
5.1　造价概述
5.2　定位与设计
5.3　建筑材料选择
5.4　地下车库
5.5　其他关注点
5.6　设计管理
5.7　结构设计

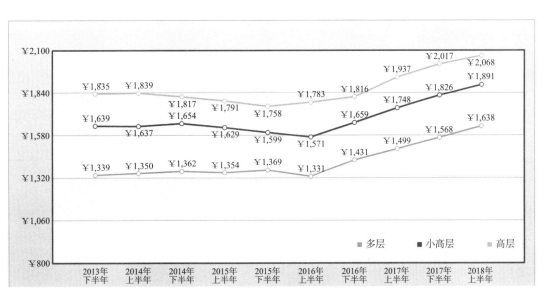

图 5.1-3　全国 2012 ~ 2017 年住宅建安成本走势图（元 /m²）

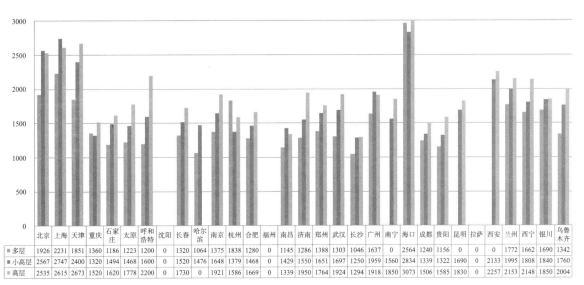

图 5.1-4　省会城市 2017 年上半年住宅建安成本指标图（单位：元 /m²）

上海地区住宅建安成本及造价指数表　　　　　　　　　　　　表 5.1-1

住宅种类	2012	2013		2014		2015		2016		2017
	下	上	下	上	下	上	下	上	下	上
多层住宅建安成本	1815	1807	1984	2022	2006	2032	2039	2064	2151	2231
多层住宅造价指数	1.00	0.99	1.09	1.11	1.10	1.11	1.12	1.13	1.18	1.22
小高层住宅建安成本	2207	2156	2384	2402	2497	2496	2533	2533	2680	2745
小高层住宅造价指数	1.00	0.97	1.08	1.08	1.11	1.13	1.14	1.14	1.21	1.24
高层住宅建安成本	2408	2387	2561	2472	2441	2405	2472	2411	2597	2615
高层住宅造价指数	1.00	0.99	1.06	1.02	1.01	0.99	1.02	1.00	1.07	1.08

第5章

成本控制

5.1 **造价概述**
5.2 定位与设计
5.3 建筑材料选择
5.4 地下车库
5.5 其他关注点
5.6 设计管理
5.7 结构设计

造价主要影响因素

1. 建筑物平面形状和周长系数

一般地说，建筑物平面形状越简单，它的单位面积造价就越低。单位建筑面积所占的外墙长度指标周长系数 K 周（K 周 = 建筑周长 / 建筑占地面积）越低，设计越经济。

K 周按圆形、正方形、矩形、T 形、L 形的次序依次增大。周长系数越低，平面形状越经济。虽然圆形建筑的 K 周最小，但由于施工复杂，施工费用比矩形建筑增加 20% ~ 30%，所以其墙体工程量的减少不能降低工程造价，相反使用面积效率不高，用户使用很不方便，所以民用住宅一般都建造矩形或正方形住宅，既有利于施工，又能降低造价且使用方便，在矩形住宅建筑中，又以长：宽 =2：1 为佳。一般住宅单元以 2 ~ 3 个住宅套数、房屋长度 60 ~ 80m 较为经济。在满足住宅功能、质量的前提下，适当增大住宅宽度，墙体面积系数会相应的减少，有利于降低工程造价。

2. 住宅的层高和层数

在建筑面积不变的情况下，建筑层高的增加会引起墙体费用的增加、墙体装饰费用的增加、供暖空间体积的增加、管道费用增加、卫生设备费用增加、电梯设备费用增加、施工垂直运输费用增加等。另外由于层高的增加，可能会导致建筑物总高度的增加，从而引起基础、结构费用的增加。根据不同性质的工程综合测算：住宅层高每降低 10cm，可降低造价 1.2% ~ 1.5%，层高降低还可提高住宅区的建筑密度，节约征地费、拆迁费及市政设施费。但是，考虑到层高过低不利于采光通风，因此民用住宅的层高一般在 2.5 ~ 2.8m 之间。

工程造价随着建筑物层数增加而提高，但当层数增加时，单位建筑面积所分摊的土地费用、外部流通空间费用将有所降低，从而使单位建筑面积造价发生变化。建筑物层数对造价的影响因建筑类型、形式、结构不同而不同。如果增加一个楼层不影响建筑物的结构形式，单位建筑面积的造价可能会降低。但是当建筑物超过一定层数时，结构形式就要改变或者需要增设电梯，单位造价通常会增加。另外建筑物高度增加，会导致楼梯、电梯费用的增加，其维护费用也会增加。随着住宅层数的增加，单方造价系数逐渐降低，即层数越多越经济，但当住宅超过 7 层，就要增加电梯的费用，需要较多的交通面积（过道、走廊要加宽）和补充设备（供水设备和供电设备等），特别是高层住宅，要经受较强的风力荷载，需要提高结构强度，改变结构形式，使工程造价大幅度上升。

3. 地下室

地下室造价受类别、结构类型、层数影响较大。地下室工程的造价，一般是 2200 ~ 3000 元 /m²。目前有不少地区的地下室造价已经达到 4000 元 /m² 的水平，地下室的造价相对比较高。因此，地下室造价的高低将影响整个项目的造价控制。

4. 建筑结构

建筑结构是指建筑物中支撑各种荷载的构件（如梁、板、柱、墙、基础等）所组成的骨架。建筑结构按所用材料不同分为砌体结构、钢筋混凝土结构、钢结构等。单方造价指标从砌体结构、钢筋混凝土结构、钢结构等依次递增。

采用各种先进的结构形式和轻质高强度建筑材料，能减轻建筑物自重，简化基础工程，减少建筑材料和构配件的费用及运费，并能提高劳动生产率，缩短建设工期，取得较好的经济效果。

5. 机电设备与建筑材料的选择及配备

据估计，其中建筑材料及设备费用占建筑安装工程总费用约 50% ~ 70%，设备材料的价格受品牌、型号、厂家和供应商等多种因素的影响而出现一定的价格差异。严格的控制材料价格和设备价格，是控制工程成本造价的基础。因此对建筑安装工程材料及设备价格的选择及配备具有重要意义。

6. 建筑成本的地域性差别

由于建筑物是固定在一定土地上的不动产，从而导致建筑成本存在着很强的地域性差异。在我国，不同地区的建筑人工费、工人工作效率、建筑材料价格等各不相同，从而导致建筑成本呈现地域性。

第5章

成本控制

5.1 造价概述
5.2 定位与设计
5.3 建筑材料选择
5.4 地下车库
5.5 其他关注点
5.6 设计管理
5.7 结构设计

5.2 定位与设计

项目定位

1. 协助开发商做好项目定位

为了保证项目的可行性，通过项目的机会及风险分析，可最大限度地控制因投资失误引发的成本增加。

2. 产品定位

根据项目整体定位合理进行产品定位。产品类型可以分为首置、首改、再改和 TOP 四大类，每一类产品由于定位不同，设计要点也不同。产品定位的准确与否决定了项目是否成功。成本控制首先就是从正确的产品定位开始。

规划设计优化

随着房产公司拿地的成本越来越高，土地成本在全过程成本中所占的比例也越来越大。如何在满足规划要求的前提下，提高土地的利用率和规划的合理性，增加项目的卖点，实现项目收益最大化，争取有利的规划要点，相对的降低土地成本，是目前规划设计最应该重视的一点。

对于设计人员来说，应该从以下几点来具体把控对土地合理高效的利用。

1. 熟悉相关法规政策

拿到设计任务书后，设计人员首先应该收集相关的国家规范、政策以及当地政府政策，找出相关条款，了解规划、人防、消防、配套、建筑设计、环境设计等相关政策。对相关规范进行分类，分为必须执行和有条件的执行两类。有条件执行的部分就是争取利益，节约成本的部分。相应条款能在基地图纸上反映出来的要绘制清楚，譬如高层可建范围线、多层可建范围线和退河道蓝线等。

2. 产品组合优化

（1）同一个项目的用地，在规定的容积率条件下，可以有多种产品的组合形式。不同的产品组合会产生不同的空间效果。不同的产品类型有其楼梯疏散要求、电梯数量速度等相关的要求。在众多条件下选取的最优方案，不仅仅需要考虑规划上的合理性的美感，还应考虑产品组合所带来的成本变化，最后的方案应该是个平衡后的结果。

（2）减少人为增加的工作复杂度

户型种类适量为准。当户型差异不大，但品种数量较多时，会给客户带来选择的困惑，而且给设计和销售带来成倍的工作量和复杂度。

3. 尊重原始地形地貌

（1）利用原始地形进行合理布局

尊重原始地形，最大化地合理利用土地资源，提高土地价值。

（2）尊重原始地貌

合理利用地貌包括两方面，一是利用现有地貌条件，增加项目价值和卖点，例如对基地内的河道等原始景观资源的利用。二是依托地貌进行规划和竖向设计，减少土方量，例如基地内有坡地，可利用坡地分为几个标高进行规划设计，即增加了趣味性，又避免了大量的土方驳运所带来的土方量成本。如基地内有坡地，可利用坡地分为几个标高进行规划设计，既增加了趣味性，又避免大面积的削平所带来的土方量成本。

建筑设计合理化

建筑形式要符合产品定位。

第5章

成本控制
5.1 造价概述
5.2 定位与设计
5.3 建筑材料选择
5.4 地下车库
5.5 其他关注点
5.6 设计管理
5.7 结构设计

这里首先要明确一个观点，成本控制并不是狭义的减少成本，成本越少越好。首先，成本应该是和产品定位相匹配的，如先前产品定位所提及的，产品分为首置、首改、再改和 TOP 等四大类，建筑的形式应该符合产品的定位。首置客户和 TOP 客户的需求是不一样的，首置客户更关心买得起的问题，在可控的总价下能买到什么样的户型是他们最关心的，这时建筑形式是次要的，过分追求建筑形式和材料的应用，只会带来的成本的增加，不能转化成利润。而 TOP 的客户群，可能连门把手的触感都会关心。所以建筑形式首先就要符合产品的定位。

设计阶段对成本控制的意义

我国目前大多数设计机构存在着建筑经济与技术相脱节的问题，长期形成前期以设计力量为主导的建设管理模式。但是实践证明，项目的设计决定了项目总投资的 80%。因此如何解决设计阶段技术与经济的合理结合，是设计人员进行限额设计的核心。

设计阶段是房产开发项目成本控制的关键与重点。尽管设计费在设计工程全过程费用中比例不大，一般只占建安成本的 1.5% ~ 2%，但对工程造价的影响可达 80% 以上。设计质量直接影响建设费用和建设工期，由此可见，限额设计是项目成本控制的最重要手段，也许一个合理的设计方案，即可降低工程造价 10%，也就为房地产项目直接创造了利润。（图 5.2-1）

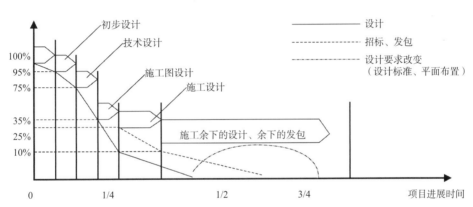

图 5.2-1　建设项目各阶段对造价控制的影响图

5.3　建筑材料选择

价值工程原理

利用价值工程原理（$V=F/C$）在保持功能基本不变的情况下，使用替代材料降低成本，从而提升价值。提升价值的方法有这样的几种逻辑：

1. F 大幅提升，而 C 则下降。这一般要靠技术创新支撑。

2. F 大幅提升，而 C 则小幅提升或者不变。这是常见的一种方式。

3. F 基本保持不变，但 C 下降。内部挖潜改造，属于这种形式。比如住宅裙楼使用真石漆代替干挂石材的工艺，从观感上真石漆可以达到与石材媲美的效果，从造价上可大幅降低成本。

4. F 略有牺牲，但 C 却降幅很大。

式中：V—产品的价值；F—产品必须具有的功能；C—生产和使用产品的费用成本。

立面装饰材料选择

利用价值工程原理，根据产品定位选择不同的外立面材料，在装饰功能不减分的情况下减少材料成本提供性价比，从而达到成本控制的目的（表 5.3-1）。

主要外墙材料对比表　　　　表 5.3-1

分类	外墙材料名称	相对价格	优点	缺点
整体面层	水性涂料	较低	较为经济，整体感强，装饰性良好、施工简便、工期短、工效高、维修方便，首次投入成本低，即使起皮及脱落也没有伤人的危险，而且便于更新，丰富不同时期建筑的不同要求，进行维护更新以后可以提升建筑形象	质感较差，容易被污染、变色、起皮、开裂。同时，寿命较短，即使号称寿命 10 年的涂料，一般不到 5 年就可能需要清洁重刷
	油性涂料	较低		
	真石漆	较高	真石漆是由天然材料制成，具有良好的耐候、保色、防霉防燥、不老化、增加建筑物寿命等特性，表现力丰富，立体感强，可塑性好，其硬度可与花岗岩相媲美，保用可达 15 年以上。性价比高	施工较为复杂，比较难掌握，如果施工不均匀，容易造成发白，发花的情况存在
	仿面砖	中等	装饰效果媲美传统外墙砖，涂层薄而轻，高耐候性、高抗沾污性、色彩丰富，施工简单，性价比强	保持颜色 5 ~ 10 年，以后会慢慢褪色
块状面层	通体砖（劈开砖）	中等	耐候性、耐碱性及自洁性强，保持颜色 15 年以上	反复冻融，面砖黏合剂老化，易脱落，存在安全隐患
	釉面砖	较低		
幕墙	玻璃幕墙	很高	轻巧美观、不易污染、节约能源等	光污染、能耗较大，玻璃幕墙极易蒙尘纳垢
	石材幕墙	很高	天然材质、光亮晶莹、坚硬永久、高贵典雅，耐冻性、抗压强度高	自重高，有一定安全隐患，石材幕墙防火性能很差

保温材料选择

建筑保温材料是影响建筑节能的一个重要的因素。建筑外墙保温材料的研制与应用越来越受到世界各国的普遍重视。我国建筑节能市场巨大，市场上相应的保温节能材料更是百花齐放，各具特色。EPS 膨胀聚苯板、XPS 挤塑聚苯板、岩棉板、酚醛板、玻化微珠保温砂浆、胶粉聚苯颗粒保温砂浆等，其中各种材料价格不尽相同，优缺点也是各有千秋（表 5.3-2）。

常见保温材料对比表　　　　　　　　　　　　　　　　表 5.3-2

保温材料名称	相对价格	优点	缺点	燃烧等级
EPS 膨胀聚苯板	较低	优越的保温隔热性能、技术成熟、施工方便、性价比优越	耐火性能差，一般为 B2 级，最好也 B1 级；强度低，抗冲击性差；系统易开裂，防水性差；湿作业受天气影响大；市场混乱	B1/B2
XPS 挤塑聚苯板薄抹灰外墙外保温系统	中等			B1/B2
岩棉板	较高	A 级不燃，优越的保温隔热性能、技术成熟、施工方便、防火性能好	吸水率高	A
酚醛板	很高	防火性能好、保温性能好、施工方便	强度低、易粉化；不适合薄抹灰系统使用	B1/A2
发泡水泥保温板	较高	具有热传导率低、不燃、防火、与水泥砂浆及混凝土等相容性好、吸水率低、热胀冷缩下不变形、不收缩、耐久性好，不老化等优点	强度低（脆），吸水率高	A
玻化微珠保温砂浆	中等	防火性能好、变形系数小、抗老化、性能稳定、与墙体基层结合好、安全性能高、可回收利用	容重大、保温节能效果差	A
胶粉聚苯颗粒保温砂浆	较低	保温节能效果好、保温层与墙体容易粘结且对基层墙体的平整度要求不高、施工工艺简单、不易出现大面积龟裂、空鼓、脱落问题	防火性能较差、容重大	B1/B2
热固型改性聚苯板（TPS）	中等	具有优异的保温性和防火性		A2

外窗材料选择

外窗受环境的影响较大，因而材料就要能经久耐用。铝合金门窗和塑钢门窗则是能承受如此重任的门窗种类，关于两者性价比的比较如下：

（1）保温性能：保温性是衡量门窗的一项标准，铝合金门窗的保温性能不如塑钢门窗好。

（2）采光性能：塑钢门窗的采光性能比铝合金门窗差。

（3）隔声性能：铝合金门窗与塑钢门窗的缝隙密封水平基本一致，其隔声性能也是基本一致。

（4）防火性能：难燃性的 PVC 塑料门窗的防火性相对于非燃烧性的铝合金门窗是差的。

（5）装饰性：塑钢门窗颜色较单一，铝合金门窗其表面颜色选择余地大。

（6）老化问题：铝合金型材经久耐用，不存在老化问题，而 pvc 塑料型材确实会老化。

（7）产品的性能/价格比：铝合金门窗的性价比高于塑钢门窗。

窗开启方式、型材品牌和五金配置标准会影响造价。比如，平开窗比推拉窗要贵，会在窗扇上使用更多五金材料，这都需要通过设计来控制标准（表 5.3-3，表 5.3-4）。

外窗型材性能、价格对比表　　　　　　　　　　　　表 5.3-3

	塑钢窗	断热铝合金窗	普通铝合金窗
相对价格	中等	较高	较低
抗风压强度	差	好	好
水密性	差	好	好
气密性	好	一般	一般
保温性能	好	一般	差

续表

	塑钢窗	断热铝合金窗	普通铝合金窗
防火性能	难燃（PVC）	不燃	不燃
采光性能	差	好	好
老化和变形	易老化变形	不易老化变形	不易老化变形
装饰性	白色或浅灰	颜色丰富	颜色丰富

常用中空玻璃性能、价格对比表　　　　　　　　　　表 5.3-4

玻璃名称	玻璃结构	遮阳系数 SC	传热系数 K[W/(m²·K)]	相对价格	备注
普通中空玻璃	5 透明 +9A+5 透明			较低	单片钢化增加 19 ~ 25 元/m²
	5 透明 +12A+5 透明			较低	
	6 透明 +9A+6 透明			中等	
	6 透明 +12A+6 透明	0.86	2.8	中等	
Low-E 中空玻璃	6 高透光 Low-E+9A+6 透明			较高	
	6 高透光 Low-E+12A+6 透明	0.62	1.9	较高	

防水材料选择

　　防水材料的选择一般是在进行防水方案设计时予以确定。不同材料有不同的性能和施工特点，因此在不同部位防水施工选择的材料应有所不同。如防水卷材的弹性和耐候性好，但拼接工艺难度高，细部处理复杂；聚合物水泥防水涂料的柔韧性相对较弱，耐高低温的性能较差，但防水层粘结牢固，细部和节点施工方便，对施工环境要求低，且能直接在防水层上进行铺贴。

　　因此，在进行防水方案设计时，需充分考虑不同防水等级和不同部位的防水需要，结合材料的特性进行设计。根据实际施工经验，我们可以把防水卷材和防水涂料结合起来形成复合型防水材料，发挥各自性能优势，达到理想防水效果（表 5.3-5）。

常用防水材料性能、价格及适用范围对比表　　　　　　　　表 5.3-5

防水材料种类	防水材料名称	适用范围	相对价格	优点	缺点
涂膜类防水材料	聚合物改性水泥基防水材料		较低	涂膜弹性大、强度高、基层附着好、耐紫外线优异，可以对变形的部位、阴阳角和异形部位进行无缝刷涂，形成整体无接缝的封闭层；维修方便，只要少量防水材料修补裂缝和损伤部位即可，不必重做防水层；以水为溶剂，是一种安全无毒的环保产品	与卷材相比，施工进度较慢，需多次刷涂成型
	丙烯酸防水涂料		较低		
	聚氨酯类防水涂料		中等	涂膜弹性大、强度高、基层黏附力强	对基层要求高、含水率低、耐紫外线不好，单位成本高、毒性大、交叉作业时易产生火灾，全国各地多次发生安全事故
防水卷材	SBS 类改性沥青防水卷材	寒冷地区	中等	施工方便、工期短、成形后不需养护、不受环境影响、厚薄均匀	易老化，搭接处采用焊接，易出现焊接不牢，从焊缝之间形成串漏，不易维修、不易发现漏点、交叉作业时易产生安全事故
	APP 类改性沥青防水卷材	夏热冬冷地区	中等		

续表

防水材料种类	防水材料名称	适用范围	相对价格	优点	缺点
防水卷材	聚乙烯丙纶防水卷材		较低	施工简单方便、价格便宜	搭接头采用胶粉和水泥粘接，搭接不好容易产生渗水和空鼓现象，易变形部位和异形部位不易施工，防水层易产生薄弱环节
其他防水材料	PVC、TPO、三元一丙防水卷材等	严寒或夏热冬冷地区	较高		

5.4 地下车库

布置原则

1. 合理布局，减少地库开挖量

通过合理的出入口布置、合理的车道和车位布置，可以有效地增加停车位，减少开挖面积和开挖深度。对比如下两个方案，通过方案调整，从需要三层地下室变为只需要二层地下室，极大地降低了地下室成本（图 5.4-1）。

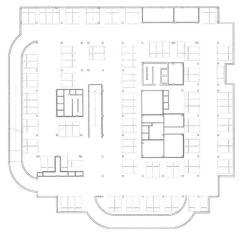

方案：单层停车 56 个　　　　　　　　模拟方案：单层停车 101 个
三层地下室　　　　　　　　　　　　　　两层地下室

图 5.4-1 地库布局方案对比图

2. 合理的柱网及车道宽度

控制柱距，柱网开间 7800mm，进深 8100mm，停车位尺寸及行车通道均达到规范极限，从而提高效率（图 5.4-2，表 5.4-1）。

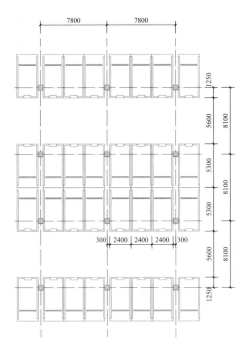

图 5.4-2 柱网及车道尺寸示意图

小型车的最小停车位、通（停）车道宽度　　　表 5.4-1

停车方式		垂直通车道方向的最小停车位宽度（m）		平行通车道方向的最小停车位宽度 L_t（m）	通（停）车道最小宽度 W_d（m）
		W_{e1}	W_{e2}		
平行式	后退停车	2.4	2.1	6.0	3.8
垂直式	前进停车	5.3	5.1	2.4	9.0
	后退停车	5.3	5.1	2.4	5.5

注：W_{e1} 为停车位毗邻墙体或连续分隔物时，垂直于通（停）车道的停车位尺寸；W_{e2} 为停车位毗邻时，垂直于通（停）车道的停车位尺寸；W_d 为通车道宽度；L_t 为平行车道的停车位尺寸。

常见控制措施

措施以控制地库埋深与车位平均面积为主。

地库埋深决定着地库的开挖成本、支护及基础形式，对地库的成本影响重大。车位平均面积影响着地库面积，同时地库面积直接决定地库造价。（表 5.4-2）

常见地库成本控制措施及指标　　　表 5.4-2

分类	措施	参考值
控制地库埋深	抬高室外地坪	
	压缩地下层高	人防 3.7 ~ 3.8m，非人防 3.6m（梁板结构）
	覆土高度控制	1.2m
控制车位平均面积	无人防地下车库	32m²/ 辆
	1/4 地下总面积 < 人防区面积 <1/3 地下总面积	34m²/ 辆
	1/3 地下总面积 < 人防区面积 <1/2 地下总面积	36m²/ 辆
	人防区面积 >1/2 地下总面积	38m²/ 辆

5.5　其他关注点

体型系数

体型系数 = 单体表面积 / 单体体积

体型系数能在一定程度上体现户型平面的经济指标，会影响后续一系列诸如墙积比、窗积比、结构经济性、外墙保温材料选择与厚度、门窗型材及玻璃选择等，即便同等精细化控制造成的细微差异（如相差 3%）也会造成可售面积单方成本的增加。

1. 对外保温及门窗的影响

案例（外保温材料、门窗型材）：

体型系数增大会造成保温层厚度的增加。按保温砂浆从 2.5cm 到 3.5cm 变化估算，外墙单方造价增加 10 元 /m²，折合可售面积增加约 8.3 元 /m²。如更换 20mm 厚挤塑聚苯板为 25mm 厚时，外墙单方造价增加 30 元 /m²，折合可售面积增加约 25 元 /m²。（按墙积比 1.5，可售面积 / 建筑面积 80% 估算）。体型系数增大也造成门窗型材成本增加。普通双层中空玻璃必须采用贴膜、LOW-E 玻璃或充惰性气体等措施，按门窗单方成本增加 100 元 /m² 估算，折合可售面积增加约 35 元 /m²。（按墙积比 0.28，可售面积 / 建筑面积 80% 估算）

综上，外墙保温层及门窗型材成本折合可售面积增加范围约 43 ~ 60 元 /m²。

2. 对体型系数影响敏感的设计元素

（1）户型基本模块的选型：对体型系数影响极大，稍有失控，会造成体型系数升高约 3 个百分点。

（2）内凹式空中花园（入户花园）：30 层一梯两户的高层住宅，将一间面宽 3m 的卧室改为内凹式空中花园后，开间内外墙面积增为约 3 倍，因每户重复出现，可导致整栋建筑体型系数升高约 3 个百分点。

3. 单元拼接方式

同样类型的两个建筑单元，20 度夹角拼接相比较于平缝拼接，可视为增加了两组山墙面积，可导致整栋建筑体型系数升高约 2 个百分点。

4. 飘窗的设置

同样以 30 层一梯两户的高层住宅为例，全部卧室设置飘窗相比较于仅主卧室设置飘窗，体型系数升高约 2 个百分点。（图 5.5-1）

| 一梯两板式 | 优于 | 一梯四板式 | 优于 | 一梯二品字形 | 优于 | 一梯四蝶形 |

图 5.5-1　体型对比图

窗墙比控制

窗墙比是指窗洞的面积与外墙体面积的比例。开窗越大，意味着成本越高，对节能保温的要求越高。控制窗墙比就是控制外立面门窗的造价，外立面门窗造价比砌块或钢筋混凝土等实心墙要高得多。因此，要控制窗墙比及过多过大的开窗面，并控制会影响门窗节能和造价的设计方案。

首先，通过产品定位和成本标准化，来控制窗墙比的比率，通过指标来控制，比如普通住宅的窗墙比在 0.21 ~ 0.23，别墅的窗墙比可达 0.3。

其次，通过门窗和立面分割方式减少耗材。凹凸越少、窗洞越小节能保护越容易配置，采用普通玻璃、型材就能满足，但是如果开窗太大、立面设计曲线过多，则能耗越大，型材和节能要求就比较高。比如采用断桥铝合金等来节能，会增加成本。

景观成本控制

1. 土方造型的合理性

合理控制堆坡和开挖，减少土方工程，争取达到土方平衡。

2. 水景的合理布置

水景的施工成本和日常维护成本较高，要根据项目的定位，合理控制水景的面积比例和形式。

3. 植物的慎选

（1）利用基地现有植被进行景观设计

不要在做景观设计时，一开始就把基地全部推平重新进行植物搭配和种植，如基地内有一些原始植被，可以对基地内现有植物资源进行合理利用。在这一点上龙湖地产有一些成功的先例，在一个别墅项目基地内有一处有几棵已经长得比较高的榉树，在做设计时并没有把它们拔出，而是把它们当作景观的一部分，通过规划和景观设计，把建筑和这几棵榉树相结合做了设计，最终这栋别墅是整个区域中售价最贵的。

（2）充分考虑植物的地域性

在植物选用上尽量采用当地植物，选择适合项目所在区域气候条件的植物，一是降低购买和运输成本，二是保证成活率，减少养护成本。例如在江浙地区大量地采用热带的植物，譬如银海枣，这种做法会加大植物成本。

（3）大乔木的慎选

硬景面积（剔除地面车行道、停车位以外的硬质铺装，包含人工基底水景、泳池，不含架空层）/ 总景观面积 ≤ 30%。

5.6 设计管理

设计流程管理

流程上将先后串行工作变为并行前置。

方案将结构、设备、部品工作前置与功能平面同步开展，设计图纸机电一体化，各专业交圈工作管理使方案可实施（图 5.6-1，图 5.6-2）。

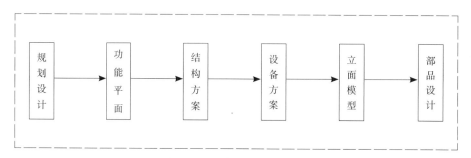

图 5.6-1 串行设计示意图

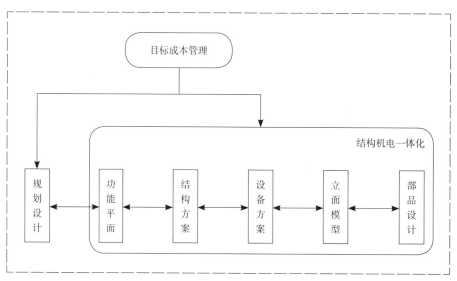

图 5.6-2 并行设计示意图

图纸质量管理

1. 加强深化图纸设计

深化设计：是指一些专业性强的分部分项工程进行的施工图纸的设计（如铝合金窗、幕墙、干挂花岗岩等）。

深化设计带来好处：

（1）通过深化设计，可以避免不合理的浪费。

（2）可以通过深化，优化方案。

（3）通过深化，可以搞清楚结点作法和副材，有利于招标。

（4）通过深化，可以划清与其他工种的界面，避免招标形成真空。

（5）有利于质量控制。

2. 执行开发商工程标准做法

3.强化设计工作的精细度，避免漏项

设计图纸漏项太多，在施工过程中，对于增加项目的报价，对于施工方的费用结算是有利的，但对于开发商来说，无形中增加了成本。还有一种倾向，明知有漏项却不积极地去解决，一味地往后推，给施工单位创造索赔机会。

设计变更管理

1.设计变更签证率控制

据统计国内公司由设计失误所带来各项目设计变更占总建造成本的 3% ~ 10%，其中重复性错误占相当比例。根据万科集团财务部 2003 年对 9 个城市，14 个项目的统计，变更签证造价为 38.04 元 /m²，总额约 7472 万元。若建安成本按 950 元 /m² 计，则失误率为 4%。

2.变更管理重点控制

第一种：倒退的设计变更。现场已经施工了，因变更滞后出现重复施工的浪费。

第二种：设计变更涉及的内容，其计价方式在合同中没有约定（如：主材变了、施工工艺变了等），只能以独家协商议价方式确定价格，成本管理"货比三家"的竞争优势丧失，必然带来成本的增加。

5.7 结构设计

设计原则

结构计算时总体指标应控制在合适的范围内，既需符合规范的要求，也不要有太大的富余。为了降低工程造价，节约能源和有利环保，提倡积极采用成熟的新材料、新技术、新工艺。

住宅设计尽量避免采用特别不规则结构。

设计原则

结构主要受力钢筋宜采用 HRB400 级，抗裂和构造钢筋宜采用 HPB300 级（$d \leqslant 8$）。上部结构的混凝土强度等级宜从下到上逐渐减小，梁板混凝土强度等级宜取 C30，墙柱混凝土等级宜取 C30 ~ C50，转换层水平构件混凝土强度等级不宜大于 C40，非承重构件取 C25，垫层取 C15。

荷载作用

一般情况下，框架结构重力荷载标准值为 11 ~ 13kN/m^2，框剪结构为 13 ~ 16kN/m^2，剪力墙结构为 14 ~ 18kN/m^2。

填充墙应按实际材料容重计算线荷载，墙上开洞较大时应扣洞口部分的重量。地库覆土厚度一般按景观部分覆土深度计算。地库顶板景观荷载应根据景观平面精心布置，不可大面积满铺，如果覆土过高可设架空板以减轻重量。室内地下室顶板应考虑施工时临时堆放材料或作临时工场的荷载，并在图纸中说明，荷载标准值宜取 5kN/m^2，此荷载不与使用活荷载及二次装修荷载同时考虑。消防车道根据车道走向进行荷载划分输入，且不可大面积满铺，消防车道荷载取值需考虑覆土深度折减，详见表 5.7-1。

消防车轮压作用下双向板的等效均布荷载值表（kN/m²）（300kN 级消防车）　　　表 5.7-1

板格的短边跨度（m）	覆土厚度（m）									
	≤ 0.25	0.50	0.75	1.00	1.25	1.50	1.75	2.00	2.25	≥ 2.50
2.0	35.0	32.4	29.7	27.1	24.5	21.8	19.2	16.6	13.9	11.3
2.5	33.1	30.7	28.3	25.8	23.4	21.0	18.6	16.1	13.7	11.3
3.0	31.3	29.1	26.9	24.6	22.4	20.2	18.0	15.7	13.5	11.3
3.5	29.4	27.4	25.4	23.4	21.4	19.3	17.3	15.3	13.3	11.3
4.0	27.5	25.7	23.9	22.1	20.3	18.5	16.7	14.9	13.1	11.3
4.5	25.6	24.0	22.4	20.8	19.2	17.7	16.1	14.5	12.9	11.3
5.0	23.8	22.4	21.0	19.6	18.2	16.9	115.5	14.1	12.7	11.3
5.5	21.9	20.7	19.5	18.4	17.2	16.0	14.8	13.7	12.5	11.3
≥ 6.0	20.0	19.0	18.1	17.1	16.1	15.2	14.2	13.2	12.3	11.3

风荷载体型系数应根据实际体型仔细查对规范取用，地面粗糙度宜按项目建成后场地情况取值。一般情况下，在计算地震作用时的周期折减系数宜取建议值上限以减小地震作用。

总体要求

结构平面布置应尽量规则、均匀、对称，尽量减少平面凸凹不规则，降低扭转不规则，控制楼板局部不连续。结构竖向抗侧力体系应尽量连续，避免或减少竖向构件转换，限制薄弱层，保证传力途径明确简捷。结构竖向构件材料等级及构件截面宜随高度增加逐渐减小。

第 5 章

成本控制

5.1　造价概述
5.2　定位与设计
5.3　建筑材料选择
5.4　地下车库
5.5　其他关注点
5.6　设计管理
5.7　结构设计

墙、柱

剪力墙布置宜规则、对称，并应具有良好的整体性以减少结构扭转，宜尽量避免采用短肢剪力墙。剪力墙结构在满足规范和计算要求的情况下宜尽量减少墙的数量和墙肢长度，墙体厚度和长度满足构造要求和轴压比的要求即可。

为满足地下室顶板嵌固端刚度比的要求，应避免出现地下室墙肢四面封闭的情况，至少一面留门洞，使之成为可用房间，同时应充分利用主楼地下室外墙的刚度。独立车库的地下室外墙转角处无需设柱。

梁、板

梁宜尽量避免垂直搭在剪力墙上。

非承重内隔墙的下部在不影响美观及使用的情况下尽可能少设梁，在楼板跨度不大，配筋为构造配筋时，隔墙下可不设梁。卫生间干湿分离的隔墙和厨房内隔墙下不得设梁，如果必须设置宜做暗梁，隔墙下如不设梁，需采取考虑荷载及板底加强筋的措施。

当建筑上一层平面退露台（阳台）时，为保证下层空间的完整性，结构作上翻梁以保证室内净高。在非楼层处的空调板、凸窗挑板，应加设钢筋混凝土现浇过梁，该梁按抗扭构件设计。

与机电专业协调时注意楼板中穿管线不应有大量集中的地方及相互交叉超过 3 层的情况，否则应予以处理，防止混凝土开裂。

地下室

地库的柱网布置应进行优化，优先考虑两车位柱网布置形式。在满足景观和建筑的要求下，地库尽量抬高，可节约基坑围护费用及结构成本。对顶部覆土绿化的地下车库顶板，宜采用梁板式结构，并采用结构找坡。顶板覆土满足景观设计的基本要求即可，不应为有利于抗浮设计而增加覆土厚度。地下室顶板如果采用主梁加大板的形式可不设置次梁。地库顶板在满足抗渗及强度验算的条件下，尽量做薄，节省造价。

地基基础

对于高层住宅，通常梁板式基础会更为经济，虽然施工方面会费工费时，但综合效益好；对于小高层及多层住宅，平板式基础经济性和梁板式差别不大，且施工方便快捷。设计时应进行基础形式比选，提供两种或两种以上的基础形式以供业主决策。纯地下室优先采用柱墩加防水板的布置方式。

当采用桩基础时，宜优先采用预制管桩，并优先采用长细桩（例如，$\phi 500$ 管桩与 $\phi 400$ 管桩的周长比为 1.25，价格比为 1.42）。桩基选型时，宜尽量使土的承载力接近桩身结构强度以提高桩基设计的经济性。抗浮桩不宜单桩承载力过大，避免集中布桩，宜相对分散布桩，减少底板、地梁的材料用量。抗压桩布置，优先采用柱下集中布桩或剪力墙下条型布桩，当桩数较多时可考虑满堂布桩。抗压桩设计可考虑水浮力的有利作用，此时上部荷重取桩顶以上所有荷载。在条件允许的情况下，钻孔灌注桩可考虑后注浆技术以提高桩基承载力。桩的承载力余量宜控制在 5% ~ 10% 左右，试桩结果较理想时可取低值。

对于塔楼下部采用桩基础而裙房下部不需采用桩基础时，不应仅为提高整体性而在裙房下设置桩基础。在满足承载力及沉降要求情况下，底板不宜外挑。当不满足承载力及沉降要求情况时宜将底板外挑 0.5 ~ 2.0m，当挑出长度大于 1.5m 时，对于有梁筏基应将梁一同挑出，对于无梁筏基，宜在柱底设置柱墩。对于自行车坡道抗浮，尽量采用增加底板外挑长度等方式通过结构自身及土体重量抗浮，避免设置抗拔桩。

当基坑支护采用刚性支护桩时，可利用支护桩抗浮。平行地下室外墙的半跨范围，水浮力由密排刚性支护桩分担。大底板设计时，应与其他工种充分协调，避免将水井等，如消防电梯积水井布置在地下室外墙边，以减小围护结构深度。

常用的结构分析与设计参数及其合理取值见表 5.7-2。

常用的结构分析与设计参数及其合理取值表　　　　　　　　　　　　　　　　表 5.7-2

参数名称	合理取值
设计使用年限	一般按 50 年
结构安全等级	一般按二级
结构重要性系数	一般取 1.0
混凝土环境类别	根据实际情况可取一、二 a、二 b、三 a、三 b
建筑总高度	复核高度成本突变临界点：框架结构高度大于 24m、框剪结构高度大于 60m、剪力墙结构高度大于 80m
高宽比	房屋高度与标准层平面典型宽度之比：框架结构 6、7 度宜 $H/B \le 4$，框剪、剪力墙结构 6、7 度宜 $H/B \le 6$
长宽比	标准层平面长度与宽度之比：6、7 度宜 $L/B \le 6$
抗震设防类别	一般取丙类
抗震设防烈度、设计基本地震加速度、设计分组	根据建筑抗震设计规范附录 A
场地类别	I_0 类、I_1 类、Ⅱ 类、Ⅲ 类、Ⅳ 类
地震影响系数及特征周期	详见建筑抗震设计规范 5.1.4 条
基本风压	刚度验算按 50 年一遇基本风压，舒适度验算按 10 年一遇基本风压
地面粗糙度	建议根据建成后地貌确定
体型系数	根据建筑结构荷载规范选取
混凝土容重	一般取 26，当考虑抹灰时可适当放大，不宜超过 27
钢材容重	一般取 78，考虑装饰、涂层时根据实际情况进行调整
材料强度	梁板 C30、墙柱 C30 ~ C50
地下工程抗渗等级	依据《地下工程防水技术规范》划分为 P6、P8、P10、P12
周期折减系数	框架结构取 0.6 ~ 0.7；框剪结构取 0.7 ~ 0.8；框架 - 核心筒结构取 0.8 ~ 0.9；剪力墙结构取 0.8 ~ 1.0
结构的阻尼比	混凝土结构 5%；混合结构房屋取 4%；不大于 12 层的钢结构房屋取 3.5%；大于 12 层的钢结构房屋取 2%
竖向荷载计算信息	高层建筑首选模拟施工 3 加载，多层建筑可选一次性加载
刚性楼板假定	仅在计算周期和位移时定义为刚性楼板，此时可用侧刚分析方法；进行其他计算时应总是采用总刚分析方法；构件计算时不应采用刚性楼板假定
采用的楼层刚度算法	2010 版抗震规范按层间剪力比层间位移算法计算（上海项目一般情况下可采用等效剪切刚度计算），对于 3 层及以上高位转换，程序自动进行剪弯刚度计算
承载力设计时风荷载效应放大系数	对风荷载比较敏感的高层建筑结构（房屋高度大于 60m），承载力设计时按 50 年一遇基本风压的 1.1 倍采用
墙竖向分布筋最小配筋率	一、二、三级抗震墙的竖向和横向分布钢筋最小配筋率均不应小于 0.25%，四级抗震墙分布钢筋最小配筋率不应小于 0.20%。部分框支抗震墙结构的落地抗震墙底部加强部位，竖向和横向分布钢筋配筋率不应小于 0.3%。高度小于 24m 且剪压比很小的四级抗震墙，其竖向分布筋的最小配筋率应允许按 0.15% 采用
结构中的框架部分轴压比限值按纯框架结构的规定采用	框架 - 剪力墙结构在规定的水平力作用下，结构底层框架部分承受的地震倾覆力矩与结构总地震倾覆力矩的比值大于 50% 时，框架部分的抗震等级和轴压比限值按框架结构的规定采用
梁、柱保护层厚度	根据混凝土环境类别选用

第5章

成本控制

5.1 造价概述
5.2 定位与设计
5.3 建筑材料选择
5.4 地下车库
5.5 其他关注点
5.6 设计管理
5.7 结构设计

续表

参数名称	合理取值
刚域选择	梁端建议简化为刚域，柱端不建议简化为刚域
活荷重力荷载代表值组合系数	一般取 0.5
墙、柱、基础活荷载折减系数	取 0.55 ~ 1.0
梁端负弯矩调幅系数	0.85
梁活荷载内力放大系数	一般取 1.1，当考虑了梁活荷不利布置后，取 1.0
梁扭矩折减系数	0.4
连梁刚度折减系数	6、7 度区可取 0.7；8、9 度区可取 0.5，风控 1.0
中梁刚度放大系数	现浇楼板和装配整体式楼面中梁的刚度可考虑翼缘的作用予以放大，中梁可取 2.0，边梁可取 1.5，装配式楼盖不宜增大
考虑偶然偏心	计算单向地震作用时应考虑，计算位移比时必须考虑，计算层间位移角时可不考虑

地上结构

1. 剪力墙

构造边缘构件和约束边缘构件配筋应按高规 7.2.15 条的要求考虑墙身钢筋代替。配筋若非计算要求，按构造配筋即可。剪力墙墙肢轴压比宜按墙肢截面整体计算。连梁超筋时，可端部设铰或通过梁中开水平缝、增大跨高比及设置双连梁等措施降低连梁刚度。

2. 梁

梁的截面尽量按正常取，少做宽扁梁，配筋率应控制在 1.5% 以内。梁配筋宜尽量配足第一排钢筋数量，梁钢筋不宜大于 2 排。一端为梁或剪力墙出平面非顺搭连接的框梁，该端梁箍筋无需加密，间距同非加密区。

3. 板

楼板钢筋除非特殊需要，一般采用分离式配筋。嵌固层、转换层、屋面层或板厚大于 150mm 时，配筋宜双向拉通局部附加。现浇楼板配筋除特殊要求外，因抗裂要求需板面负筋拉通时，建议只拉通温度应力钢筋，支座处负筋另外附加（例如隔根拉通），避免全部拉通造成的不经济。板配筋锚固长度起算宜按净跨，而不是轴线。

地下室结构

地下室顶板抗裂设计时，可不考虑消防车荷载参与组合；地下室外墙墙顶可不设暗梁，通过墙顶附加单排钢筋加强；地下室外墙与基础底板交界处不设置基础梁；地下室外墙应根据弯矩分布情况采用分段配筋；地下室外墙计算裂缝宽度，可按压弯构件计算；竖向荷载考虑结构自重荷载，负荷范围取地下室跨度的四分之一。

地基基础

结构设计人员需认真查阅地质勘察报告，分析地质参数，研究工程地质特点和有利不利因素，提出分析意见。抗浮水位的确定对基础设计经济性影响显著，通常采用最高水位作为抗浮设计水位，最低水位作为抗压设计水位。桩基础设计中宜考虑桩土共同作用。

承压桩钢筋应根据计算沿高度作合理优化，底部可不配筋。抗拔桩应通长配筋，但不得将所有钢筋都一拉到底，下部钢筋应根据计算作合理的优化。

第 5 章

成本控制

5.1　造价概述
5.2　定位与设计
5.3　建筑材料选择
5.4　地下车库
5.5　其他关注点
5.6　设计管理
5.7　结构设计

　　基础承台厚度在满足计算的要求下应尽可能降低厚度。墙 / 柱下布桩时，荷载直接传递，承台厚度可适当减小，避免或减少一柱一桩，计算多柱联合基础时应考虑偏心影响。地库周边承台高度尽量减小，条件满足的话，可将周边两桩承台方向与地库边线平行放置。可减少基坑围护的计算深度，节省造价。

　　梁板式基础以验算双向板的受冲切承载力、单向板的受剪切承载力以确定基础底板的厚度，基础筏板最小配筋率应按最小配筋率 0.15% 控制。

　　验算基础梁的受剪切承载力来确定基础梁的截面；计算基础梁的弯矩可采用弹性地基梁法；基础梁和板均可采用净跨。梁板式筏型基础底板可按塑性理论来计算。基础梁宜设计成比较宽的梁，以尽量减小梁高。基础梁两侧构造钢筋的直径可取 12 ~ 16mm，间距可取 200 ~ 300mm 左右，并沿梁腹板高度均匀配置，在基础底板高度范围内不需配置。对于承台梁等构造所需截面高度远大于承载要求时，其纵向受拉钢筋配筋率最小值应按《混凝土结构设计规范》GB 50010—2010 第 8.5.3 条折减。基础梁、板的下部钢筋应有 1/4 ~ 1/3 贯通全跨，基础板支座短筋伸至 $L_0/4$ 为止，L_0 为净跨，不应额外加长。

　　与土壤和地下水接触的构件，当保护层厚度大于 30mm，计算裂缝宽度时取 30mm。

第 6 章　物理性能设计

6.1 基本概念

引言

建筑物理是研究建筑的物理环境科学。建筑物理性能设计是住宅建筑设计中一个重要的组成部分，包含内容见表 6.1-1。

建筑物理性能设计主要内容　　　　　　　　　　　表 6.1-1

	主要设计内容
建筑热环境	建筑的保温、隔热（即建筑节能）
建筑光环境	建筑的采光、通风
建筑声环境	建筑的隔声、降噪

中国建筑气候区划 [1]

中国幅员辽阔，地形复杂。由于地理纬度、地势等条件的不同，各地气候相差悬殊。因此针对不同的气候条件，各地建筑的基本设计要求均有不同。全国划分为 7 个一级区划，在各一级区内，根据气候的差异性，划分为 20 个二级区划，见表 6.1-2、表 6.1-3。

主要城市气候区划分及各区内建筑设计的基本要求　　　　　　　表 6.1-2

		热工分区	主要城市	建筑基本要求
Ⅰ	Ⅰ A	严寒地区	漠河	1. 冬季防寒、保温、防冻。 2. 减少外露面积，合理利用太阳能。 3. 屋面构造应考虑积雪和冻融危害，注意冻土对地基和地下管道的影响。 4. 防冰雹、防风沙
	Ⅰ B		海拉尔、满洲里	
	Ⅰ C		长春、哈尔滨、齐齐哈尔	
	Ⅰ D		沈阳、呼和浩特、大同	
Ⅱ	Ⅱ A	寒冷地区	北京、天津、石家庄、大连、济南、青岛、西安、邯郸、郑州	1. 冬季防寒、保温、防冻；除Ⅱ B 区外，夏季应兼顾防热。 2. 冬季密闭兼顾夏季通风，避西晒，利用太阳能。 3. Ⅱ A 区应考虑防热、防潮、防暴雨
	Ⅱ B		兰州、银川、太原、延安	
Ⅲ	Ⅲ A	夏热冬冷地区	上海、温州、舟山	1. 夏季防热、通风降温，冬季兼顾防寒。 2. 有良好通风，避西晒，防雨、防潮、防洪、防雷击。 3. Ⅲ A 应防台风、防暴雨袭击、盐雾侵袭。 4. Ⅲ B 北部建筑屋面应防冬季积雪危害
	Ⅲ B		南京、杭州、合肥、南昌、赣州、武汉、长沙、重庆、桂林	
	Ⅲ C		成都	
Ⅳ	Ⅳ A	夏热冬暖地区	广州、福州、泉州、海口、三亚	1. 夏季防热、通风、防雨。 2. Ⅳ A 应防台风、防暴雨袭击、盐雾侵袭。 3. 应避西晒、宜设遮阳
	Ⅳ B		南宁、漳州	
Ⅴ	Ⅴ A	温和地区	贵阳	1. 湿季防雨、通风。 2. Ⅴ A 区注意防寒，Ⅴ B 区注意防雷
	Ⅴ B		昆明、西昌、丽江、大理	
Ⅵ	Ⅵ A	严寒地区	西宁	1. 防寒、保温、防冻。 2. 减少外露面积，合理利用太阳能。 3. 注意冻土对地基和地下管道的影响
	Ⅵ B		那曲	
	Ⅵ C	寒冷地区	拉萨、康定	
Ⅶ	Ⅶ A	严寒地区	克拉玛依	1. 防寒、保温、防冻。 2. 防寒风与风沙，减少外露面积，合理利用太阳能。 3. 除Ⅶ D 区外，注意冻土对地基和地下管道的影响。 4. Ⅶ B 区特别注意预防积雪的危害。 5. Ⅶ C 区特别注意防风沙，夏季兼顾防热。 6. Ⅶ D 区注意夏季防热
	Ⅶ B		乌鲁木齐	
	Ⅶ C		二连浩特	
	Ⅶ D	寒冷地区	喀什、和田、吐鲁番、库尔勒	

---

[1] 详见国家标准《建筑气候区划标准》GB 50178—1993。

建筑设计规范、规定表[1][2]　　　表 6.1-3

	名称	编号
通用规范	《城市居住区规划设计标准》	GB 50180—2018
	《民用建筑设计统一标准》	GB 50352—2019
	《住宅建筑规范》	GB 50368—2005
	《住宅设计规范》	GB 50096—2011
	《住宅室内防水工程技术规范》	JGJ 298—2013
采光规范	《建筑采光设计标准》	GB 50033—2013
隔声规范	《民用建筑隔声设计规范》	GB 50118—2010
节能规范	《民用建筑热工设计规范》	GB 50176—2016
	《严寒和寒冷地区居住建筑节能设计标准》	JGJ 26—2018
	《夏热冬冷地区居住建筑节能设计标准》	JGJ 134—2010
	《夏热冬暖地区居住建筑节能设计标准》	JGJ 75—2012
	《全国民用建筑工程设计技术措施节能专篇》	
节能地方规范[1][2]	上海市《居住建筑节能设计标准》	DGJ 08-205
	《安徽省居住建筑节能设计标准》	DB 34/1466
	《江苏省居住建筑热环境和节能设计标准》	DGJ32/J 71
	重庆市《居住建筑节能50%设计标准》	DBJ50-102
	山东省《居住建筑节能设计标准》	DB37/5026
	江西省《居住建筑节能设计标准》	DBJ/T 36-024
标准图集	《住宅建筑构造》	11J930
	《建筑围护结构节能工程做法及数据》	09J908-3
	《外墙外保温建筑构造》	10J121
	《屋面节能建筑构造》	06J204
	《建筑外遮阳（一）》	14J506-1
	《建筑隔声与吸声构造》	08J931

[1] 目前，全国多地编制了地方规范、规定等，表中未能全部罗列。
[2] 节能设计、计算，一般优先依据地方规范。设计前应充分了解当地的具体要求。

6.2 日照

其他建筑日照要求

老年人居住建筑应满足冬至日满窗日照时数不低于 2h。

托儿所、幼儿园冬至日满窗日照不应低于 3h。

旧区改建项目内的新建住宅其日照要求应满足大寒日 1h。

住宅日照规范要求 [1]，见表 6.2-1

住宅日照标准表 [2]　　　　　　　　　　　　表 6.2-1

	Ⅰ、Ⅱ、Ⅲ、Ⅶ气候区		Ⅳ气候区		Ⅴ、Ⅵ气候区
	大城市	中小城市	大城市	中小城市	
日照标准日	大寒日				冬至日
日照时数	≥ 2		≥ 3		≥ 1
有效日照时间带（h）	8 ~ 16				9 ~ 15
日照时间计算起点	底层窗台面（距室内地坪 0.9m 高的外墙位置）				

建筑日照分析

日照，是可以直接射入室内的阳光。直射的阳光不仅使人体发育健全，提高免疫力，还具有一定的杀菌和补钙作用。特别是有儿童和老人的家庭，更加需要。

由于中国人口众多，而土地资源稀缺，无法保证每户都全天有日照，因此，根据人体需求，确定最少的日照时数是很有必要的。

设计是否能够满足规定的日照时数要求，应通过日照分析计算确定，见表 6.2-2，表 6.2-3。

各主要城市日照要求表　　　　　　　　　　　　表 6.2-2

		可以达到日照标准的日照间距系数 [3]				规范中的日照间距系数	日照标准日	规范依据
		冬至日	大寒日					
		1h	1h	2h	3h			
Ⅰ区	沈阳	2.02	1.76	1.8	1.87		遮挡已建建筑：大寒日 2h	沈阳市居住建筑间距和住宅日照管理规定
							新建建筑：大寒日 1h	
Ⅱ区	北京	1.86	1.63	1.67	1.74		* 大寒日 2h	
Ⅲ区	上海	1.32	1.17	1.21	1.26	低层独立式住宅，1.4	1. 高层居住建筑遮挡低层独立式住宅，冬至日 2h	上海市城市规划管理技术规定
							2. 高层居住建筑遮挡其他居住建筑，冬至日 1h	
	南京	1.36	1.21	1.24	1.3	旧区，1.25，新区，1.30	* 大寒日 2h	南京市城市规划条例
	杭州	1.27	1.14	1.17	1.22	1.2	大寒日 2h	杭州市城市规划管理技术规定

[1] 国家规范综合考虑地理纬度与建筑气候区划，以及城市规模（大城市与小城市有别）。各地方《城市规划管理技术规定》则在国家规范的框架下，根据各地实际情况编制。其中对日照间距和日照标准均提出了要求，设计中应优先按照地方标准执行。地方标准中未明确的，按照国家规范执行。

[2] 引自《住宅建筑规范》GB 50368—2005 第 4.1.1 条及附表。

[3] 日照间距系数。南向遮挡建筑的建筑高度 / 两栋建筑物的间距。

第6章

物理性能
设计

6.1　基本概念
6.2　日照
6.3　采光通风
6.4　隔声
6.5　建筑和围护结
构热工节能设计

续表

		可以达到日照标准的日照间距系数[3]				规范中的日照间距系数	日照标准日	规范依据
		冬至日	大寒日					
		1h	1h	2h	3h			
Ⅲ区	合肥	1.35	1.2	1.23	1.29	18m 以下建筑之间日照间距系数：1.23 18m 以上多层建筑之间日照间距系数：1.26	*大寒日 2h	合肥市城市规划管理技术规定
	成都	1.29	1.15	1.18	1.24		大寒日 2h	成都市规划管理技术规定
Ⅳ区	广州	0.99	0.89	0.92	0.97		*大寒日 3h	
Ⅴ区	贵阳	1.11	1	1.03	1.08		旧城改造区：大寒日 1h *其他区域：冬至日 1h	贵阳市城市规划技术管理办法
Ⅵ区	西宁	1.62	1.43	1.47	1.52		旧城区：大寒日 1h 规划新区：冬至日 1h	西宁市城市规划管理技术规定
Ⅶ区	乌鲁木齐	2.22	1.92	1.96	2.04		大寒日 2h 旧区改建　大寒日 1h	乌鲁木齐市城市规划管理技术规定

日照分析法说明表[1]　　　　　　　　　　　表 6.2-3

要点	具体内容		备注
选择受遮挡建筑主要朝向	条式建筑以垂直长边的方向为主要朝向		南北向：正南北向和南偏东（西）45 度以内（含 45 度）
	点式建筑以南北向为主要朝向		
日照的有效时间	冬至日日照有效时间为 9：00 ~ 15：00		
	大寒日日照有效时间为 8：00 ~ 16：00		
单窗日照时间	1. 累计日照时间	多段日照时间累积，最少时段 5min	根据各地具体要求选择其中一项。一般采用累计日照时间，选择满窗日照
	2. 连续日照时间	不间断的连续日照时间	
	1. 选择窗中点	仅计算窗台的中心点的日照	
	2. 选择满窗日照	整个窗户均有日照，仅半个窗户有日照时段不计入	
居室空间数量	最少应有一个居住空间满足要求		根据各地具体要求
	当居住空间数较多时且户型较大时，应有两个居住空间满足日照有效时间规定		

---

* 在地方规范中无明确规定时，按照《城市居住区规划设计规范（2016 年版）》要求执行。

[1] 日照分析法。使用专业日照分析软件分析，常用软件"天正日照"。各地会有其他相关部门认可的软件，应事先了解。

6.3 采光通风

前言

住宅中最常用的自然采光方式是侧向采光。主要的评判指标是：窗地比、采光系数。

窗地比是一个比较容易把控的指标。但是，并不能完全反映房间的采光状况。在同样的窗地比下，窗户的位置、朝向、窗户前方的遮挡情况、房间的进深等都会影响室内的采光效果。而采光系数则充分考虑了多方因素，计算确定，其结果较为精准地反映了每个功能房间的采光效果，见表 6.3-1，表 6.3-2。

相关采光设计的规范要求   表 6.3-1

规范名称	条目	内容
《住宅设计规范》 GB 50096—2011	7.1.2	需要获得冬季日照的居住空间的窗洞开口宽度不应小于 0.60m
	7.1.3	卧室、起居室（厅）、厨房应有直接天然采光
	7.1.5	卧室、起居室（厅）、厨房应设置外窗，窗地面积比不应低于 1/7
	7.1.6	当楼梯间设置采光窗时，采光窗洞口的窗地面积比不应低于 1/12
	7.1.7	采光窗下沿离楼面或地面高度低于 0.50m 的窗洞口面积不应计入采光面积内，窗洞口上沿距地面高度不宜低于 2.00m
民用建筑设计通则 GB 50352—2005	7.1.2.2	侧向采光窗上部有效宽度超过 1m 以上的外廊、阳台等外挑遮挡物，其有效采光面积可按采光窗面积的 70% 计算
	7.1.2.3	平天窗采光时，其有效采光面积可按侧面采光口面积的 2.5 倍计算
《建筑采光设计标准》 GB 50033—2013	4.0.2	住宅建筑的卧室、起居室（厅）的采光不应低于采光等级Ⅳ级的采光标准值，侧面采光的采光系数不应低于 2.0%，室内天然光照度不应低于 300lx

相关通风设计的规范要求   表 6.3-2

规范名称	条目	内容
《住宅设计规范》 GB 50096—2011	5.8.6	厨房和卫生间的门应在下部设置有效截面积不小于 0.02m² 的固定百叶，也可距地面留出不小于 30mm 的缝隙
	6.8.1	厨房宜设共用排气道，无外窗的卫生间应设共用排气道
	6.8.4	厨房的共用排气道与卫生间的共用排气道应分别设置
	6.8.5	竖向排气道屋顶风帽的安装高度不应低于相邻建筑砌筑体。排气道的出口设置在上人屋面、住户平台上时，应高出屋面或平台地面 2m；当周围 4m 之内有门窗时，应高出门窗上皮 0.6m
	7.2.1	卧室、起居室（厅）、厨房应有自然通风
	7.2.3	每套住宅的自然通风开口面积不应小于地面面积的 5%
	7.2.4.1	卧室、起居室（厅）、明卫生间的直接自然通风开口面积不应小于该房间地板面积的 1/20；当采用自然通风的房间外设置阳台时，阳台的自然通风开口面积不应小于采用自然通风的房间和阳台地板面积总和的 1/20
	7.2.4.2	厨房的直接自然通风开口面积不应小于该房间地板面积的 1/10，并不得小于 0.60m²；当厨房外设置阳台时，阳台的自然通风开口面积不应小于厨房和阳台地板面积总和的 1/10，并不得小于 0.60m²。（按阳台内门窗计算时，应乘以 0.7 的折减系数）[1]
	8.5.1	排油烟机的排气管道可通过竖向排气道或外墙排向室外。当通过外墙直接排向室外时，应在室外排气口设置避风、防雨和防止污染墙面的构件
	8.5.3	无外窗的暗卫生间，应设置防止回流的机械通风设施或预留机械通风设置条件

---

[1] 本条引自《全国民用建筑工程设计技术措施 规划.建筑.景观》，2009，第 12.2.4 条。

6.3 物理性能设计·采光通风

第6章

物理性能
设计

6.1 基本概念
6.2 日照
6.3 采光通风
6.4 隔声
6.5 建筑和围护结
构热工节能设计

续表

规范名称	条目	内容
民用建筑设计通则 GB 50352—2005	6.14.4	烟道和通风道应伸出屋面，伸出高度应有利烟气扩散，并应根据屋面形式、排出口周围遮挡物的高度、距离和积雪深度确定。平屋面伸出高度不得小于0.60m，且不得低于女儿墙的高度。坡屋面伸出高度应符合下列规定： 1. 烟道和通风道中心线距屋脊小于1.5m时，应高出屋脊0.60m； 2. 烟道和通风道中心线距屋脊1.5～3.0m时，应高于屋脊，且伸出屋面高度不得小于0.60m； 3. 烟道和通风道中心线距屋脊大于3.0m时，其顶部同屋脊的连线同水平线之间的夹角不应大于10°，且伸出屋面高度不得小于0.60m
	7.2.3	严寒地区居住用房，厨房、卫生间应设自然通风道或通风换气设施
	7.2.6	自然通风道的位置应设于窗户或进风口相对的一面

设计要点

高层住宅厨房的外窗可开向公共外走廊，但该公共走廊必须有良好的自然通风和采光。通常采用敞开的外廊。

在建筑凹口内设计的卧室、厨房等，采光系数无法满足规范要求，应避免，见图6.3-1。

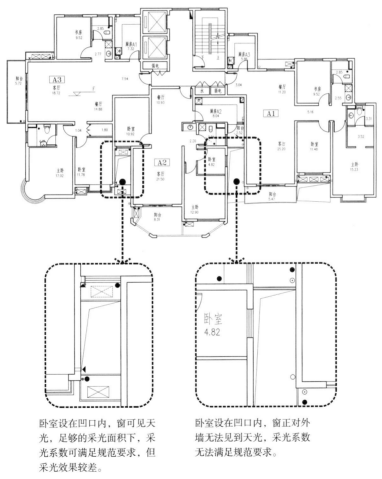

卧室设在凹口内，窗可见天光，足够的采光面积下，采光系数可满足规范要求，但采光效果较差。

卧室设在凹口内，窗正对外墙无法见到天光，采光系数无法满足规范要求。

图6.3-1 户型采光说明图

厨房一般均设有燃气热水器，应设水平专用排气管道排至室外。

厨房内应设置排油烟机的成品排气道；没有外窗的暗卫生间应设置成品排气道；住宅排气道选用可参见国标图集《住宅排气道（一）》16J916-1。

合理的开窗设计

从表 6.3-3 可以看出，当使用面积较小时，较容易达到规范要求的采光和通风面积。

窗户的任务除了美化建筑之外主要在于采光通风，提高建筑功能质量，创造适宜的生活和工作环境。适当大小、开启方式的窗户对于一座建筑来说是十分重要的，见表 6.3-4。

卧室最小开窗面积及可开启扇面积　　　　　　表 6.3-3

图示	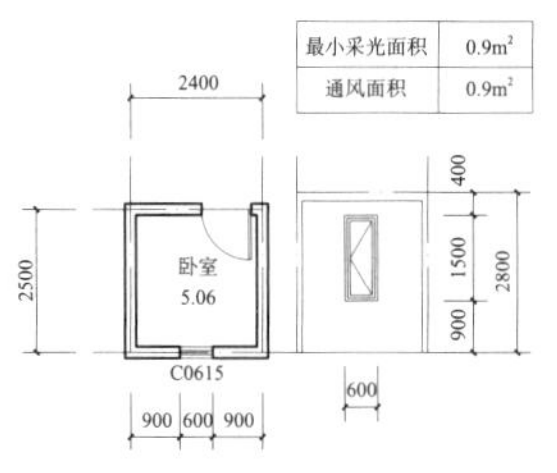	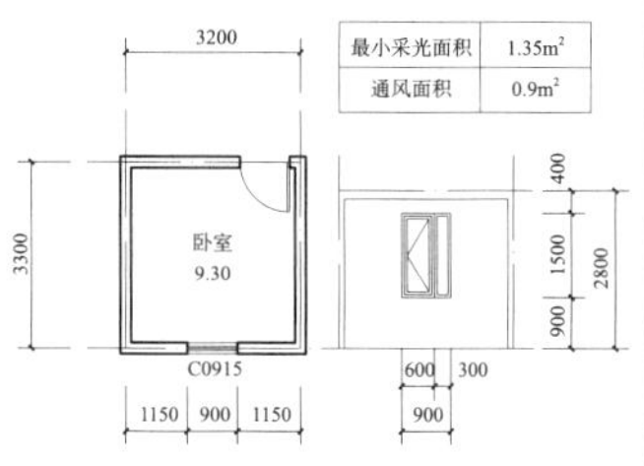	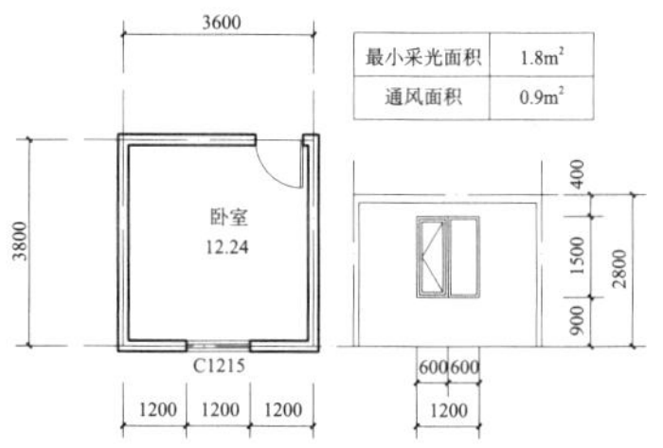
	卧室		
房间尺寸	2.4×2.5	3.2×3.3	3.6×3.8
房间面积	5.06	9.3	12.24
洞口尺寸	0.6×1.5	0.9×1.5	1.2×1.5
采光面积	0.9	1.35	1.8
窗地比	1/5.6	1/6.9	1/6.8
开启扇面积	0.9	0.9	0.9

起居室、厨房最小开窗面积及可开启扇面积　　　　　　表 6.3-4

图示	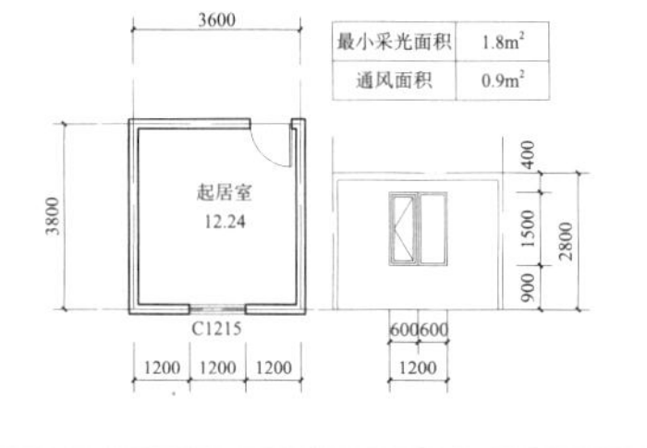	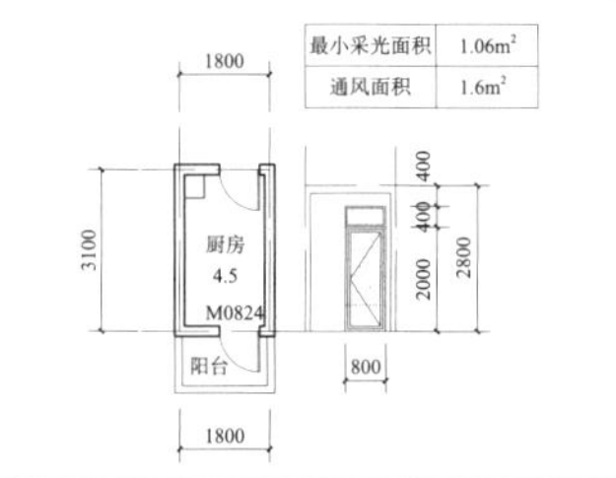	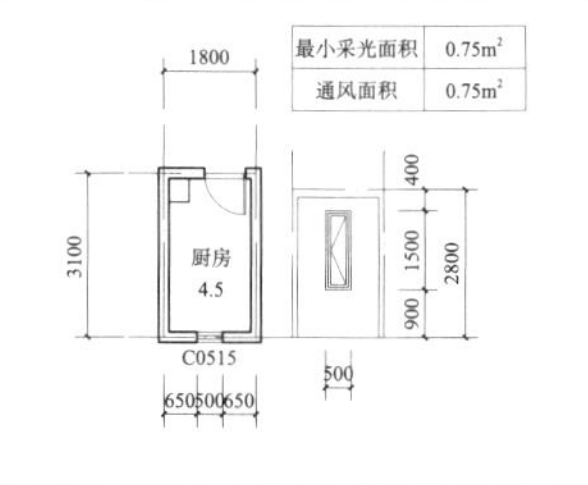
	起居室	厨房	
		有阳台	无阳台
房间尺寸	3.6×3.8	1.8×3.1	1.8×3.1
房间面积	12.24	4.5	4.5
洞口尺寸	1.2×1.5	0.8×2.4	0.5×1.5
采光面积	1.8	1.52×0.7	0.75
窗地比	1/6.8	1/4.2	1/6
开启扇面积	0.9	1.6	0.75

6.4 隔声

概述

随着现代城市的发展，噪声源的增加，建筑物的密集，高强度轻质材料的使用，隔声成为住宅建筑设计中重要的一环。

调查表明，隔声不好一直是居民对住宅质量投诉最多的问题之一。由于楼板隔声太差，会引起上下层住户发生争吵、不和；由于分户墙隔声差，会造成左右邻居闹矛盾。而户外城市噪声，更会使住户的生活质量受到很大影响。

噪声按其传播方式（传播介质）可分为空气声和固体声。空气声是由空气传播的噪声，例如通过外门窗的缝隙传入的户外交通运输、工商业活动等噪声，空气声可用围护结构和其他建筑构件阻止其传播。固体声是由固体构件传播的噪声，例如上层住户孩子的跑跳声通过楼板传入下层住户；电梯运行的声音通过墙体传入住户等。固体声可在构件中传播很远，较难隔绝。

住宅设计中的隔声包括：墙体隔声，尤以内墙隔声为主；楼板隔声；电梯隔声；管道隔声；门窗隔声；设备隔声。见表6.4-1。

第6章

物理性能
设计

6.1 基本概念
6.2 日照
6.3 采光通风
6.4 隔声
6.5 建筑和围护结
构热工节能设计

空气声隔声标准（构件）表　　　　表 6.4-1

规范名称	条目	构件名称	空气声隔声评价量	
			一般标准	高要求标准
《住宅设计规范》 GB 50096—2011	7.3.2	分隔卧室、起居室（厅）的分户墙和分户楼板	45dB（Rw+C）[1]	50dB（Rw+C）
		分隔住宅与非居住用途空间的楼板	51dB（Rw+Ctr）[1]	
《民用建筑隔声设计规范》 GB 50118—2010	4.2.5	交通干线两侧卧室、起居室（厅）的窗	30dB（Rw+Ctr）	
		其他窗	25dB（Rw+Ctr）	
	4.2.6	外墙	45dB（Rw+Ctr）	
		户（套）门	25dB（Rw+C）	
		户内卧室墙	35dB（Rw+C）	
		户内其他分室墙	30dB（Rw+C）	

规范依据及设计要求

《住宅设计规范》GB 50096—2011 7.3.1 条 卧室、起居室（厅）内噪声级，见表6.4-2。

1. 昼间卧室内的等效连续 A 声级不应大于 45dB；

2. 夜间卧室内的等效连续 A 声级不应大于 37dB；

3. 起居室（厅）的等效连续 A 声级不应大于 45dB。

相关规范要求说明表　　　　表 6.4-2

规范名称	条目	内容
《住宅设计规范》 GB 50096—2011	6.4.7	电梯不应紧邻卧室布置。当受条件限制，电梯不得不紧邻兼起居的卧室布置时，应采取隔声、减震的构造措施
	6.10.3	水泵房、冷热源机房、变配电机房等公共机电用房不宜设置在住宅主体建筑内，不宜设置在与住宅相邻的楼层内，在无法满足上述要求贴邻设置时，应增加隔声减震措施
	7.3.3	卧室、起居室（厅）的分户楼板的计权规范化撞击声压级宜小于75dB。当条件受到限制时，分户楼板的计权规范化撞击声压级应小于85dB，且应在楼板上预留可供今后改善的条件

---

[1] Rw：计权隔声量；C：粉红噪声频谱修正量；Ctr：交通噪声频谱修正量。
详见《民用建筑隔声设计规范》GB 50118—2010 术语和符号

第6章

物理性能
设计

6.1 基本概念
6.2 日照
6.3 采光通风
6.4 隔声
6.5 建筑和围护结
构热工节能设计

续表

规范名称	条目	内容
《住宅设计规范》GB 50096—2011	7.3.5	起居室（厅）不宜紧邻电梯布置。受条件限制起居室（厅）紧邻电梯布置时，必须采取有效的隔声和减震措施
《民用建筑隔声设计规范》GB 50118—2010	4.2.8	高要求住宅的卧室、起居室（厅）的分户楼板的计权规范化撞击声压级应小于65dB
	4.3.5	当厨房、卫生间与卧室、起居室（厅）相邻时，厨房、卫生间内的管道、设备等有可能传声的物体，不宜设在厨房、卫生间与卧室、起居室（厅）之间的隔墙上。对固定于墙上且可能引起传声的管道等物件，应采取有效的隔声、减震措施。主卧室内卫生间的排水管道宜做隔声包覆处理

墙体隔声

本节所述的墙体隔声主要针对空气声隔声。所提及的指标均为建筑构件空气声隔声性能评价值。

墙体隔声包括：外墙、分户墙、户内隔墙，见表6.4-3。

常用墙体的隔声性能表　　　　　　　　　表6.4-3

构造	构造简图	墙厚	计权隔声量+粉红噪声频谱修正量 Rw+C	计权隔声量+交通噪声频谱修正量 Rw+Ctr	可使用部位
钢筋混凝土		120	47	44	不满足外墙要求
钢筋混凝土-双面抹灰		160	48	45	满足外墙要求
钢筋混凝土		150	51	47	满足外墙要求
钢筋混凝土		200	55	52	满足外墙要求
蒸压加气混凝土砌块双面抹灰		230	48	46	满足外墙要求
蒸压加气混凝土砌块双面抹灰		120	42	40	不满足外墙要求 满足内墙要求
实心砖墙		250	52	50	满足外墙要求
轻集料空心砌块双面抹灰		230	46	45	满足外墙要求
轻集料空心砌块双面抹灰		130	44	43	不满足外墙要求 满足内墙要求
75系列轻钢龙骨单层石膏板墙，内填50厚玻璃棉		99	41	34	不满足外墙要求 满足内墙要求
75系列轻钢龙骨双层石膏板墙		123	44	37	不满足外墙要求 满足内墙要求

6.4　物理性能设计·隔声

第6章

物理性能
设计

6.1　基本概念
6.2　日照
6.3　采光通风
6.4　隔声
6.5　建筑和围护结
　构热工节能设计

当墙体隔声量为 35～40dB 时，隔壁房间大声讲话、放音乐听得很清楚，正常讲话有感觉，但听不出内容。因此，将分户墙的空气声隔声评价量定为 45dB，而户内隔墙可稍降低。

墙体材料的面密度决定了墙体的隔声性能。面密度增加 1 倍，隔声量增加 6dB。因此，重质墙，如混凝土墙、砌块墙，它们的隔声性能优于轻质墙，如轻钢结构墙。而混凝土墙也优于砌块墙。

从右表可以看出，住宅中常用的墙体：200 厚钢筋混凝土墙、200 厚加气混凝土砌块墙均可以满足外墙，和分户墙的隔声要求。

当墙体厚度减薄至 100 厚时，则无法满足要求。这种情况主要会出现在凸窗的侧板、上顶板、和下底板。

水泥砂浆抹灰层的厚度对砌块墙的隔声性能影响较大。190mm 厚陶粒空心砌块砌筑的墙体，表面不抹灰时隔声量低于 20 分贝，抹灰后，墙体的隔声量则可达到 50dB。

一般情况下，外墙有保温层时，墙体的隔声性能也会有所提高。

轻质分户墙可选用植物纤维复合空心条板或纸蜂窝水泥板复合板，由于这两种条板自身就有一定隔声作用，双层条板用岩棉夹芯后，计权隔声量可以达到 52dB 和 54dB，优于一级隔声标准。且这两种轻质隔声分户墙比较简便易行。

楼板隔声

钢筋混凝土楼板的空气隔声性能较好，120 厚楼板空气隔声量为 48dB，满足规范要求。但隔绝撞击声性能差，即固体声隔声性能很差，见表 6.4-4。

常用楼板的隔声性能表　　　　表 6.4-4

	构造	构造简图	计权规范化撞击声压级	是否满足隔绝撞击声要求
常用楼板	100 厚钢筋混凝土楼板		80～85	不满足
	1. 20 厚水泥砂浆 2. 100 厚钢筋混凝土楼板		80～82	不满足
	1. 地砖 2. 20 厚水泥砂浆结合层 3. 20 厚水泥砂浆 4. 100 厚钢筋混凝土楼板		82	不满足
	1. 地毯 2. 20 厚水泥砂浆 3. 100 厚钢筋混凝土楼板		52	满足
	1. 16 厚木地板 2. 20 厚水泥砂浆 3. 100 厚钢筋混凝土楼板		63	满足
隔声楼板	1. 40 厚配筋细石混凝土 2. 5 厚发泡橡胶减振垫板 3. 100 厚钢筋混凝土楼板		59	满足
	1. 40 厚配筋细石混凝土 2. 50 厚减振垫板 3. 100 厚钢筋混凝土楼板		47	满足
	1. 40 厚配筋细石混凝土 2. 20 厚专用隔声玻璃棉板 3. 100 厚钢筋混凝土楼板		46	满足

一般钢筋混凝土楼板铺硬质地面（地砖、花岗石板等）其撞击声压级达82dB，无法满足规范要求的75dB。这样的楼板，上层住户的脚步声、扫地声等都会对下层引起较大反应；拖动桌椅、孩子跑跳声等则难以忍受。对这类楼板，90%的居民表示不满。

当楼板撞击声压级小于65dB时，除敲打声外，一般声音都听不到。椅子跌倒、小孩跑跳声能听到，但声音较弱，居民基本都可以接受。

隔声降噪可采取的措施如下，见图6.4-1：

1. 在楼板上采用木地板和地毯，隔声效果较好。

2. 采用5mm厚单面带圆形凹坑的发泡橡胶减振垫板、电子交联发泡聚乙烯板、减振垫、隔声玻璃棉板等。可直接铺设在结构混凝土楼板上。

3. 既保温又隔声的楼面，即：在隔声减振垫板上，加铺20mm厚挤塑聚苯板，再浇40mm厚C20混凝土垫层，其隔声量可进一步降至60dB，隔声效果更佳。

……

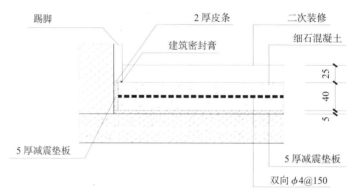

图 6.4-1 转角处隔声楼板构造图

管道隔声

建筑中的给水排水管道，暖气管道在穿过墙体和楼板时，用刚性连接也会传播固体声。为此，应采用柔性连接。应在楼板和墙体预埋套管，且套管内径应比管道外径大50mm。管道安装后，在管道和套管间填入沥青、麻丝类的隔振材料，图6.4-2。

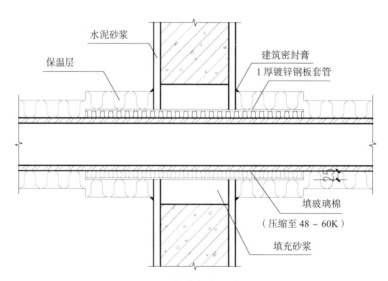

图 6.4-2 管道穿墙构造示意图

6.4 物理性能设计·隔声

第6章

物理性能
设计
6.1 基本概念
6.2 日照
6.3 采光通风
6.4 隔声
6.5 建筑和围护结
构热工节能设计

在管材选择上，可采用 UPVC 静音管、HDPE 静音管等。

卫生设备在与地面和墙面搭接处，可用油毡或橡胶条隔离，以减弱噪声。

电梯隔声

电梯在运行过程中必然会产生噪声。电梯井墙体一般可以满足空气声隔声要求，但是无法隔绝固体声。事实上，电梯使用过程中对住户的影响主要是低频振动通过主体结构传递的结构噪声。由于经济等原因，隔声措施很难到位。为此，在户型设计中就应注意，见图 6.4-3，图 6.4-4。

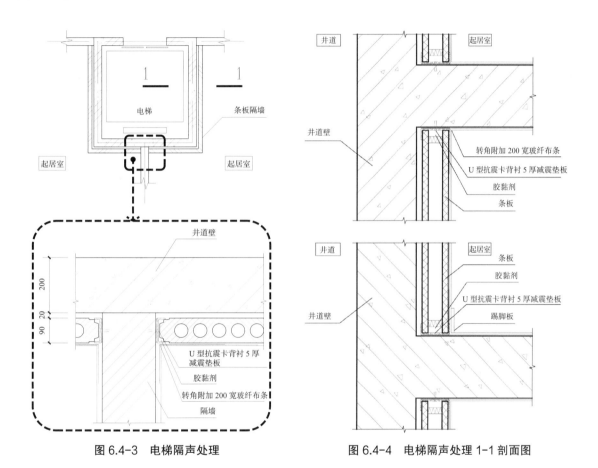

图 6.4-3 电梯隔声处理

图 6.4-4 电梯隔声处理 1-1 剖面图

1. 不应紧邻卧室布置，包括书房等房间。

2. 不建议紧邻起居室（厅）布置，包括与起居室（厅）相通的餐厅。

3. 电梯井道与起居室（厅）相邻布置时，必须采取有效的隔声和减震措施。

同时，对电梯本身应采取有效措施：

1. 电梯设备应采取隔振措施。在电梯导轨上安装橡皮隔声垫等减振降噪装置。

2. 电梯机房楼面应做隔声处理。可安装 50mm 厚减振垫板。

外门窗隔声

外门窗由于开启方式和使用材料的不同，隔声效果差异较大，见表 6.4-5。

从开启方式来看，平开门窗的隔声性能优于推拉门窗；

从使用材料来看，塑钢门窗的隔声性能优于铝合金门窗；中空玻璃、夹层玻璃的隔声性能优于单片玻璃。

常用外门窗隔声性能表		表 6.4-5
	计权隔声量	规范要求
防盗保温户门	20 ~ 25dB	25dB
铝合金中空玻璃推拉门窗	25 dB[1]	25dB/30dB
铝合金中空玻璃平开门窗	28 ~ 30dB	
塑钢单片玻璃平开门窗	22 dB	
塑钢中空玻璃推拉门窗	25 ~ 27dB	
塑钢中空玻璃平开门窗	30 ~ 32dB	

设备隔声

住宅单体设计中较少涉及大型设备隔声问题。

为住宅配套设计的设备用房，如水泵房、冷热源机房、变配电机房等，一般都应设在住宅主体结构范围外的地下室内，或者单独建设，以避免振动和噪声对住户的影响。

有时，水泵房、冷热源机房等会设在住宅屋顶上。此时，设备用房的楼面应做隔声处理。可安装 50mm 厚减振垫板。

同时，就设备本身而言，应选用低噪声、低振动的设备。设备基础采用隔振基础。设备用房的内墙面建议采用吸声墙面。

---

[1] 实际应用中检测，相当数量的推拉窗难以达到25dB 的计权隔声量。

第6章

物理性能
设计

6.1　基本概念
6.2　日照
6.3　采光通风
6.4　隔声
**6.5　建筑和围护结
构热工节能设计**

6.5　建筑和围护结构热工节能设计

气候分区

中国地域辽阔，在建筑热工设计前，应该先确定建筑项目所在地的气候分区。不同的气候分区对建筑的热工设计要求存在较大差异。

严寒地区，和寒冷地区气候分区的主要依据是不同的采暖度日数，和空调度日数。其他地区则根据不同区域的气候特点来划分，见表6.5-1。

气候分区对围护结构的热工要求　　　　　　　　　　　　表 6.5-1

	居住建筑	热工设计要求
严寒地区	分 A、B、C 三个区	必须充分满足冬季保温要求，一般可不考虑夏季防热
寒冷地区	分 A、B 两个区	应满足冬季保温要求，部分地区兼顾夏季防热
夏热冬冷地区		必须满足夏季防热要求，适当兼顾冬季保温
夏热冬暖地区	北区	必须充分满足夏季防热要求，同时兼顾冬季保温
	南区	必须充分满足夏季防热要求，可不考虑冬季保温
温和地区	分 A、B 两个区	部分地区应考虑冬季保温，一般可不考虑夏季防热

暂时，温和地区国家尚未制定节能设计标准。

建筑和围护结构热工设计在本章节中主要叙述最常见的内容。

体形系数

建筑物与室外大气接触的外表面积与其所包围的体积的比值 [1]。

建筑物的体形系数越小，建筑通过外围护结构损失的能量越少，建筑物就越节能。

影响体形系数的因素详见表 6.5-2：

影响体形系数因素列表　　　　　　　　　　　　表 6.5-2

高度	图例	每层面积	建筑高度	体形系数
相同面积下，建筑物越高，体形系数越小		906	100m	0.15
		906	3m	0.47
每层面积				
相同高度下，每层建筑面积越大，体形系数越小		31.36	3m	1.05

---

[1]　外表面积中不包括女儿墙，及地面。

第6章

物理性能
设计

6.1 基本概念
6.2 日照
6.3 采光通风
6.4 隔声
6.5 建筑和围护结
构热工节能设计

续表

高度	图例	每层面积	建筑高度	体形系数
体形				
相同建筑面积，相同高度下，体形越简单，凹凸越少，体形系数越小	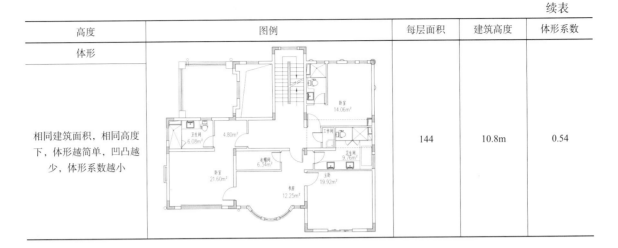	144	10.8m	0.54

由于建筑的每层面积，及层数千变万化，设计中对体形系数真正可控的是形体。尽量减少凹凸，使建筑形体相对规整，对减小体形系数，降低能耗是极为有利的。

体形系数的要求：从严寒地区向夏热冬暖地区，要求逐级降低，数值逐级变大；

从层数高到层数低，要求逐级降低，数值逐级变大。

外墙

本节中述及的外墙包含非透明幕墙[1]。

居住建筑外墙的传热系数限值要求，从严寒地区向夏热冬暖地区逐级降低。

在夏热冬冷地区、夏热冬暖地区、温和地区，根据墙体的热惰性指标 D 值[2]确定外墙的传热系数，见表6.5-3。设计中应尽量采用重质外墙，如各种混凝土墙、砌体墙等，以提高 D 值。从下表可以看出，即便是重质墙体，钢筋混凝土墙、混凝土空心砌块墙等 D 值也未能达到规范中的分界点——D=2.5，这意味着要提高外墙的传热系数限值要求，才能满足节能建筑的要求[3]。

墙体热惰性指标说明表　　　　　　　　　　　　　　　表6.5-3

墙体	热惰性指标 D
200 厚钢筋混凝土墙	2.12
200 厚加气混凝土砌块墙	3.33
190 厚多孔砖墙	2.81
190 厚混凝土空心砌块墙	1.79

注：上表中数值包括了内、外粉刷，但是，不包括保温层。

外墙节能技术

根据外墙保温系统的构造特点，主要采用以表6.5-4中几种节能技术：

应注意，无机保温砂浆用于外墙外保温时，厚度不应大于50mm。用于外墙内保温时，除厨房、卫生间等潮湿空间外，可改用石膏基无机保温砂浆，强度高，表面完成度好。无机保温砂浆可以替代墙体粉刷层，以减小对使用面积的影响，见表6.5-5。

[1] 在建筑热工设计中，非透明幕墙应按照外墙来设计。非透明幕墙内侧为实墙或封闭性实体墙，外侧为玻璃、石材、铝板等装饰板材。
[2] 热惰性指标 D 值是建筑物外围护结构抵抗室外温度波和热流波波动能力的一个指标。D 值越大，建筑物抵抗室外温度变化的能力越强，热稳定性越好，越有利于建筑节能。
[3] 详见《夏热冬冷地区居住建筑节能设计标准》JGJ 134—2010，《夏热冬暖地区居住建筑节能设计标准》JGJ 75—2012

第6章

物理性能
设计

6.1　基本概念
6.2　日照
6.3　采光通风
6.4　隔声
6.5　建筑和围护结
构热工节能设计

外墙保温主要方式　　　　　　　　　　　　　　　表6.5-4

	图例	主墙体	热桥部位处理	常用保温材料	设计要点
外墙自保温	热桥　保温层	250厚加气混凝土砌块（B06级）	热桥外做50厚保温层	EPS板、玻璃棉板、泡沫玻璃板	适用于框架结构
外墙外保温	保温层	200厚混凝土墙，或砌块墙		见下表	尽量减少混凝土出挑构件，如装饰线脚、凸窗等。窗口外侧四周墙面应进行保温处理
外墙内保温	保温层	200厚混凝土墙，或砌块墙	应做好热桥部位的保温节点构造	无机保温砂浆	适用于夏热冬暖地区
外墙复合保温	外　内　保温层　保温层	200厚混凝土墙，或砌块墙		无机保温砂浆	适用于夏热冬冷地区

外墙外保温主要采用的保温材料　　　　　　　　　表6.5-5

材料名称	干密度（kg/m³）	导热系数 W/(m·K)	蓄热系数 W/(m²·K)	修正系数	燃烧性能等级
EPS板	20	0.042	0.36	1	B2级
XPS板	35	0.03	0.32	1.2	B1、B2级
岩棉、玻璃棉板	80～200	0.045	0.75	1.2	A级
泡沫玻璃板	150	0.062	0.75	1.2	A级
胶粉EPS颗粒保温浆料	180～250	0.06	0.95	1.25	A级
泡沫水泥板	150	0.05	—	1.2	A级
膨胀玻化微珠	200～300	0.07	1.15	1.2	A级
无机保温砂浆	350～650	0.07～0.12	—	1.25	A级

其他墙体节能技术

在严寒和寒冷地区，可采用外墙夹芯保温技术。以190mm厚混凝土小型空心砌块为外页墙，90mm厚混凝土小型空心砌块为内页墙，在两页墙之间留出空腔，填充EPS板，EPS板与外页墙间留有20厚空气层。圈梁部位用混凝土挑梁连接内外页墙。

在夏热冬冷地区、特别在夏热冬暖地区和温和地区，宜注重采用隔热措施：

a. 外墙外表面采用浅色饰面材料及热反射涂料；

b. 设置绿化外墙；

c. 东、西向采用构件外遮阳，可结合太阳能利用。

屋面

居住建筑屋面的传热系数限值要求，从严寒地区向夏热冬暖地区逐级降低。

同外墙一样，应根据屋面的热惰性指标D值，来确定屋面的传热系数限值，且D值过小时，应进行隔热验算。

第6章

物理性能
设计

6.1 基本概念
6.2 日照
6.3 采光通风
6.4 隔声
6.5 建筑和围护结
构热工节能设计

　　在夏热冬冷地区，特别在夏热冬暖地区、和温和地区，宜注重采用隔热措施，见表6.5-6，表6.5-7。

屋面节能技术说明表		表6.5-6
形式	构造简图	设计要点
正置式	防水层　　保温层	保温层设在防水层之下
倒置式	防水层　　保温层	1. 保温层设在防水层之上。较高的温度对防水层的影响小，可以延长防水层的使用寿命。 2. 不应使用吸水率高、抗压强度较低的保温材料。 3. 保温层的设计厚度应比计算厚度增加25%

屋面节能主要采用的保温材料说明表						表6.5-7
材料名称	干密度 kg/m³	导热系数 W/(m·K)	蓄热系数 W/(m²·K)	修正系数	燃烧性能等级	备注
XPS板	35	0.03	0.32	1.2	B1.B2级	
硬泡聚氨酯板（PU板）	30	0.025	0.27	1.2	B1.B2级	
岩棉、玻璃棉板	80~200	0.045	0.75	1.2	A级	不能用于倒置式屋面
泡沫玻璃板	150	0.062	0.75	1.2	A级	
泡沫水泥板	150	0.05	—	1.2	A级	
膨胀玻化微珠	200~300	0.07	1.15	1.2	A级	不能用于倒置式屋面
轻骨料混凝土找坡层	1000	≤0.30	≤5.0	1.5	A级	

　　a. 屋面采用架空屋面，见表6.5-8，表6.5-9；

　　b. 屋顶内设置贴铝箔的封闭空气间层；

　　c. 设置种植屋面；

　　d. 设置屋面遮阳，可结合太阳能利用。

接触室外空气的架空或外挑楼板节能技术说明表		表6.5-8
形式	构造简图	设计要点
上置式	保温层	保温层设在楼板之上，抗压强度应满足楼地面的要求
下置式	吊顶　　保温层	1. 保温层设在楼板之下，建议采用。 2. 由于保温层厚度一般较厚，当采用下置式时，不仅保温层应与楼板有效固定，且在其下应结合外立面设计设置吊顶，杜绝安全隐患

接触室外空气的架空或外挑楼板主要采用的保温材料说明表　　　　表 6.5-9

材料名称	干密度 kg/m³	导热系数 W/(m·K)	蓄热系数 W/(m²·K)	修正系数	燃烧性能等级	备注
XPS 板	35	0.03	0.32	1.2	B1.B2 级	
EPS 板	20	0.042	0.36	1	B2 级	应置于板下
硬泡聚氨酯板（PU 板）	30	0.025	0.27	1.2	B1.B2 级	应置于板下
岩棉、玻璃棉板	100 ~ 200	0.045	0.75	1.2	A 级	
泡沫玻璃板	150	0.062	0.75	1.2	A 级	
泡沫水泥板	150	0.05	—	1.2	A 级	
无机保温砂浆	550	0.1	—	1.25	A 级	

接触室外空气的架空或外挑楼板

作为外围护结构的一部分，应采取有效的节能措施。

窗墙比、外门窗

外门窗传热系数的确定与窗墙比密切相关（表 6.5-10）。

由于外门窗的热工性能相比外墙较差，应将窗墙比控制在较合理范围内。窗墙比越大，通过外门窗损失的能量越多，对外门窗的热工要求越高。但也并非越小越好（表 6.5-11）。

窗墙比的计算有以下两种方式，采用何种方式应根据相关规范规定：

窗墙比说明表　　　　表 6.5-10

外门窗	北方采暖建筑	南方空调建筑	窗墙比
东、西向		尽量小	尽量控制在 0.25 以内
南向	不宜太小	不宜太大	尽量控制在 0.40 以内
北向	尽量小		尽量控制在 0.30 以内
凸窗	应尽量避免设置，否则传热系数应比同向外窗降低 10% ~ 15%		

朝向窗墙比：单一朝向立面上窗户面积与该朝向外墙建筑立面面积[1] 之比。

开间窗墙比[2]：房间窗户洞口面积与该窗户所在房间立面单元（轴间距）外墙面积之比。

外门窗宜采用中空玻璃，中间空气层厚度不宜小于 9mm，也不宜大于 16mm。当需要进一步提高保温性能时，可采用 Low-e 中空玻璃、充氩气的 Low-e 中空玻璃、两层或多层中空玻璃等。严寒地区可设置双层外窗。

外门窗型材的选用，传热系数从小到大依次为：木 - 金属复合型材、塑料型材、隔热铝型材、普通铝型材等。

外门窗共有六大物理性能指标要求。[3]

外窗性能指标说明表　　　　表 6.5-11

	规范要求	范例
保温性	根据外门窗的传热系数 K 值确定	6 级，即 $3.5 > K \geq 3.0W/(m^2 \cdot K)$
		7 级，即 $3.0 > K \geq 2.5W/(m^2 \cdot K)$

---

[1]　外墙面积不包括女儿墙、地面以下外墙面积，窗户面积按洞口面积计。

[2]　在所有国标居住建筑节能设计标准中，窗墙比均按照开间窗墙比控制。

[3]　分级指标要求详见相关规范。

第 6 章

物理性能
设计

6.1　基本概念
6.2　日照
6.3　采光通风
6.4　隔声
6.5　建筑和围护结
构热工节能设计

续表

	规范要求		范例	
气密性	严寒地区居住建筑	不低于 6 级[1]		
	7 层及以上高层居住建筑			
	6 层及以下多层居住建筑	不低于 4 级[2]		
水密性	应计算确定。主要与建筑物的高度、所在城市的基本风压相关。建筑物越高、所在城市的基本风压越高，则水密性及抗风压性能要求越高，级数越高		上海，18 层住宅	不低于 3 级
			上海，100m 住宅	不低于 4 级
抗风压性	同水密性		上海，18 层住宅	不低于 3 级
			上海，100m 住宅	不低于 5 级
隔声性	不低于 2 级		2 级，即 $30 > R_w \geq 25dB$	
采光性	根据门窗的透光折减系数分级			

外遮阳

在夏热冬暖地区、夏热冬冷地区及寒冷（B）区，东、西、南向外门窗应考虑设置外遮阳，见表 6.5-12。

外遮阳可采用玻璃遮阳，选用遮阳系数较低的中透光、低透光 Low-e 玻璃，来满足遮阳系数限值的要求。但是南向外门窗希望在冬季获得更多太阳能，过低的玻璃遮阳系数是极为不利的。因此我们还是提倡设置外遮阳。

外遮阳技术

外遮阳技术对比　　　　　　　　　　　　　　表 6.5-12

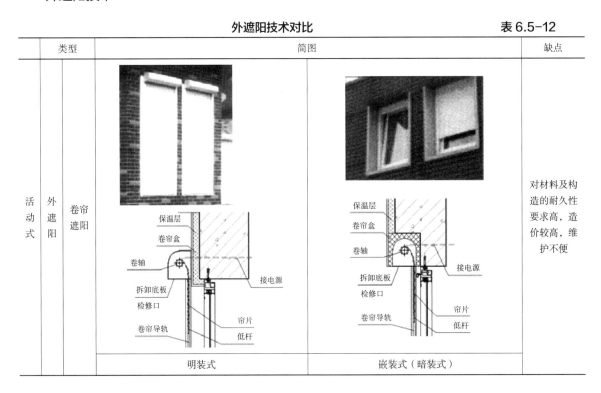

[1]　6 级，即单位缝长 $1.5 \geq q_1 > 1.0m^3/(m·h)$，单位面积 $4.5 \geq q_2 > 3.0m^3/(m^2·h)$；
[2]　4 级，即单位缝长 $2.5 \geq q_1 > 2.0m^3/(m·h)$，单位面积 $7.5 \geq q_2 > 6.0m^3/(m^2·h)$。

第6章

物理性能
设计

6.1 基本概念
6.2 日照
6.3 采光通风
6.4 隔声
6.5 建筑和围护结
构热工节能设计

续表

类型			简图	缺点
活动式	外遮阳	织物遮阳	 导轨（导索）导向式	对材料及构造的耐久性要求高，造价较高，维护不便
			 斜臂式	
			 折臂式	

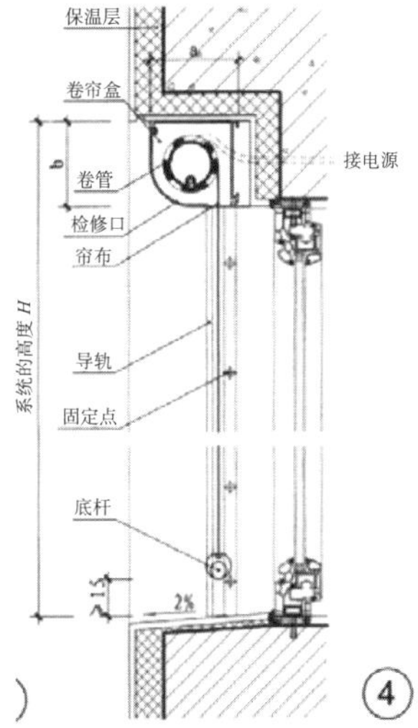

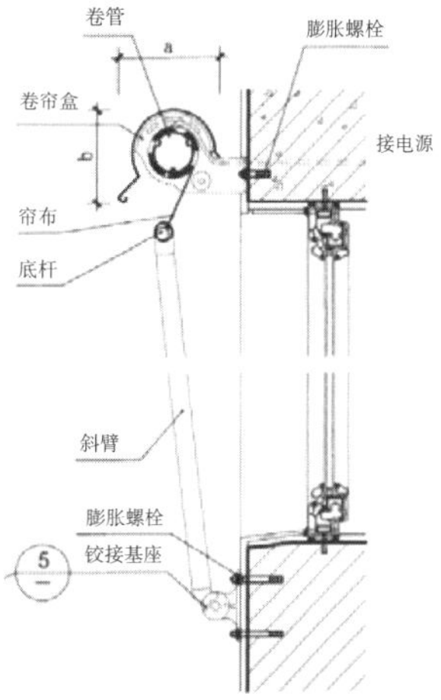

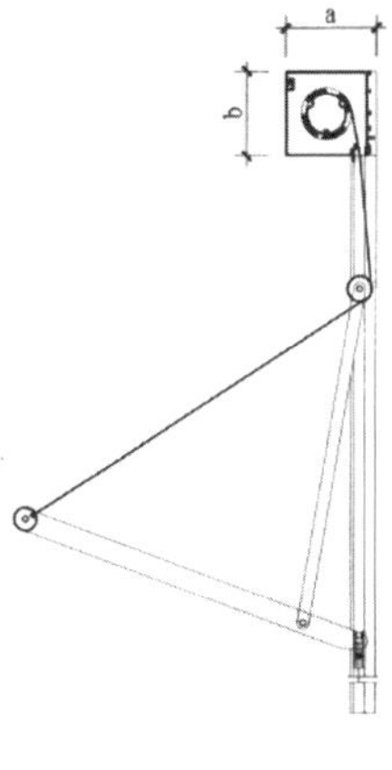

173

第6章

物理性能
设计

6.1 基本概念
6.2 日照
6.3 采光通风
6.4 隔声
6.5 建筑和围护结
构热工节能设计

续表

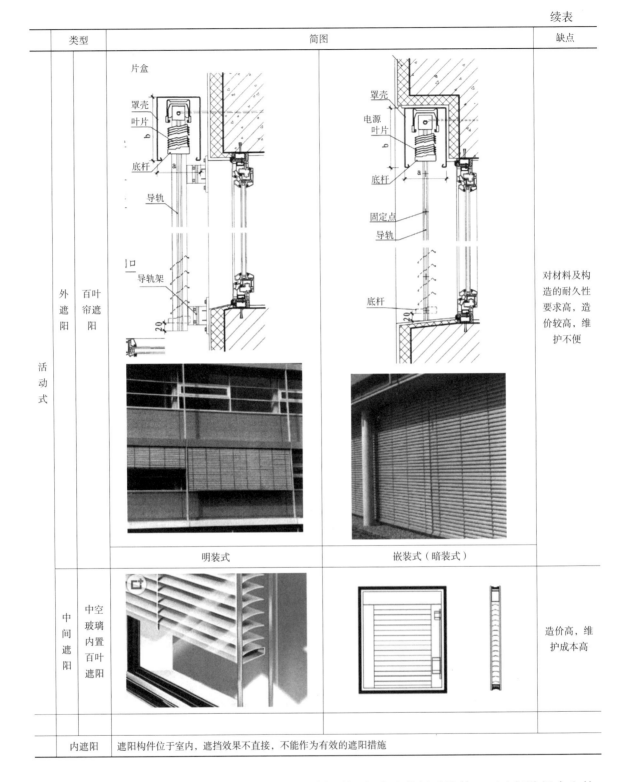

类型		简图		缺点
活动式	外遮阳	百叶帘遮阳	明装式 / 嵌装式（暗装式）	对材料及构造的耐久性要求高，造价较高，维护不便
	中间遮阳	中空玻璃内置百叶遮阳		造价高，维护成本高
	内遮阳	遮阳构件位于室内，遮挡效果不直接，不能作为有效的遮阳措施		

除上述活动式外遮阳系统外，还有铝合金机翼系统、铝合金格栅系统等。百叶板除铝合金外，还可采用玻璃、有机材料、或其他金属材料。这些系统主要用在公共建筑中。

分隔空调采暖与非空调采暖空间的楼板

在夏热冬冷地区应考虑节能措施，规范要求 $K \geq 2.0W/(m^2 \cdot K)$。
保温材料一般设在楼板上，见表6.5-13。
在严寒和寒冷地区、夏热冬冷地区可考虑设置地采暖。

楼板构造说明表　　　　　　　　　　　　表 6.5-13

楼板构造简图	保温材料	保温层厚度（mm）	楼板传热系数 K
保温层	XPS	20	1.12
	岩棉板	20	1.47
	高强度珍珠岩板	40	1.70
	架空木地板		1.68
保温层	无机保温砂浆	20	1.96

非采暖地下室顶板

在严寒和寒冷地区，采暖居住建筑为减少室内热量损失，降低建筑能耗，非采暖地下室顶板应采取保温措施。构造措施同接触室外空气的架空或外挑楼板。

分隔空调采暖与非空调采暖空间的隔墙，分户墙

在严寒和寒冷地区，采用集中供暖，分户墙不存在热量流失。但是公共空间未必有采暖，住户与公共空间的隔墙应采取节能措施。

在其他地区，不仅住户与公共空间的隔墙，住宅分户墙也应采取节能措施，见表 6.5-14。

分户墙构造说明表　　　　　　　　　　　　表 6.5-14

墙体构造简图	保温层总厚度（mm）[1]	主墙体传热系数 K
加气混凝土砌块（B06级）200厚	—	0.97
户内　户内　公共部位　保温层	15	1.85
	30	1.39
	40	1.19

地面

在严寒和寒冷地区，采暖居住建筑的周边地面应采取保温措施，见表 6.5-15。

保温构造措施说明表　　　　　　　　　　　　表 6.5-15

地面构造简图	保温材料	保温层厚度（mm）	地面热阻 R
保温层	XPS	35	1.14
	泡沫玻璃板	75	1.17
	加气混凝土砌块（B05级）	250	1.20

---

[1] 此处保温层采用无机保温砂浆。

175

6.5 物理性能设计 · 建筑和围护结构热工节能设计

第6章

物理性能
设计

6.1 基本概念
6.2 日照
6.3 采光通风
6.4 隔声
6.5 建筑和围护结
构热工节能设计

在夏热冬冷地区和夏热冬暖地区，为避免地面结露，应采取下述措施：

1. 地面热阻应不少于外墙热阻的 1/2，采用 20mm 厚 XPS 板、或 35mm 厚泡沫玻璃板，地面热阻可达到 0.60（m²·K）/W 以上。

2. 不宜采用面砖、石材等吸湿性差的硬质面层。

3. 采用木地板面层时，下面的垫层应设防潮层。

地下室外墙

在严寒和寒冷地区，采暖居住建筑的地下室外墙应采取保温措施。保温构造措施如下：（保温层同时是防水层的保护层），见表 6.5-16。

地下室外墙构造措施说明表 表 6.5-16

地下室外墙构造简图	保温材料	保温层厚度	地下室外墙热阻 R
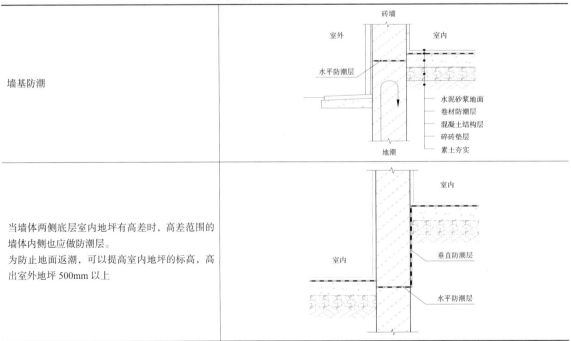	XPS	50	1.69
	EPS	50	1.30

建筑防潮，防结露

6.1. 当墙体采用吸水性强的材料，特别在我国南方和沿海地区，空气湿度大，地下水位较高，底层墙基及地面应考虑防潮设计，见表 6.5-17。

建筑防潮构造说明表 表 6.5-17

墙基防潮	
当墙体两侧底层室内地坪有高差时，高差范围的墙体内侧也应做防潮层。 为防止地面返潮，可以提高室内地坪的标高，高出室外地坪 500mm 以上	

6.5 物理性能设计·建筑和围护结构热工节能设计

第6章

物理性能
设计

6.1 基本概念
6.2 日照
6.3 采光通风
6.4 隔声
6.5 建筑和围护结构热工节能设计

续表

地面构造中做防潮层	素混凝土50厚保护层 卷材防潮层 水泥砂浆上刷冷底子油一道 素混凝土100厚 碎砖三合土垫层 素土夯实

防潮层一般设在室内地坪下 60mm 处，常见做法为：

1. 20 厚 1：2.5 水泥砂浆内掺水泥重量 3% ~ 5% 的防水剂。

2. 60 厚 C20 细石混凝土，内配 3ϕ6 统长钢筋、ϕ6 分布钢筋 @250。

3. 当墙基为混凝土、钢筋混凝土、或石砌体时，可不做墙体防潮层。

根据《建筑外墙防水工程技术规程》JGJ/T 235-2011，下述建筑外墙面宜进行整体防水，见表 6.5-18。

墙面防水说明表　　　　　　　　　　　　　表 6.5-18

进行整体防水的外墙面	基本风压（kN/m²）	年降水量（mm）
高层建筑外墙		≥ 800
外墙	≥ 0.50	≥ 600
有外保温的外墙	≥ 0.40	≥ 400
	≥ 0.35	≥ 500
	≥ 0.30	≥ 600

我国青海、甘肃、宁夏、新疆四省年降水量较低，除部分城市外，年降水量均在 400mm 以下，可不对外墙面进行整体防水。

其他大部地区年降水量，及基本风压均高于规范要求。特别在上海、重庆、江苏、浙江、安徽、江西、福建、湖北、湖南、广东、广西、海南、贵州等省，全省年降水量多在 1000mm 以上，基本风压也较高，应对外墙面进行整体防水。

防水层材料主要采用聚合物水泥防水砂浆或普通防水砂浆。也可以使用聚合物水泥防水涂料或聚氨酯防水涂料，见表 6.5-19。

防水层厚度说明表　　　　　　　　　　　　表 6.5-19

基层墙体	饰面层	聚合物水泥防水砂浆		普通防水砂浆	防水涂料
		干粉类	乳液类		
现浇混凝土墙	涂料	3	5	8	1.0
	面砖				—
砌体墙	涂料	5	8	10	1.2
	面砖				—

在外墙有凸出构件时，应做好结合部位的防水。

卧室、起居室、厨房不应设在地下室。

第 7 章　各阶段设计成果标准

7.1 建筑专业方案设计

一般要求

住宅建筑方案设计文件，除满足一般规定外[1]还需针对住宅建筑的特殊性，通过平面图纸、总平面图纸、文字说明、经济技术指标等，反映出方案设计阶段住宅建筑的设计内容。

设计说明书的组成

住宅建筑设计说明书包含了设计总说明、总平面设计说明、建筑设计说明、指标等，见表 7.1-3。

计容面积

地上各类建筑的计算容积率的建筑面积，见表 7.1-1，表 7.1-2。

计容面积构成图		表 7.1-1
计容面积	各建筑单体的计容面积	
	市政用房建筑面积	
	配套用房建筑面积	
	地下车库出地面的疏散楼梯间面积	

住宅建筑单体计容需特别注意的问题		表 7.1-2
建筑层高	多地出台规定，层高超过 3.6m 应计两层面积[2]	
阳台与露台	如何定义阳台或露台；阳台、露台计一半面积或全部面积应查询各地相关规定	
出屋面的建筑	部分地区规定，出屋面的建筑面积≤标准层面积的 1/8，可不计容	
架空层	应计算全面积，但是否计容应查询各地相关规定	
坡顶建筑	坡屋顶空间应封闭，否则应计算面积	

---

[1] 参见住建部《建筑工程设计文件编制深度规定》（2016）版。
[2] 查询各地相关规定，局部空间如挑高二层的中庭同样按照规定执行。

第7章

各阶段设计
成果标准

7.1 建筑专业方案
设计
7.2 建筑专业施工
图设计
7.3 结构专业方案
设计
7.4 结构专业施工
图设计
7.5 机电专业

设计说明书构成图 表 7.1-3

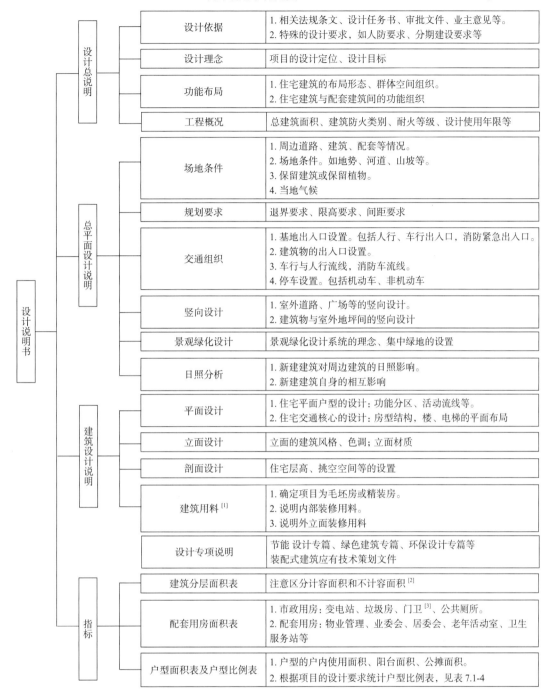

设计说明书	设计总说明	设计依据	1. 相关法规条文、设计任务书、审批文件、业主意见等。 2. 特殊的设计要求, 如人防要求、分期建设要求等
		设计理念	项目的设计定位、设计目标
		功能布局	1. 住宅建筑的布局形态、群体空间组织。 2. 住宅建筑与配套建筑间的功能组织
		工程概况	总建筑面积、建筑防火类别、耐火等级、设计使用年限等
	总平面设计说明	场地条件	1. 周边道路、建筑、配套等情况。 2. 场地条件。如地势、河道、山坡等。 3. 保留建筑或保留植物。 4. 当地气候
		规划要求	退界要求、限高要求、间距要求
		交通组织	1. 基地出入口设置。包括人行、车行出入口, 消防紧急出入口。 2. 建筑物的出入口设置。 3. 车行与人行流线, 消防车流线。 4. 停车设置。包括机动车、非机动车
		竖向设计	1. 室外道路、广场等的竖向设计。 2. 建筑物与室外地坪间的竖向设计
		景观绿化设计	景观绿化设计系统的理念、集中绿地的设置
		日照分析	1. 新建建筑对周边建筑的日照影响。 2. 新建建筑自身的相互影响
	建筑设计说明	平面设计	1. 住宅平面户型的设计: 功能分区、活动流线等。 2. 住宅交通核心的设计: 房型结构, 楼、电梯的平面布局
		立面设计	立面的建筑风格、色调; 立面材质
		剖面设计	住宅层高、挑空空间等的设置
		建筑用料 [1]	1. 确定项目为毛坯房或精装房。 2. 说明内部装修用料。 3. 说明外立面装修用料
		设计专项说明	节能 设计专篇、绿色建筑专篇、环保设计专篇等 装配式建筑应有技术策划文件
	指标	建筑分层面积表	注意区分计容面积和不计容面积 [2]
		配套用房面积表	1. 市政用房: 变电站、垃圾房、门卫 [3]、公共厕所。 2. 配套用房: 物业管理、业委会、居委会、老年活动室、卫生服务站等
		户型面积表及户型比例表	1. 户型的户内使用面积、阳台面积、公摊面积。 2. 根据项目的设计要求统计户型比例表, 见表 7.1-4

户型面积表 表 7.1-4

户型编号	户型	套内面积	阳台面积	公摊面积	建筑面积	标准层建筑面积
C1	三房两厅一卫	80.24	7.39	10.76	98.39	
C2	两房两厅一卫	66.56	6.32	8.73	81.61	532.78
C3	两房两厅一卫	70.46	7.59	8.34	86.39	
总计		217.26	21.30	27.83	266.39	

[1] 初步设计阶段在住宅设计中不是必要阶段。很多项目方案报批结束后会直接进入施工图阶段。
如果项目有初步设计阶段。此项内容可放入初步设计阶段。
[2] 住宅计容建筑面积应准确计算, 在施工图阶段不应突破, 且不应有太大差异。
[3] 成品门卫可不计容。

一般要求

住宅建筑方案设计图纸，除常规的总平面图、平立剖面图外，需要补充总平面功能分区图、总平面户型分析图、日照分析图、户型平面图等，与住宅设计密切相关的内容，见图 7.1-1。

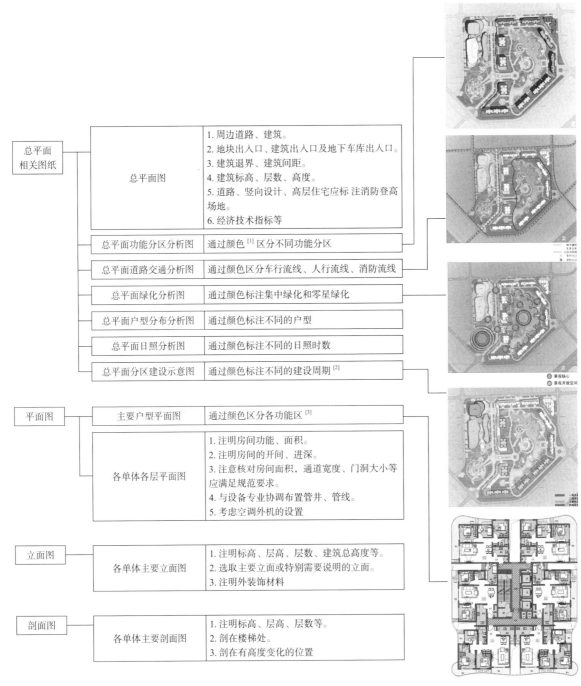

图 7.1-1 设计图纸构成图

---

[1] 除日照分析图外，可采用黑白图纸，通过不同图案区分。

[2] 当项目计划分期建设时，应补充本图。

[3] 根据需要决定是否绘制。

7.2　建筑专业施工图设计

一般要求

住宅建筑施工图设计文件，除满足一般规定外[1]，还需针对住宅建筑的特殊性，在建筑施工说明、总平面图纸、单体设计图等设计文件中清晰表达设计想法，达到施工要求的设计深度，见图 7.2-1，图 7.2-2。

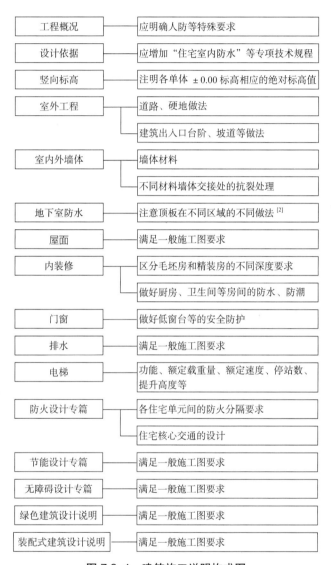

工程概况	应明确人防等特殊要求
设计依据	应增加"住宅室内防水"等专项技术规程
竖向标高	注明各单体 ±0.00 标高相应的绝对标高值
室外工程	道路、硬地做法
	建筑出入口台阶、坡道等做法
室内外墙体	墙体材料
	不同材料墙体交接处的抗裂处理
地下室防水	注意顶板在不同区域的不同做法[2]
屋面	满足一般施工图要求
内装修	区分毛坯房和精装房的不同深度要求
	做好厨房、卫生间等房间的防水、防潮
门窗	做好低窗台等的安全防护
排水	满足一般施工图要求
电梯	功能、额定载重量、额定速度、停站数、提升高度等
防火设计专篇	各住宅单元间的防火分隔要求
	住宅核心交通的设计
节能设计专篇	满足一般施工图要求
无障碍设计专篇	满足一般施工图要求
绿色建筑设计说明	满足一般施工图要求
装配式建筑设计说明	满足一般施工图要求

图 7.2-1　建筑施工说明构成图

---

[1]　参见住建部《建筑工程设计文件编制深度要求》（2016）版。

[2]　地下室顶板上方为室外绿地、室外广场、道路或建筑物架空层等，做法均不相同。

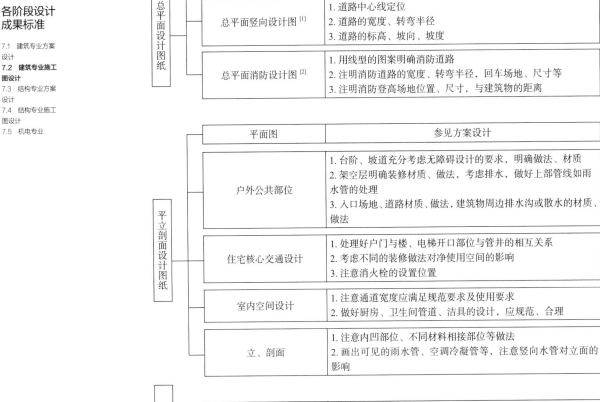

总平面设计图纸	总平面图	参见方案设计
	总平面竖向设计图 [1]	1. 道路中心线定位 2. 道路的宽度、转弯半径 3. 道路的标高、坡向、坡度
	总平面消防设计图 [2]	1. 用线型的图案明确消防道路 2. 注明消防道路的宽度、转弯半径,回车场地、尺寸等 3. 注明消防登高场地位置、尺寸,与建筑物的距离

平立剖面设计图纸	平面图	参见方案设计
	户外公共部位	1. 台阶、坡道充分考虑无障碍设计的要求,明确做法、材质 2. 架空层明确装修材质、做法,考虑排水,做好上部管线如雨水管的处理 3. 入口场地、道路材质、做法,建筑物周边排水沟或散水的材质、做法
	住宅核心交通设计	1. 处理好户门与楼、电梯开口部位与管井的相互关系 2. 考虑不同的装修做法对净使用空间的影响 3. 注意消火栓的设置位置
	室内空间设计	1. 注意通道宽度应满足规范要求及使用要求 2. 做好厨房、卫生间管道、洁具的设计,应规范、合理
	立、剖面	1. 注意内凹部位、不同材料相接部位等做法 2. 画出可见的雨水管、空调冷凝管等,注意竖向水管对立面的影响

节点详图	平面详图	1. 楼电梯详图 2. 厨、卫详图 3. 阳台、空调板等平面详图
	节点详图	1. 阳台、空调板等断面 2. 线脚等细部节点处理

图 7.2-2 施工图图纸文件构成图

---

[1] 当项目较简单,场地较平坦时,可与总平面图合并出图。

[2] 根据当地主管部门要求是否单独绘制。

7.3 结构专业方案设计

一般要求

在方案设计阶段，结构专业设计文件主要是结构方案设计说明，见图 7.3-1，主要包括工程概况、设计依据、上部结构方案、基础及地下室、材料等，其具体内容如右图。体现在方案文本中一般是单独的文字篇章[1]。

超高层住宅在方案阶段宜进行试算，以确定基本的竖向构件布置方案和构件尺寸。

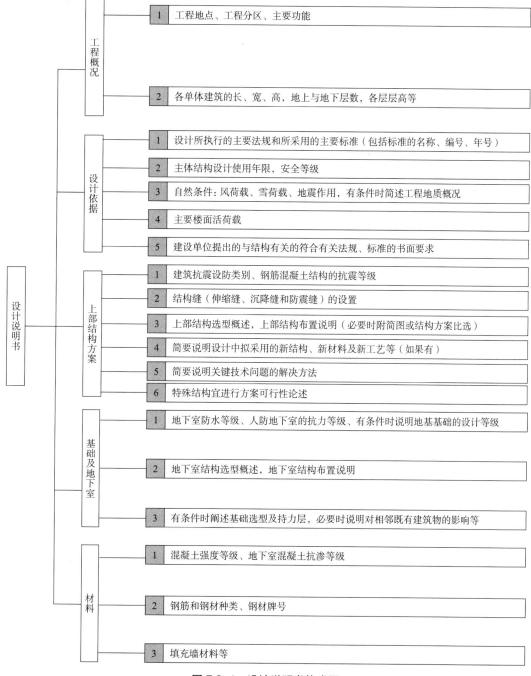

设计说明书

- **工程概况**
  1 工程地点、工程分区、主要功能
  2 各单体建筑的长、宽、高，地上与地下层数，各层层高等

- **设计依据**
  1 设计所执行的主要法规和所采用的主要标准（包括标准的名称、编号、年号）
  2 主体结构设计使用年限，安全等级
  3 自然条件：风荷载、雪荷载、地震作用，有条件时简述工程地质概况
  4 主要楼面活荷载
  5 建设单位提出的与结构有关的符合有关法规、标准的书面要求

- **上部结构方案**
  1 建筑抗震设防类别、钢筋混凝土结构的抗震等级
  2 结构缝（伸缩缝、沉降缝和防震缝）的设置
  3 上部结构选型概述，上部结构布置说明（必要时附简图或结构方案比选）
  4 简要说明设计中拟采用的新结构、新材料及新工艺等（如果有）
  5 简要说明关键技术问题的解决方法
  6 特殊结构宜进行方案可行性论述

- **基础及地下室**
  1 地下室防水等级、人防地下室的抗力等级、有条件时说明地基基础的设计等级
  2 地下室结构选型概述，地下室结构布置说明
  3 有条件时阐述基础选型及持力层，必要时说明对相邻既有建筑物的影响等

- **材料**
  1 混凝土强度等级、地下室混凝土抗渗等级
  2 钢筋和钢材种类、钢材牌号
  3 填充墙材料等

图 7.3-1 设计说明书构成图

---

[1] 参见住建部《建筑工程设计文件编制深度要求》（2008）版。

7.4 结构专业施工图设计

一般要求

在施工图设计阶段，结构专业设计文件应包括图纸目录[1]、设计说明、设计图纸、计算书，见表 7.4-1 ~ 表 7.4-3。

施工总说明   表 7.4-1

总说明	工程概况	1. 工程地点、工程分区、主要功能； 2. 各单体建筑的长、宽、高，地上与地下层数，各层层高等； 3. 建筑分类等级：建筑结构安全等级、地基基础设计等级、地下室防水等级、建筑防火分类等级和耐火等级、建筑抗震设防类别、钢筋混凝土结构抗震等级、人防地下室的设计类别和抗力等级
	设计依据	1. 设计所执行的主要法规和所采用的主要标准（包括标准的名称、编号、年号）； 2. 工程地质勘察报告； 3. 场地地震安全性评价报告和风洞试验报告（必要时提供）； 4. 初步设计的审查、批复文件； 5. 对于超限高层建筑，应有超限高层建筑工程抗震设防专项审查意见
	荷载取值	1. 楼（屋）面活荷载； 2. 基本风压（包括地面粗糙度）、基本雪压； 3. 抗震设防烈度（包括基本地震加速度、地震分组、场地类别、场地特征周期等）
	图纸说明	1. 图纸中标高、尺寸的单位； 2. 设计 ±0.000 标高所对应的绝对标高值； 3. 结构整体计算的嵌固部位等； 4. 结构整体计算及其他计算所采用的程序名称、版本号、编制单位
	材料	1. 图混凝土强度等级、防水混凝土的抗渗等级； 2. 砌体的种类、强度等级、干密度，砌筑砂浆的种类、强度等级； 3. 钢筋种类、设计强度及对应的产品标准和要求； 4. 焊条、预埋件、吊钩等材料要求
	构造要求	1. 各类混凝土构件的环境类别及其受力钢筋的保护层最小厚度； 2. 钢筋的锚固长度、搭接长度、连接方式及要求
	基础与地下室工程	1. 各工程地质及水文地质概况，防腐蚀的要求等； 2. 基础形式、基础持力层、地基承载力特征值； 3. 桩型、桩端持力层、单桩承载力特征值； 4. 基坑、承台坑回填要求；基础大体积混凝土的施工要求； 5. 对不良地基的处理措施及技术要求； 6. 地下室抗浮（防水）设计水位及抗浮措施，施工期间的降水要求及终止降水的条件等； 7. 竖向构件与基础的连接，桩与基础的连接构造要求； 8. 基础筏板、基础梁、地下室外墙的构造要求
	钢筋混凝土工程	1. 各梁、板、柱、剪力墙的钢筋构造要求； 2. 构件开洞加强、梁板弯折、楼板特殊部位加强等通用节点详图
	砌体工程	1. 各砌体填充墙与框架梁、柱、剪力墙的连接要求或注明所引用的标准图； 2. 砌体墙上门窗洞口过梁要求或注明所引用的标准图； 3. 需要设置的构造柱，圈梁（拉梁）要求及附图或注明所引用的标准图
	其他相关内容	1. 各梁、板的起拱要求及拆模条件； 2. 沉降观测要求、沉降后浇带、施工后浇带的节点详图和施工要求； 3. 预埋件、设备基础的统一要求； 4. 防雷接地要求、电梯设备构造要求； 5. 施工需特别注意的问题

---

[1] 图纸目录按照集团《设计图纸文件命名规则》编制图纸编号。

计算书 表7.4-2

分项名称		分项内容
电算软件		列出基础、上部结构、构件计算所采用的软件及其版本信息
项目概况		1. 工程地点、场地标高关系。 2. 主要设计参数：基本风压、基本雪压、抗震设防烈度、抗震设防类别等
荷载取值		楼（屋）面活荷载、楼（屋）面恒荷载、填充墙及幕墙荷载
基础设计	天然地基基础设计	1. 地基和基础承载力特征值计算。 2. 基础沉降量及偏心率计算。 3. 地基软弱下卧层验算。 4. 独基、条基、筏基基础及基础梁（拉梁）抗弯、抗剪、冲切、局部承压计算。 5. 地下室计算（抗浮计算；外墙、底板强度、配筋、裂缝验算）
	桩基础设计	1. 单桩承载力特征值计算、抗拔桩裂缝控制计算。 2. 桩基础抗压、抗拔承载力计算，桩基础水平承载力与位移验算。 3. 基础沉降量及偏心率计算。 4. 承台或筏板抗弯、抗剪、抗冲切计算、局部承压验算。 5. 防水底板地下室基础梁、板强度、裂缝计算（抗压、抗浮）
上部结构设计		1. 整体计算信息及周期、位移等计算结果。 2. 各层平面简图。 3. 各层荷载简图。 4. 各层现浇梁板计算配筋面积图、墙边缘构件计算配筋面积图。 5. 房屋高度≥150m 的高层建筑结构风振舒适度计算。 6. 弹性楼板应力计算结果（平面抗震薄弱、或超长结构温度应力验算等）。 7. 薄弱层验算结果。 8. 框剪结构的框架柱倾覆弯矩及地震剪力百分比（$0.2V_0$调整系数）。 9. 框架柱、剪力墙的轴压比等，嵌固时的抗侧刚度比计算
人防结构计算		1. 人防等级、人防等效静荷载及人防墙厚取值。 2. 人防顶板、人防底板平面简图和荷载简图。 3. 人防顶板、人防底板考虑人防荷载时的计算配筋面积图。 4. 临空墙、人防隔墙、门框墙等人防构件计算
超限结构计算分析（如有）		1. 两个不同力学模型程序计算结果。 2. 根据超限高层抗震审查意见确定的性能目标及要求，提供相关计算结果
其他构件计算		楼梯、雨篷、汽车坡道、挡土墙、预埋件、女儿墙、牛腿支座等的计算

施工图图纸包括内容 表7.4-3

分项名称	分项内容
桩位结构平面图	1. 桩定位尺寸及桩编号、桩顶标高。 2. 先做试桩时，单独绘制试桩定位平面图
桩详图	桩规格；桩承载力；桩基检测要求；桩基施工要求
基础梁配筋平面图和基础底板配筋平面图（梁板式） 基础底板配筋平面图（平板式） 独立、条形基础结构平面图	1. 基础构件（包括承台、基础梁等）的位置、尺寸、标高、构件编号、配筋等。 2. 基础底标高不同时，应绘出放坡示意图。 3. 施工后浇带的定位及宽度，地沟、地坑和设备基础的定位、尺寸、标高。 4. 基础设计说明包括基础持力层、地基承载力特征值、持力层验槽要求、基底及基槽回填土的处理措施与要求，以及对施工的有关要求等
基础详图	承台详图；独基、条基详图；基坑详图；坡道详图；地下室外墙详图
竖向结构平面图	1. 柱、剪力墙的定位尺寸和起止标高。 2. 柱编号、约束边缘构件或构造边缘构件编号。 3. 剪力墙的编号规格及配筋。 4. 需进行沉降观测时注明观测点位置
竖向构件详图	框架柱、异形柱或剪力墙边缘构件各标高段的尺寸和配筋
砌体结构承重墙平面图	1. 承重墙的规格，构造柱的设置（可与上部结构梁板平面图结合绘制）。 2. 需进行沉降观测时注明观测点位置

续表

分项名称	分项内容
梁平面配筋图	1. 注明定位轴线及梁的定位、编号、尺寸、配筋等并注明其结构标高。 2. 砌体结构应注明圈梁的布置及配筋。 3. 地下室顶板应注明覆土要求（荷载）、超厚时的处理及停止降水的条件
板平面配筋图	1. 注明板厚、板面标高、配筋，标高或板厚变化处绘局部剖面，有预留孔、埋件，已定设备基础时应示出规格与位置。 2. 必要时应在平面图中表示施工后浇带的位置及宽度。 3. 采用预制板时，应注明预制板编号、搁置方向、支座节点、标高、施工要求
无梁楼盖结构平面图	1. 柱上板带和跨中板带以及暗梁的结构标高、定位、编号、尺寸、配筋等。 2. 地下室顶板应注明覆土要求（荷载）、超厚时的处理及停止降水的条件
节点构造详图	断面尺寸、配筋
楼梯平面图及详图	1. 每层楼梯结构平面布置，注明尺寸、构件代号、标高。 2. 楼梯剖面图、梯梁、梯板详图（可用列表法绘制）
其他	雨篷、水池、坡道、地下通道、人防口部等

续表

7.5 机电专业

建筑电气，见表 7.5-1。

建筑电气初步设计成果大纲　　　　　　　　　　　　　　　　　　表 7.5-1

序号	文件类别	文件明细	初步设计成果大纲
A	设计说明书	设计依据	1. 工程概况：应说明建筑类别、性质、结构类型、面积、层数、高度等； 2. 相关专业提供给本专业的工程设计资料； 3. 建设单位提供的有关部门（如供电部门、消防部门、通信部门、公安部门等）认定的工程设计资料，建设单位设计任务书及设计要求； 4. 设计所执行的主要法规和所采用的主要标准（包括标准的名称、编号、年号和版本号）； 5. 上一阶段设计文件的批复意见
		设计范围	1. 根据设计任务书和行关设计资料说明本专业的设计内容，以及与相关专业的设计分工与分工界面； 2. 拟设置的建筑电气系统
		低压配电系统	1. 确定负荷等级和各级别负荷容量； 2. 确定供电电源及电压等级，要求电源容量及回路数、线路路由及敷设方式； 3. 备用电源和应急电源容量确定原则及性能要求； 4. 低压供电系统接线型式及运行方式：正常工作电源与备用电源之间的关系；重要负荷的供电方式； 5. 电能计量装置：采用高压或低压；专用柜或非专用柜（满足供电部门要求和建设单位内部核算要求）；监测仪表的配置情况； 6. 工程供电：低压进出线路的型号及敷设方式； 7. 选用导线、电缆、母干线的材质和型号，敷设方式； 8. 开关、插座、配电箱，控制箱等配电设备选型及安装方式； 9. 电动机启动及控制方式的选择
		照明系统	1. 照明种类及照度标准，主要场所照明功率密度值； 2. 光源、灯具及附件的选择，灯具的安装及控制方式； 3. 室外照明的种类（如路灯、庭院灯、草坪灯、地灯、泛光照明等）、电压等级、光源选择及控制方法等； 4. 照明线路的选择及敷设方式（包括室外照明线路的选择和接地方式）；若设置应急照明，应说明应急照明的照度值、电源型式、灯具配置、线路选择及敷设方式、控制方式、持续时间等
		电气节能和环保	1. 拟采用的节能和环保措施； 2. 表述节能产品的应用情况
		防雷	1. 确定建筑物防雷类别，建筑物电子信息系统雷电防护等级； 2. 防直接雷击、防侧击雷。防雷击电磁脉冲、防高电位侵入的措施； 3. 当利用建筑物、构筑物混凝土内钢筋作接闪器、引下线、接地装置时，应说明采取的措施和要求
		接地及安全措施	1. 各系统要求接地的种类及接地电阻要求； 2. 总等电位、局部等电位的设置要求； 3. 接地装置要求，当接地装置需做特殊处理时应说明采取的措施、方法等； 4. 安全接地及特殊接地的措施
		火灾自动报警系统	1. 按建筑性质确定保护等级及系统组成； 2. 确定消防控制室的位置； 3. 火灾探测器、报警控制器、手动报警按钮、控制台（柜）等设备的选择； 4. 火灾报警与消防联动控制要求，控制逻辑关系及控制显示要求； 5. 概述火灾应急广播、火灾警报装置及消防通信； 6. 概述电气火灾报警； 7. 消防主电源、备用电源供给方式，接地及接地电阻要求； 8. 传输、控制线缆选择及敷设要求； 9. 应急照明的联动控制方式等
		安全技术防范系统	1. 根据建设工程的性质，规模，确定风险等级、系统组成和功能； 2. 确定安全防范区域及防护区域的划分； 3. 确定视频监控、入侵报警设置地点、数量及监视范围； 4. 确定访客对讲的设置要求； 5. 确定车库管理等系统的设置要求； 6. 确定机房位置、系统组成； 7. 传输线缆选择及敷设要求

续表

序号	文件类别	文件明细	初步设计成果大纲
A	设计说明书	有线电视和卫星电视接收系统（涉外住宅）	1. 确定系统规模、网络组成、用户输出口电平值； 2. 节目源选择； 3. 确定机房位置、前端设备配置； 4. 用户分配网络、传输线缆选择及敷设方式，确定用户终端数量
		通信网络系统	1. 根据工程性质、功能和近远期用户需求，确定电话系统的组成、电话配线形式，配线设备的规格； 2. 传输线缆选择及敷设要求； 3. 确定市话中继线路的设计分工、中继线路敷设和引入位置； 4. 防雷接地、工作接地方式及接地电阻要求
B	设计图纸	电气总平面图（仅有单体设计时可无此项内容）	1. 标示建筑物、构筑物名称、存量，高低压线路及其他系统线路走向、回路编号，导线及电缆型号规格，路灯、庭院灯的杆位（路灯、庭院灯可不绘线路），重复接地点等； 2. 变、配、发电站位置、编号； 3. 比例、指北针
		配电系统（一般只绘制内部作业草图，不对外出图）	包括主要干线平面布置图、竖向干线系统图（包括配电及照明干线、变配电站的配出回路及回路编号）
		照明系统	典型住宅平面图灯位（含应急照明灯）、灯具规格，配电箱（或控制箱）位置，不需连线
		火灾自动报警系统	1. 火灾自动报警系统图； 2. 消防控制室设备布置平面图
		通信网络系统	1. 通信网络系统图； 2. 通信间设备布置图
		防雷系统、接地系统	1. 屋顶防雷平面图； 2. 基础接地平面图
		其他系统	1. 各系统所属系统图； 2. 各控制室设备平面布置图（若在相应系统图中说明清楚时，可不出此图）
C	主要设备表		注明设备名称、型号、规格，单位、数量
D	计算书		1. 用电设备负荷计算； 2. 各系统计算结果尚应标示在设计说明或相应图纸中； 3. 因条件不具备不能进行计算的内容，应在初步设计中说明，并应在施工图设计时补算

给水排水专业，见表7.5-2。

给排水专业初步设计成果大纲　　　　　　　　　　表7.5-2

序号	文件类别	文件明细	初步设计成果大纲
A	设计说明书	设计依据	1. 摘录设计总说明所列批准文件和依据性资料中与本专业设计有关内容； 2. 本专业设计所执行的主要法规和所采用的主要标准（包括标准的名称，编号、年号和版本号）； 3. 设计依据的市政条件； 4. 建筑和有关专业提供的条件图和有关资料
		工程概况	工程项目设置，建筑防火类别，建筑功能组成、建筑面积（或体积）、建筑层数、建筑高度以及能反映建筑规模的主要技术指标
		设计范围	根据设计任务书和有关设计资料，说明用地红线（或建筑红线）内本专业设计的内容和由本专业技术审定的分包专业公司的专项设计内容；当有其他单位共同设计时，还应说明与本专业有关联的设计内容

第7章

各阶段设计
成果标准

7.1 建筑专业方案
设计
7.2 建筑专业施工
图设计
7.3 结构专业方案
设计
7.4 结构专业施工
图设计
7.5 机电专业

续表

序号	文件类别	文件明细	初步设计成果大纲
A	设计说明书	建筑室外给水设计	1. 水源：由市政或小区管网供水时，应说明供水于管方位、接管管径及根数、能提供的水压； 2. 用水量：说明或用表格列出生活用水定额及用水量、其他项目用水定额及用水量（含中水系统补水量，水景用水，道路浇洒、汽车库和停车场地面冲洗、绿化浇洒和未预见用水量及管网漏失水量等）、消防用水量标准及一次灭火用水量、总用水量（最高日用水景、平均时用水量、最大时用水量）； 3. 给水系统：说明给水系统的划分及组合情况、分质分压分区供水的情况及设备控制方法；当水量、水压不足时采取的措施，并说明调节设施的容量、材质、位置及加压设备选型；如系扩建工程，还应简介现有给水系统； 4. 消防系统：说明各类形式消防设施的设计依据、设计参数、供水方式、设备选型及控制方法等； 5. 雨水利用系统：说明雨水用途、水质要求、设计重现期、日降雨量、日可回用雨水量、日用雨水量、系统选型、处理工艺及构筑物概况； 6. 管材、节门及敷设方式
		建筑室外排水设计	1. 现有排水条件简介：当排入城市管渠或其他外部明沟时，应说明管渠横断面尺寸大小、坡度、排入点的标高，位置或检查井编号。当排入水体（江、河、湖、海等）时，还应说明对排放的要求、水体水文情况（流量，水位）； 2. 说明设计采用的排水制度（污水、雨水的分流制或合流制）、排水出路； 3. 说明或用表格列出生活排水系统的排水量； 4. 说明雨水排水采用的暴雨强度公式（或采用的暴雨强度）、重现期、雨水排水量等； 5. 管材、接口及敷设方式
		建筑室内给水排水设计	1. 水源：由市政或小区管网供水时，应说明供水干管的方位、接管管径及根数、能提供的水压； 2. 说明或用表格列出各种用水量定额、用水单位数，使用时数、小时变化系数、最高日用水量、平均时用水量，最大时用水量；注：此内容在本条第4款第2项中表示清楚时．则可不表示； 3. 给水系统：说明给水系统的选择和给水方式，分质、分压、分区供水要求和采取的措施，计量方式，设备控制方法，水箱和水池的容量、设置位置、材质，设备选型、防水质污染、保温、防结露和防腐蚀等措施； 4. 消防系统：遵照各类防火设计规范的有关规定要求，分别对各类消防系统（如消火栓、自动喷水等）的设计原则和依据、计算标准、设计参数、系统组成、控制方式、消防水池和水箱的容量，设置位置以及主要设备选择予以叙述； 5. 热水系统：说明采取的热水供应方式、系统选择、水温、水质、热源、加热方式及最大小时热水量、耗热量、机组供热量等；说明设备选型、保温、防腐的技术措施等； 6. 排水系统：说明排水系统选择、生活污（废）水排水量、室外排放条件；屋面雨水的排水系统选择及室外排放条件，采用的降雨强度和重现期； 7. 管材、接口及敷设方式
		节水、节能减排措施	说明高效节水、节能减排器具和设备及系统设计中采用的技术措施等
			对有隔振及防噪声要求的建筑物、构筑物，说明给排水设施所采取的技术措施
			需提请在设计审批时解决或确定的主要问题
			施工图设计阶段需要提供的技术资料等
B	设计图纸	建筑室外给水排水总平面图	1. 全部建筑物和构筑物的平面位置、道路等，并标出主要定位尺寸或坐标、标高，指北针（或风玫瑰图）、比例等； 2. 给水排水管道平面位置，标注出干管的管径、排水方向；绘出闸门井、消火栓扑、水表井、检查井、化粪池等和其他给排水构筑物位置； 3. 室外给水排水管道与城市管道系统连接点的控制标高和位置； 4. 消防系统、雨水利用系统的管道平面位置，标注出干管的管径； 5. 雨水利用系统构筑物位置、系统管道与构筑物连接点处的控制标高
		建筑室内给水排水平面图和系统原理图	1. 应绘制给水排水底层（首层）、地下室底层、标准层、管道和设备复杂层的平面布置图，标出室内外引入管和排出管位置、管径等； 2. 应绘制机房（水池、水泵房、水箱间等）平面设备和管道布置图（在上款中已表示消清楚的，可另出图）； 3. 应绘制给水系统、排水系统、各类消防系统、热水系统、中水系统、屋面雨水利用系统等系统原理图，标注干管管径、设备设置标高、水池（箱）底标高、建筑楼层编号从层面标高； 4. 应绘制水处理流程图（或方框图）

续表

序号	文件类别	文件明细	初步设计成果大纲
C	主要设备表		列出主要设备器材的名称、性能参数、计数单位、数量，备注使用运转说明（宜按子项分别列出）
D	计算书		1. 各类用水量和排水量计算； 2. 中水水量平衡计算； 3. 有关的水力计算及热力计算； 4. 设备选型和构筑物尺寸计算

燃气动力专业，见表 7.5-3。

燃气动力专业初步设计成果大纲　　　　　　表 7.5-3

序号	文件类别	文件明细	初步设计成果大纲
A	设计说明书	设计依据	1. 本专业设计所执行的主要法规和所采用的主要标准（包括标准的名称、编号、年号和版本号）； 2. 与本专业设计有关的批准文件和依据性资料； 3. 其他专业提供的设计资料（如总平面布置图、供热分区、热负荷及介质参数、发展要求等）
		设计范围	根据设计任务书和有关设计资料，说明本专业承担的设计范围和分工
		室内燃气设计	1. 市政燃气来源、种类（如天然气或人工煤气等）、压力等级、低位热值及室外燃气管道； 2. 燃气供应范围； 3. 燃气计算流量； 4. 室内燃气管道管材和附件； 5. 燃气调压装置和计量装置； 6. 燃气安全措施
		消防、环保、卫生、节能等设计措施	
B	设计图纸	室内燃气管道	绘制室内燃气管道平面布置图及系统原理图，表达住宅楼各单元燃气进户口位置及管径

暖通空调专业，见表 7.5-4。

暖通空调专业初步设计成果大纲　　　　　　表 7.5-4

序号	文件类别	文件明细	初步设计成果大纲
A	设计说明书	设计依据	1. 与本专业有关的批准文件和建设单位提出的符合有关法规、标准的要求； 2. 本专业设计所执行的主要法规和所采用的主要标准（包括标准的名称、编号、年号和版本号）； 3. 其他专业提供的设计资料等
			简述工程建设地点、规模、使用功能、层数、建筑高度等
		设计范围	根据设计任务书和有关设计资料，说明本专业设计的内容、范围以及与有关专业的设计分工
		设计计算参数	1. 室外空气计算参数； 2. 室内空气设计参数
		采暖（主要在北方供暖地区出现）	1. 采暖热负荷； 2. 热源状况、热媒参数、室外管线及系统补水定压方式； 3. 采暖系统形式及管道敷设方式； 4. 采暖热计量及室温控制，系统平衡、调节手段； 5. 采暖设备、散热器类型、管道材料及保温材料的选择

第7章

各阶段设计
成果标准

7.1　建筑专业方案
设计
7.2　建筑专业施工
图设计
7.3　结构专业方案
设计
7.4　结构专业施工
图设计
7.5　机电专业

续表

序号	文件类别	文件明细	初步设计成果大纲
A	设计说明书	空调（当采用小区集中式或户式中央空调时出现）	1. 空调冷、热负荷； 2. 空调系统冷源及冷媒选择，冷水、冷却水参数； 3. 空调系统热源供给方式及参数； 4. 各空调区域的空调方式，空调风系统简述，必要的气流组织说明； 5. 空调水系统设备配置形式和水系统制式，系统平衡、调节手段； 6. 监测与控制简述； 7. 管道材料及保温材料的选择
		通风	1. 设置通风的区域及通风系统形式； 2. 通风量或换气次数； 3. 通风系统设备选择和风量平衡
		防排烟及暖通防火措施（当采用机械式防排烟系统时出现）	1. 简述设置防排烟的区域及方式； 2. 防排烟系统风量确定； 3. 防排烟系统及设施配置； 4. 控制方式简述； 5. 暖通空调系统的防火措施
		节能设计	按节能设计要求采用的各项节能措施。节能措施包括计量、调节装置的设置、全空气空调系统加大新风比数据、热回收装置的设置、选用的制冷和供热设备的性能系数或热效率（不低于节能标准要求）、变风量或变水量设计等；节能设计除满足现行国家节能标准的要求外，还应满足工程所在省、市现行地方节能标准的要求
		环保措施	废气排放处理和降噪、减振等
B	设计图纸	采暖通风与空气调节初步设计图纸	一般包括图例、系统流程图、主要平面图。各种管道、风道可绘单线图
		系统流程图	包括冷热源系统、采暖系统、空调水系统、通风及空调风路系统、防排烟等系统的流程。应表示系统服务区域名称、设备和主要管道、风道所在区域和楼层，标注设备编号、主要风道尺寸和水管干管管径，表示系统主要附件、建筑楼层编号及标高
		通风、空调、防排烟平面图	绘出设备位置，风道和管道走向、风口位置，大型复杂工程还应标注出主要干管控制标高和管径，管道交叉复杂处需绘制局部剖面
		冷热源机房平面图	绘出主要设备位置、管道走向，标注设备编号等
C	主要设备表		列出主要设备的名称、性能参数、数量等
D	计算书		对于采暖通风与空调工程的热负荷、冷负荷、风量、空调冷（热）水量、冷却水量及主要设备的选择，应做初步计算

建筑电气专业，见表7.5-5。

建筑电气专业施工图设计成果大纲　　　　　　　　　　　　表7.5-5

序号	文件类别	文件明细	施工图设计成果大纲
A	图纸目录		应按图纸序号排列，先列新绘制图纸，后列选用的重复利用和标准图
B	设计与施工总说明	工程概况	应将经初步（或方案）设计审批定案的主要指标录入，说明建筑类别、性质、结构类型、面积、层数、高度等
		设计依据	1. 相关专业提供给本专业的工程设计资料； 2. 建设单位提供的有关部门（如供电部门、消防部门、通信部门、公安部门等）认定的工程设计资料，建设单位设计任务书及设计要求； 3. 设计所执行的主要法规和所采用的主要标准（包括标准的名称、编号、年号和版本号）； 4. 上一阶段设计文件的批复意见
		施工要求	各系统的施工要求和注意事项（包括布线、设备安装等）

第7章

各阶段设计
成果标准

7.1 建筑专业方案
设计
7.2 建筑专业施工
图设计
7.3 结构专业方案
设计
7.4 结构专业施工
图设计
7.5 机电专业

续表

序号	文件类别	文件明细	施工图设计成果大纲
B	设计与施工总说明	设备技术要求	设备主要技术要求（亦可附在相应图纸上）
		防雷接地要求	防雷及接地保护等其他系统相关内容（亦可附在相应图纸上）
		电气节能及环保措施	
		与相关专业的技术接口要求	
		对承包商深化设计图纸的审核要求	
C	图例符号		按照国家标准《电气技术用文件的编制 第1部分：规则》GB/T 6988.1—2008（注：即"电气制图标准"）编制
D	设计图纸	电气总平面图（仅有单体设计时可无此项内容）	1. 标注建筑物、构筑物名称或编号、层数或标高、道路、地形等高线和用户的安装容量； 2. 标注变、配电站位置、编号；变压器台数、容量；发电机台数、容量；室外配电箱的编号、型号；室外照明灯具的规格、型号、容量； 3. 架空线路应标注：线路规格及走向、回路编号、杆位编号、挡数、挡距、杆高、拉线、重复接地、避雷器等（附标准图集选择表）； 4. 电缆线路应标注：线路走向、回路编号、敷设方式、人（手）孔型号、位置； 5. 比例、指北针； 6. 图中未表达清楚的内容可附图作统一说明
		低压配电系统图	1. 配电箱（或控制箱）系统图：应标注配电箱编号、型号，进线回路编号；标注各元器件型号、规格、整定值；配出回路编号、导线型号规格、负荷名称等（对于单相负荷应标明相别）；对有控制要求的回路应提供控制原理图或控制要求；对重要负荷供电回路宜标明用户名称。上述配电箱（或控制箱）系统内容在平面图上标注完整的，可不单独出配电箱（或控制箱）系统图； 2. 竖向配电系统图：以建筑物、构筑物为单位，自电源点开始至终端配电箱止，按设备所处相应楼层绘制，应包括变、配电站变压器台数、容量、发电机台数、容量、各处终端配电箱编号，自电源点引出回路编号（与系统图一致）
		配电、照明平面图	1. 配电平面图应包括建筑门窗、墙体、轴线、主要尺寸、工艺设备编号及容量；布置配电箱、控制箱，并注明编号；绘制线路始、终位置（包括控制线路），标注回路规格、编号、敷设方式；凡需专项设计场所，其配电和控制设计图随专项设计，但配电平面图上应相应标注预留的配电箱，并标注预留容量；图纸应有比例； 2. 照明平面图应包括建筑门窗、墙体、轴线、主要尺寸，标注房间名称，绘制配电箱、灯具、开关、插座、线路等平面布置，标明配电箱编号、干线、分支线回路编号；凡需二次装修部位，其照明平面图由二次装修设计，但配电或照明平面图上应相应标注预留的照明配电箱，并标注预留容量；有代表性的场所的设计照度值和设计功率密度值；图纸应有比例； 3. 图中表达不清楚的，可随图作相应说明
		火灾自动报警系统设计图	1. 火灾自动报警及消防联动控制系统图、施工说明、报警及联动控制要求； 2. 各层平面图，应包括设备及器件布点、连线、线路型号、规格及敷设要求； 3. 电气火灾报警系统，应绘制系统图，以及各监测点名称、位置等
		防雷、接地及安全设计图	1. 绘制建筑物顶层平面，应有主要轴线号、尺寸、标高，标注避雷针、避雷带、引下线位置。注明材料型号规格、所涉及的标准图编号，页次，图纸应标注比例； 2. 绘制接地平面图（可与防雷顶层平面重合）；绘制接地线、接地极、测试点、断接卡等的平面位置，标明材料型号、规格、相对尺寸及涉及的标准图编号、页次（当利用自然接地装置时，可不出此图），图纸应标注比例； 3. 当利用建筑物（或构筑物）钢筋混凝土内的钢筋作为防雷接闪器、引下线、接地装置时，应标注连接点、接地电阻测试点、预埋件位置及敷设方式，注明所涉及的标准图编号、页次； 4. 随图说明可包括：防雷类别和采取的防雷措施（包括防侧击雷、防雷击电磁脉冲、防高电位引入）；接地装置型式，接地极材料要求、敷设要求、接地电阻值要求；当利用桩基、基础内钢筋作接地极时，应采取的措施； 5. 除防雷接地外的其他电气系统的工作或安全接地的要求（如电源接地型式，直流接地，局部等电位、总等电位接地等）；如果采用共用接地装置，应在接地平面图中叙述清楚，交待不清楚的应绘制相应图纸（如局部等电位平面图等）

第7章

各阶段设计
成果标准

7.1　建筑专业方案
　　　设计
7.2　建筑专业施工
　　　图设计
7.3　结构专业方案
　　　设计
7.4　结构专业施工
　　　图设计
7.5　机电专业

续表

序号	文件类别	文件明细	施工图设计成果大纲
D	设计图纸	其他系统设计图	1. 各系统的系统框图； 2. 说明各设备定位安装、线路型号规格及敷设要求； 3. 配合系统承包方了解相应系统的情况及要求，对承包方提供的深化设计图纸审查其内容
E	主要设备表		注明主要设备名称、型号、规格、单位、数量
F	计算书		施工图设计阶段的计算书，只补充初步设计阶段时应进行计算而未进行计算的部分，修改因初步设计文件审查变更后需重新进行计算的部分

给水排水专业，见表 7.5-6。

给排水专业施工图设计成果大纲　　　　　　　　　　　　　　表 7.5-6

序号	文件类别	文件明细	施工图设计成果大纲
A	图纸目录		先列新绘制图纸，后列选用的标准图或重复利用图
B	设计与施工总说明	设计依据	1. 已批准的初步设计（或方案设计）文件（注明文号）； 2. 建设单位提供的有关资料和设计任务书； 3. 本专业设计所采用的主要标准（包括标准的名称、编号、年号和版本号）； 4. 工程可利用的市政条件或设计依据的市政条件； 5. 建筑和有关专业提供的条件图和有关资料
		工程概况	工程项目设置，建筑防火类别，建筑功能组成、建筑面积（或体积）、建筑层数、建筑高度以及能反映建筑规模的主要技术指标
		设计范围	根据设计任务书和有关设计资料，说明用地红线（或建筑红线）内本专业设计的内容和由本专业技术审定的分包专业公司的专项设计内容；当有其他单位共同设计时，还应说明与本专业有关联的设计内容
		给排水系统概况	主要的技术指标（如最高日用水量、平均时用水量、最大时用水量，最高日排水量、设计小时热水用水量及耗热量、循环冷却水量，各消防系统的设计参数及消防总用水量等）、控制方法
			1. 说明主要设备、器材、管材，阀门等的选型； 2. 说明管道敷设、设备、管道基础，管道支币吊架及支座（滑动、固定），管道支墩、管道伸缩器，管道、设备的防腐蚀、防冻和防结露、保温，系统工作压力，管道、设备的试压和冲洗等； 3. 说明节水、节能、减排等技术要求； 4. 凡不能用图示表达的施工要求，均应以设计说明表述； 5. 有特殊需要说明的可分列在有关图纸上
		图例	按照国家标准《建筑给水排水制图标准》GB/T 50106—2010 编制
C	建筑室内给水排水设计图纸	平面图	1. 应绘出与给水排水、消防给水管道布置有关各层的平面，内容包括主要轴线编号、房间名称、用水点位置，注明各种管道系统编号（或图例）； 2. 应绘出给水排水、消防给水管道平面布置、立管位置及编号，管道穿剪力墙处定位尺寸，标高、预留孔洞尺寸及其他必要的定位尺寸； 3. 当采用展开系统原理图时，应标注管道管径、标高；在给排水管道安装高度变化处，应在变化处用符号表示清楚，并分别标出标高（排水横管应标注管道坡度、起点或终点标高）；管道密集处应在该平面中画横断面图将管道布置定位表示清楚； 4. 底层（首层）平面应注明引入管、排出管、水泵接合器管道等与建筑物的定位尺寸，穿建筑外墙管道的管径、标高、防水套管形式等，还应绘出指北针； 5. 标出各楼层建筑平面标高（如卫生设备间平面标高有不同时，应另加注或用文字说明）和层数，火火器放置地点（也可在总说明中交代清楚）； 6. 若管道种类较多，可分别绘制给排水平面图和消防给水平面图； 7. 对于给排水设备及管道较多处，如泵房、水池、水箱间、热交换器站、饮水间、卫生间、水处理间、游泳池、水景、冷却塔、热泵热水、太阳能和雨水利用设备间、报警阀组、管井、气体消防贮瓶间等，当上述平面不能交代清楚时，应绘出局部放大平面图； 8. 对气体灭火系统、压力（虹吸）流排水系统、游泳池循环系统、水处理系统、厨房、洗衣房等专项设计，需要再次深化设计时，应在平面图上注明位置、预留孔洞、设备与管道接口位置及技术参数

序号	文件类别	文件明细	施工图设计成果大纲
C	建筑室内给水排水设计图纸	系统图	1. 系统轴测图：对于给水排水系统和消防给水系统，一般宜按比例分别绘出各种管道系统轴测图，图中标明管道走向、管径、仪表及阀门、伸缩节、固定支架、控制点标高和管道坡度（设计说明中已交代者，图中可不标注管道坡度）、各系统进出水管编号、各楼层卫生设备和工艺用水设备的连接点位置。如各层（或某几层）卫生设备及用水点接管（分支管段）情况完全相同时，在系统轴测图上可只绘一个有代表性楼层的接管图，其他各层注明同该层即可；复杂的连接点应局部放大绘制；在系统轴测图上，应注明建筑楼层标高、层数、室内外地面标高；引入管道应标注管道设计流量和水压值； 2. 展开系统原理图：对于用展开系统原理图将设计内容表达清楚的，可绘制展开系统原理图。图中标明立管和横管的管径、立管编号、楼层标高、层数、室内外地面标高、仪表及阀门、伸缩节、固定支架、各系统进出水管编号、各楼层卫生设备和工艺用水设备的连接，排水管还应标注立管检查口、通风帽等距地（板）高度及排水横管上的竖向转弯和清扫口等；如各层（或某几层）卫生设备及用水点接管（分支管段）情况完全相同时，在展开系统原理图上可只绘一个有代表性楼层的接管图，其他各层注明同该层即可。引入管还应标注管道设计流量和水压值； 3. 卫生间管道应绘制轴测图或展开系统原理图；当绘制展开系统原理图时，应绘制卫生间平面图； 4. 当自动喷水灭火系统在平面图中已将管道管径、标高、喷头间距和位置标注清楚时，可简化绘制从水流指示器至末端试水装置（试水阀）等阀件之间的管道和喷头； 5. 简单管段在平面上注明管径、坡度、走向、进出水管位置及标高，引入管设计流量和水压值，可不绘制系统图
		局部放大图	当建筑物内有水池、水泵房、热交换站、水箱间、水处理间、卫生间、游泳池、水景、冷却塔、热泵热水、太阳能、屋面雨水利用等设施时，可绘出其平面图、剖面图（或轴测图，卫生间管道也可绘制展开图），或注明引用的详图，标准图号
		详图	特殊管件无定型产品又无标准图可利用时，应绘制详图
D	主要设备表		主要设备、器材可在首页或相关图上列表表示，并标明名称、性能参数、计数单位、数量、备注使用运转说明
E	计算书		根据初步设计审批意见，进行施工图阶段设计计算
F	其他事项		当为合作设计时，应依据主设计方审批的初步设计文件，按所分工内容进行施工图设计

燃气动力专业，见表 7.5-7。

燃气动力专业施工图设计成果大纲　　　　　　　　表 7.5-7

序号	文件类别	文件明细	施工图设计成果大纲
A	图纸目录		先列新绘制的设计图纸，后列选用的标准图、通用图或重复利用图
B	设计与施工总说明	设计说明	1. 列出设计依据：本专业设计所执行的主要法规和所采用的主要标准（包括标准的名称、编号、年号和版本号），与本专业设计有关的批准文件和依据性资料，其他专业提供的设计资料；当施工图设计与初步设计（或方案设计）有较大变化时应说明原因及调整内容； 2. 设计院与当地燃气公司的设计、施工和验收分工界面； 3. 市政燃气来源、种类（如天然气或人工煤气等）、压力等级、低位热值及室外燃气管道； 4. 住宅楼各单元燃气进户口设计描述； 5. 燃气计算流量，单元套型燃气计量表规格； 6. 室内燃气泄漏的安全保护措施，消防、环保、卫生、节能等设计措施； 7. 当设计条款中涉及法规、技术标准提出的强制性条文的内容时，以"必须"、"应"等规范用语表示其内容

续表

序号	文件类别	文件明细	施工图设计成果大纲
B	设计与施工总说明	施工说明	1. 室内燃气管道管材和附件； 2. 燃气管道穿越楼板和墙体时，设置钢制套管及封口的规定； 3. 水平燃气管道坡度、坡向和设置排水部件的规定； 4. 各户燃气支管的管径、安装高度和管配件规定； 5. 室内燃气管道严密性试验的试压要求； 6. 防腐、保温、保护、涂色：设备、管道的防腐、保温，保护、涂色要求； 7. 本工程采用的燃气施工及验收依据； 8. 图中尺寸、标高等的标注方法，设计图例
C	设计图纸	室内燃气管道平面图	绘制住宅楼各层室内燃气管道平面图，表达各单元燃气进户口位置及管径，各单元套型厨房间等的燃气立管位置及立管编号，室内燃气管道的走向及管径，计量表具安装位置等；精装修设计时，室内燃气支管需表达至接上燃气器具（如燃气热水器、燃气灶等）
		室内燃气管道轴测图	绘制住宅楼室内燃气管道轴测图，表达各单元燃气进户口位置及管径，建筑楼层号及楼层标高，燃气水平干管和燃气立管的走向、管径及竖向标高，管道穿越楼板和墙体的位置及套管，补偿器、固定支承、立管底部承重支承、立管底部泄水丝堵、阀门和附件（如调压阀）等
		室内燃气管道大样图	在精装修设计时，绘制厨房等局部放大的室内燃气管道平面图和剖面详图，表达水平燃气管道、燃气立管和燃气支管的走向、管径，厨房间建筑构件（如灶台）竖向高度和燃气管道相对高度，燃气支管与计量表具、燃气器具的连接，补偿器、阀门和附件等
		引用安装标准图	当管道安装采用标准图或通用图时可以不绘管道安装详图，但应在图纸目录中列出标准图、通用图图册名称及索引的图名、图号
D	计算书		1. 燃气支管、立管、干管等各管段的额定燃气流量计算，管径选择。 2. 燃气立管竖向附加压力计算，消除竖向附加压力的措施（如设置调压阀等）

暖通空调专业，见表 7.5-8。

暖通空调专业施工图设计成果大纲 表 7.5-8

序号	文件类别	文件明细	施工图设计成果大纲
A	图纸目录		应先列新绘图纸，后列选用的标准图或重复利用图
B	设计与施工总说明	设计说明	1. 简述工程建设地点、规模、使用功能、层数、建筑高度等； 2. 列出设计依据，即本专业设计所执行的主要法规和所采用的主要标准（包括标准的名称、编号、年号和版本号）；说明设计范围； 3. 暖通空调室内外设计参数； 4. 热源、冷源设置情况，热媒、冷媒及冷却水参数，采暖热负荷、折合耗热量指标及系统总阻力，空调冷热负荷，折合冷热量指标，系统水处理方式、补水定压方式、定压值（气压罐定压时注明工作压力值）等；（注：气压罐定压时工作压力值指补水泵启泵压力、补水泵停泵压力、电磁阀开启压力和安全阀开启压力。） 5. 设置采暖的房间从采暖系统形式，热计量及室温控制，系统平衡、调节手段等； 6. 各控调区域的空调方式，空调风系统及必要的气流组织说明，空调水系统设备配置形式和水系统制式，系统平衡、调节手段，洁净空调净化级别，监测与控制要求；有自动监控时，确定各系统自动监控原则（就地或集中监控），说明系统的使用操作要点等； 7. 通风系统形式，通风量或换气次数，通风系统风量平衡等； 8. 设置防排烟的区域及其方式，防排烟系统及其设施配置、风量确定、控制方式，暖通空调系统的防火措施； 9. 设备降噪、减振要求，管道和风道减振做法要求，废气排放处理等环保措施； 10. 在节能设计条款中阐述设计采用的节能措施，包括有关节能标准、规范中强制性条文和以"必须"、"应"等规范用语规定的非强制性条文提出的要求

第7章

各阶段设计成果标准

7.1 建筑专业方案设计
7.2 建筑专业施工图设计
7.3 结构专业方案设计
7.4 结构专业施工图设计
7.5 机电专业

第7章

各阶段设计
成果标准

7.1 建筑专业方案
设计
7.2 建筑专业施工
图设计
7.3 结构专业方案
设计
7.4 结构专业施工
图设计
7.5 机电专业

续表

序号	文件类别	文件明细	施工图设计成果大纲
B	设计与施工总说明	施工说明	1. 设计中使用的管道、风道、保温等材料选型及做法； 2. 设备表和图例没有列出或没有标明性能参数的仪表、管道附件等的选型； 3. 系统工作压力和试压要求； 4. 图中尺寸、标高的标注方法； 5. 施工安装要求及注意事项，尤其是大型设备安装要求； 6. 采用的标准图集、施工及验收依据
		图例	按照国家标准《暖通空调制图标准》GB/T 50114—2010 编制
		其他事宜	当本专业的设计内容分别由两个或量个以上的单位承担设计时，应明确交接配合的设计分工范围
C	主要设备表		施工图阶段，性能参数栏应注明详细的技术数据
D	暖通平面图		1. 绘出建筑轮廓、主要轴线号、轴线尺寸、室内外地面标高、房间名称，底层平面图上绘出指北针； 2. 采暖平面绘出散热器位置，注明片数或长度，采暖干管及立管位置、编号，管道的阀门、放气、泄水、固定支架、伸缩器、入口装置、减压装置、疏水器、管沟及检查孔位置，注明管道管径及标高； 3. 二层以上的多层建筑，其建筑平面相同的采暖标准层平面可合用一张图纸，但应标注各层散热器数量； 4. 通风、空调、防排烟风道平面用双线绘出风道，标注风道尺寸（圆形风道注管径、矩形风道注宽×高）、主要风道定位尺寸，标高及风口尺寸。各种设备及风口安装的定位尺寸和编号，消声器、调节阀、防火阀等各种部件位置，标注风口设计风量（当区域内各风口设计风量相同时也可按区域标注设计风量）； 5. 风道平面应表示出防火分区，排烟风道平面还应表示出防烟分区； 6. 空调管道平面单线绘出生调冷热水、冷媒、冷凝水等管道，绘出立管位置和编号，绘出管道的阀门、放气、泄水、固定支架、伸缩器等，注明管道管径、标高及主要定位尺寸； 7. 需另做二次装修的房间或区域，可按常规进行设计，风道可绘制单线图，不标注详细定位尺寸，并注明按配合装修设计图施工
E	机房大样图	通风、空调、制冷机房放大平面图和剖面图	1. 机房图应根据需要增大比例，绘出通风、空调、制冷设备（如冷水机组、新风机组、空调器、冷热水泵、冷却水泵、通风机，消声器、水箱等）的轮廓位置与编号，注明设备外形尺寸和基础距离墙或轴线的尺寸； 2. 绘出连接设备的风道、管道及走向，注明尺寸和定位尺寸、管径、标高，并绘制管道附件（各种仪表、阀门、柔性短管、过滤器等）； 3. 当平面图不能表达复杂管道、风道相对关系及竖向位置时，应绘制剖面图； 4. 剖面图应绘出对应于机房平面图的设备、设备基础、管道和附件，注明设备和附件编号以及详图索引编号，标注竖向尺寸和标高；当平面图设备、风道、管道等尺寸和定位尺寸标注不清时，应在剖面图标注
F	暖通系统图	系统图、立管或竖向风道图	1. 分户热计量的户内采暖系统或小型采暖系统，当平面图不能表示清楚时应绘制系统透视图，比例宜与平面图一致，按45°或30°轴测投影绘制；多层、高层建筑的集中采暖系统，应绘制采暖立管图并编号。上述图纸应注明管径、坡度、标高、散热器型号和数量； 2. 冷热源系统、空调水系统及复杂的或平面表达不清的风系统应绘制系统流程图。系统流程图应绘出设备、阀门、计量和现场观测仪表、配件，标注介质流向、管径及设备编号。流程图可不按比例绘制，但管路分支及与设备的连接顺序应与平面图相符； 3. 空调冷热水分支水路采用竖向输送时，应绘制立管图并编号，注明管径、标高及所接设备编号； 4. 采暖、空调冷热水立图应标注伸缩器、固定支架的位置； 5. 空调、制冷系统有自动监控时，宜绘制控制原理图，图中以图例绘出设备、传感器及执行器位置；说明控制要求和必要的控制参数； 6. 对于层数较多、分段加压、分段排烟或竖管井转换的防排烟系统，平面表达不清竖向关系的风系统，应绘制系统示意或竖向风道图
G	暖通详图	通风、空调剖面图和详图	1. 风道或管道与设备连接交叉复杂的部位，应绘剖面图或局部剖面； 2. 绘出风道、管道、风口、设备等与建筑梁、板、柱及地面的尺寸关系； 3. 注明风道、管道、风口等的尺寸和标高，气流方向及详图索引编号； 4. 采暖、通风、空调、制冷系统的各种设备及零部件施工安装，应注明采用的标准图、通用图的图名图号。凡无现成图纸可选，且需要交待设计意图的，均需绘制详图。简单的详图，可就图引出，绘制局部详图

续表

序号	文件类别	文件明细	施工图设计成果大纲
H	计算书		1. 采用计算程序计算时，计算书应注明软件名称，打印出相应的简图、输入数据和计算结果。 2. 采暖设计计算应包括以下内容： 1）每一采暖房间耗热量计算及建筑物采暖总耗热量计算； 2）散热器等采暖设备的选择计算； 3）采暖系统的管径及水力计算； 4）采暖系统设备、附件选择计算，如系统热源设备、循环水泵、补水定压装置、伸缩器、疏水器等。 3. 通风、防排烟设计计算应包括以下内容： 1）通风、防排烟风量计算； 2）通风、防排烟系统阻力计算； 3）通风、防排烟系统设备选型计算。 4. 空调设计计算应包括以下内容： 1）空调冷热负荷计算（冷负荷按逐项逐时计算）； 2）空调系统末端设备及附件（包括空气处理机组、新风机组、风机盘管、变制冷剂流量室内机、变风量末端装置、空气热回收装置、消声器等）的选择计算； 3）空调冷热水、冷却水系统的水力计算； 4）风系统阻力计算； 5）必要的气流组织设计与计算； 6）空调系统的冷（热）水机组、冷（热）水泵、冷却水泵、定压补水设备、冷却塔、水箱、水池等设备的选择计算。 5. 必须有满足工程所在省、市有关部门要求的节能设计计算内容

第7章

各阶段设计
成果标准

7.1 建筑专业方案
　　设计
7.2 建筑专业施工
　　图设计
7.3 结构专业方案
　　设计
7.4 结构专业施工
　　图设计
7.5 机电专业

建筑电气 [1]

1.1 一般规定

1.1.1 施工图节能设计文件应包括节能设计说明、计算书、设备表和节能设计图纸。

1.1.2 设计图纸应满足现行国家《建筑工程设计文件编制深度规定》（2016版）的施工图设计阶段设计图纸深度要求。

1.1.3 节能设计的内容应与施工图设计内容一致；各专业互提资料的内容应一致。

1.1.4 新建国家机关办公建筑和大型公共建筑项目，既有国家机关办公建筑和大型公共建筑节能改造项目，应设计用能监测系统。

1.1.5 用能监测系统设计图纸应包括以下内容：

（1）系统计量配置和数据采集点表；

（2）用能监测系统图。

1.1.6 采用可再生能源时，应在节能设计文件中明确可再生能源（光电、风电）利用的装机容量和技术措施。

1.2 节能设计说明

1.2.1 节能设计说明应单独设置，也可在本专业设计说明中设置独立章节。

1.2.2 居住建筑电气专业节能设计说明应包括以下内容：

（1）采用国家和上海市地方工程建设规范；

（2）作为依据性文件的法规、条例与行政批文；

（3）住宅用电负荷取值标准；

（4）地下车库等公共部位照度标准及功率密度；

（5）公共部位照明节电措施，包括光源及灯具选型、照明控制等；

---

[1] 主要针对上海市的住宅项目。

第7章

各阶段设计
成果标准

7.1 建筑专业方案
设计
7.2 建筑专业施工
图设计
7.3 结构专业方案
设计
7.4 结构专业施工
图设计
7.5 机电专业

（6）可再生能源（光伏发电等）利用情况，包括总装机容量、转换效率、组件类型、组件安装部位、组件面积、光伏发电类型、与电网联接方式等。

1.2.3 公共建筑的节能设计说明还应包括以下内容：

（1）变压器选型；

（2）功率因数补偿措施；

（3）谐波治理措施；

（4）主要场所的照度标准及功率密度，照明节电措施，包括光源及灯具选型、照明控制等；

（5）机电设备节能控制措施；

（6）用能监测系统设置情况，应包括以下内容：

（a）采用的工程建设规范；

（b）各类用能计量和数据采集方式（包括分类与分项的方法）；

（c）用能监测系统传输方式及技术指标；

（d）数据上传通信设计。

1.3 计算书与设备表

1.3.1 计算书应包括下列节能设计内容：

（1）用户变电站中变压器的装机密度；

（2）当居住建筑附设有公共设施时，应计算主要公共场所（商场等）的照明负荷功率密度；

（3）当设计太阳能光伏发电系统时，应包括总装机容量等内容。

1.3.2 公共建筑计算书还应计算主要场所（大空间办公室、大面积商场等）的照明负荷功率密度。

1.3.3 设备表应包括下列节能设计内容：

（1）用户变电站中，变压器的型号、单台功率、台数、空载损耗指标、负载损耗指标；

（2）主要照明设备的光源类型、灯具效率；

（3）可再生能源（光伏发电等）的性能参数。

给水排水 [1]

2.1 一般规定

2.1.1 施工图节能设计文件应包括节能设计说明、计算书、设备表和节能设计图纸。

2.1.2 设计图纸应满足现行国家《建筑工程设计文件编制深度规定》的施工图设计阶段设计图纸深度要求。

2.1.3 节能设计的内容应与施工图设计内容一致。

2.1.4 有热水系统设计要求的公共建筑项目、六层及以下住宅项目，应设计太阳能热水系统。

2.1.5 采用可再生能源时，应在节能设计文件中明确相关内容。

2.2 节能设计说明

2.2.1 节能设计说明应单独设置，也可在本专业设计说明中设置独立章节。

2.2.2 居住建筑给排水专业节能设计说明应包括以下内容：

（1）设计采用的工程建设规范；

（2）作为依据性文件的法律、法规和政府文件；

（3）给水、热水系统设计用水定额、计算参数；

---

[1] 主要针对上海市的住宅项目。

（4）工程项目所在处的城镇给水管网或小区给水管网的给水水压参数；

（5）给水系统充分利用城镇给水管网或小区给水管网的给水水压直接供水的范围；

（6）给水系统的竖向分区及各分区最低卫生器具配水点处的静水压；

（7）节能型设备选用情况等；

（8）绿化浇灌方式；

（9）热水管和热水回水管绝热层材料的导热系数、厚度等；

（10）浅层地能或太阳能等可再生能源利用系统的装机容量、台数、总集热器面积、集热器类型、集热效率、太阳能热水全年保证率、热水系统类型、集热器安装部位及放置方法、集热水箱容量和辅助加热装置等。

2.2.3 公共建筑（场所）给排水专业节能设计说明还应包括以下内容：

（1）冷却塔、锅炉补水总管等设置给水流量计量装置；

（2）冷却塔补水控制；

（3）热水系统的热源形式及参数；

（4）主要热源设备的热效率等；

（5）其他节能节水措施；

（6）系统监控等自动控制节能设计措施；

（7）非传统水源利用设计参数系统及水质处理工艺流程；

（8）非传统水源利用水量平衡图（表）。

2.3 计算书与设备表

2.3.1 计算书应包括下列节能设计内容：

（1）给水、热水用水量计算；

（2）非传统水源利用系统的回收量、用水量和利用率计算；

（3）耗热量计算；

（4）可再生能源利用系统设计计算，包括热水供应量及全年保证率等；

（5）系统设备选型计算；

（6）采用太阳能热水时，计算书还应包括太阳能热水供应量及全年保证率。

2.3.2 设备表应根据设备类型列出设备的主要技术参数、性能系数和效率等。简单工程可将设备技术参数编制在对应的平面图上。

暖通空调 [1]

3.1 一般规定

3.1.1 施工图节能设计文件应包括节能设计说明、计算书、设备表和节能设计图纸。

3.1.2 设计图纸应满足现行国家《建筑工程设计文件编制深度规定》的施工图设计阶段设计图纸深度要求。

3.1.3 计算书中围护结构构造、材质、厚度及其性能参数应与建筑专业施工图设计说明中的内容一致。

3.1.4 节能设计的内容应与施工图设计内容一致。

3.1.5 采用可再生能源时，应在施工图节能设计文件中明确可再生能源（太阳能、浅层地能等）利用的装机容量和技术措施。

---

[1] 主要针对上海市的住宅项目。

3.2　节能设计说明

3.2.1　节能设计说明应单独设置，也可在本专业设计说明中设置独立章节。

3.2.2　节能设计说明应包括以下内容：

（1）工程概况：项目总建筑面积、建筑物单体面积、建筑高度、楼层数及使用性质、可再生能源利用情况。

（2）节能设计依据：

（a）国家和上海市地方的政策、法规及工程建设规范；

（b）作为依据性文件的法规、条例及政府有关部门批准的节能评估报告的名称、文号。

（3）室内外设计计算参数；

（4）供暖、空调方式，设备性能参数或热效率等；

（5）室温控制、热计量等措施；

（6）各种节能技术措施；

（7）水管和风管绝热层材料的热工参数，如导热系数、厚度和热阻等；

（8）可再生能源（太阳能、浅层地能等）利用的形式、装机容量和技术措施；

（9）其他有利于节能运行管理的技术措施。

3.2.3　当采用集中供暖、空调设备系统时，节能设计说明还应包括以下内容：

（1）建筑物总冷（热）负荷计算值和单位建筑面积冷（热）负荷指标；

（2）冷热源形式及其设备配置（规格、数量），冷（热）媒参数；

（3）主要冷热源设备的性能系数或热效率等；

（4）集中供暖、空调循环水系统的水力平衡调节措施，耗电输热比 EC（H）R；

（5）大于等于 10000m³/h 风量的常用风机和空调箱中最大的单位风量耗功率 W_s；

（6）水、电、燃气、燃油和其他能源消耗的分类计量措施及分项计量措施；

（7）控制与显示、系统监控等自控节能设计措施；

（8）能量回收、再利用和能源梯级利用等各种节能技术措施。

3.2.4　当采用地源热泵等浅层地能时，节能设计说明还应包括可再生能源利用形式、主机装机容量、台数、系统 COPs、地源热泵机组制冷量占总制冷量的比例、地埋管参数（型式、数量、深度、间距）及热平衡措施等。

3.2.5　当利用太阳能时，节能设计说明还应包括太阳能利用形式、总集热器面积、集热器类型、热效率等技术参数。

3.3　计算书

3.3.1　供暖、通风与空调设计计算书应包括冷（热）负荷计算书与设备选择计算书；必要时还应提供技术经济分析计算书。

3.3.2　采用计算软件计算冷（热）负荷时，计算书应注明软件名称、资料来源；自编软件计算时，应采用国家正式出版刊物中的计算方法（说明刊物名称和出版日期）。

3.3.3　负荷计算的打印文件中应当包括：原始输入数据（项目所在地的室外设计参数、室内设计参数、围护结构热工参数、人员密度、新风量、照明负荷密度、用电设备指标等）、每个房间的热负荷和逐项、逐时冷负荷计算结果及汇总表。必要时，应附有相应的计算用简图。

3.3.4　供暖系统设计应包括下列计算内容：

（1）每一供暖房间的冬季热负荷计算；

（2）供暖设备选择计算；

（3）系统设备（循环泵、换热器等）选择计算。

3.3.5 通风系统设计应包括下列计算内容：

（1）系统通风量计算；

（2）平时常用且大于等于20003/h风量风管道的水力估算；

（3）平时常用的通风设备选择计算；

（4）平时常用且大于10000m³/h风量风机的W_s值计算。

3.3.6 空调系统设计应包括下列计算内容：

（1）每一空调房间进行冬季热负荷与夏季逐时冷负荷计算；

（2）除风机盘管外的空调风系统的水力估算；

（3）空调设备选择计算（包括空气处理h-d图，多联机空调系统的修正计算，空气源热泵的修正计算等）；

（4）大于等于10000m³/h风量的空调箱W_s值计算。

3.3.7 冷热源主机及辅助设备（循环泵、换热器、冷却塔等）的选择计算。当有蓄冷、蓄热装置时，应包括下列计算：

（1）设有蓄冷装置的冷源时，应当根据设计日冷负荷，结合蓄冷装置，计算确定制冷设备的装机容量。

（2）采用谷时电力蓄热作为热源时，应进行设计日热负荷的逐时计算、相应的设备选择计算和系统运行分析说明。

3.3.8 供暖、空调循环水管路设计应包括下列计算内容：

（1）最不利供暖、空调水管路水力计算；

（2）循环水泵选择计算；

（3）水力平衡计算（供暖重力循环管道详细计算）；

（4）循环水系统的耗电输热比EC（H）R计算。

3.3.9 除塔楼外的全空气空调系统的可变总新风比的计算。

3.3.10 当采用地源热泵可再生能源时，设计计算书内容应包括系统COPs、地源热泵机组制冷量占总制冷量的比例及地源侧换热管计算内容。

3.4 设备表

3.4.1 应根据设备类型分别列出用能设备的主要技术性能参数。简单工程可将设备技术参数编制在对应的平面图上。

3.4.2 主要用能设备表应包括以下技术参数内容：

（1）制冷（热）主机的单台制冷（热）量、功率、进出水温度、最大水阻力、性能系数及台数等；

（2）锅炉型式、单台制热量、燃料品种、燃料消耗量、热效率、耗电量、台数等；

（3）各类直接蒸发空调设备的制冷（热）量、能效指标等；

（4）各类配置水泵的型式、流量、扬程、最低效率要求和台数；

（5）大于等于10000m³/h风量常用风机和空调箱的单位风量耗功率W_s值；

（6）各类换热器换热量、进出介质、运行参数及数量等。

CHAPTER

第 8 章 结构篇

8.1 常用结构体系

设计原则

1. 住宅结构设计应满足国家及地方现行结构设计规范的要求，确保结构设计技术先进、安全可靠。

2. 住宅结构设计应满足建筑功能要求，结构布置、结构构件尺寸要与建筑使用功能相适应，避免竖向构件局部突出影响使用、水平构件影响净高等。

3. 住宅结构设计应经济合理，结构体系受力明确、传力简洁，结构造价和含钢量控制在合理范围之内。

4. 住宅结构设计应保证产品的质量，避免由于设计原因造成开裂、渗水、不均匀沉降等质量通病的发生。

5. 结构图纸应达到规范规定的深度要求。

常用结构体系

住宅常用结构体系有砌体结构、钢筋混凝土框架（异形柱框架）结构、钢筋混凝土框架（异形柱框架）- 剪力墙结构、钢筋混凝土剪力墙结构，见表 8.1-1，表 8.1-2。这几种结构形式的适用范围及其优缺点见表 8.1-3。

各类结构体系建筑的最大适用高度及高宽比

各类结构体系建筑的最大适用高度（m）						表 8.1-1
结构体系	非抗震	6 度	7 度	8 度（0.2g）	8 度（0.3g）	9 度
砌体结构	24	21	21	18	15	12
钢筋混凝土框架结构	70	60	50	40	35	—
钢筋混凝土异形柱框架结构	24	24	21/18（0.15g）	12	—	—
钢筋混凝土框架 - 剪力墙结构	150	130	120	100	80	50
钢筋混凝土异形柱框架 - 剪力墙结构	45	45	40/35（0.15g）	28	—	—
钢筋混凝土剪力墙结构	150	140	120	100	80	60

注：本表中砌体结构以 240 厚普通砖为例；本表中钢筋混凝土结构指 A 级高度，B 级高度适用要求详见高规 JGJ3。

各类结构体系建筑的最大适用高宽比（m）						表 8.1-2
结构体系	非抗震	6 度	7 度	8 度（0.2g）	8 度（0.3g）	9 度
砌体结构		2.5	2.5	2.0	2.0	1.5
钢筋混凝土框架结构	5	4	4	3	3	—
钢筋混凝土异形柱框架结构	4.5	4	3.5/3（0.15g）	2.5	—	—
钢筋混凝土框架 - 剪力墙结构	5	5	5	4	4	3
钢筋混凝土异形柱框架 - 剪力墙结构	5	5	4.5/4（0.15g）	3.5	—	—
钢筋混凝土剪力墙结构	6	6	6	5	5	4

注：本表中钢筋混凝土结构指 A 级高度，B 级高度建筑的适用要求详见《高规》JGJ3。

住宅常用结构体系及其优缺点　　　　　　　　　　　　　　　表 8.1-3

结构体系	适用范围	设计要点
砌体结构	开间小、进深小、承重墙上下基本对齐的多层住宅	控制各墙肢的抗剪承载力；砌体横墙宜有三～四道基本对齐，纵墙可分段对齐；构造柱和圈梁的设置
钢筋混凝土框架结构	要求平面布置灵活的多、高层住宅；适用高度较剪力墙结构低；框架梁柱经常凸出室内，相应地对层高的要求比剪力墙结构高	控制结构的周期比、剪重比、层间位移角、位移比、抗侧刚度比等总体参数；框架柱宜根据建筑布置采用矩形或方形柱，梁可考虑采用宽扁梁，以增加净高
钢筋混凝土异形柱框架结构	既有空间布置的灵活性，又避免构件凸出对使用上的影响，但抗震性能略差，一般较多用于多层住宅（6层以下）	控制结构的周期比、剪重比、层间位移角、位移比、抗侧刚度比等总体参数；梁柱节点核心区的抗剪承载力；异形柱的抗震构造措施
钢筋混凝土框架 - 剪力墙结构	具有框架结构住宅的特点；一般用于框架结构不能满足结构受力的要求时；适用高度高于框架结构	具有框架结构设计时应注意的要点；剪力墙多利用竖向交通核及外墙设置
钢筋混凝土异形柱框架 - 剪力墙结构	具有异形柱框架结构住宅的特点；一般用于异形柱框架结构不能满足结构受力的要求时；适用高度高于异形柱框架结构（具体可见规范）	具有框架结构设计时应注意的要点；剪力墙多利用竖向交通核及外墙设置；框架柱的抗倾覆弯矩比
钢筋混凝土剪力墙结构	住宅最常用的结构体系，适用于各类小高层、高层、超高层住宅以及部分高烈度区的多层住宅；具有良好的抗震性能以及较好地满足了住宅对结构构件布置的要求	控制结构的周期比、剪重比、层间位移角、位移比、抗侧刚度比等总体参数；剪力墙尽量多采用一般剪力墙，减少短肢剪力墙的设置；一般剪力墙的设置宜少而长；底部加强区可根据轴压比设置约束或构造边缘构件

8.2 荷载

楼（屋）面荷载

1. 住宅常用楼（屋）面活荷载见表 8.2-1：

住宅常用楼（屋）面活荷载	表 8.2-1
位置	活载（kN/m²）
客厅，卧室，厨房，住宅内部走道	2.0
住宅阳台（悬挑阳台）	2.5（3.5）
住宅卫生间（带浴缸）	2.5（4.0）
衣帽间，储藏室	5.0
高层住宅楼梯，电梯门厅	3.5
多层住宅楼梯，电梯门厅	2.0
上人屋面	2.0
不上人屋面	0.5
屋顶绿化	3.0
室内地下室顶板施工荷载	5.0

注：1. 动迁安置房和廉租房未设计成封闭阳台时，宜沿阳台外轮廓考虑 1.5kN/m 轻质封闭恒荷载或将其折算成附加活荷载一并考虑。

2. 住宅平屋面当建筑施工图中注明为不上人屋面，但又兼做避难（疏散）平台时，屋面活荷载标准值不宜小于 2.0 kN/m²。

2. 楼、屋面的恒载一般包括楼板自身、楼板板底粉刷、吊顶、楼板板面（屋面）建筑面层做法的重量。常见楼（屋）面恒荷载计算示例见表 8.2-2 ~ 表 8.2-6，其中楼（屋）面板厚度以实际工程为准。

细石混凝土楼面	表 8.2-2
50mm 厚 C20 细石混凝土	1.0kN/m²
素水泥浆一道	—
120mm 厚钢筋混凝土楼板	3.0kN/m²
20mm 厚板底粉刷	0.4kN/m²
吊顶	0.1kN/m²
恒载合计	4.5kN/m²

注：用于初装修的住宅户内除厨、卫、阳台以外的房间，面层约 50mm。

防滑地砖楼面	表 8.2-3
8 厚防滑地砖	0.14kN/m²
20mm 厚 1：3 干硬性水泥砂浆结合层	0.4kN/m²
二遍 2 厚聚合物防水涂料，四周沿墙上翻 300mm 高（仅用于卫生间）	—
最薄处 20mm 厚 1：3 水泥砂浆（平均 30mm 厚）	0.6kN/m²
120mm 厚钢筋混凝土楼板	3.0kN/m²
20mm 厚板底粉刷	0.4kN/m²
吊顶	0.1kN/m²
恒载合计	4.64kN/m²

注：用于精装修的住宅卫生间、厨房、阳台，面层约 50mm。

第8章

结构篇

8.1　常用结构体系
8.2　荷载
8.3　基础及地下室
8.4　上部结构设计
8.5　常见问题

采暖防滑地砖楼面	表 8.2-4
8 厚防滑地砖	0.14kN/m²
20mm 厚 1:3 干硬性水泥砂浆结合层	0.4kN/m²
二遍 2 厚聚合物防水涂料，四周沿墙上翻 300mm 高（仅用于卫生间）	—
50 厚 C20 混凝土（上下配 3@50 钢丝网片，中间配散热管）	1.25kN/m²
0.2 厚真空镀铝聚氨酯膜	—
20 厚聚苯乙烯泡沫板	0.06kN/m²
1.5 厚聚氨酯涂料防潮层	—
120mm 厚钢筋混凝土楼板	3.0kN/m²
20mm 厚板底粉刷	0.4kN/m²
吊顶	0.1kN/m²
恒载合计	5.35kN/m²

注：用于铺设地暖的精装修住宅户内房间，面层 100mm。

不上人平屋面，保温材料防火等级 B1 级	表 8.2-5
50 厚 C20 细石混凝土（内配 Φ4@200 钢筋）	1.25kN/m²
干铺无纺聚酯纤维布一层	—
50mmXPS（B1 级）保温层	0.03kN/m²
3+3 厚双层 APP 改性沥青防水卷材	0.05kN/m²
20 厚 1:3 水泥砂浆找平层	0.4kN/m²
轻集料混凝土保温兼找坡层（坡度 2%）平均 100 厚（重度 16kN/m³）	1.6kN/m²
120 厚钢筋混凝土楼板	3.0kN/m²
20mm 厚板底粉刷	0.4kN/m²
吊顶	0.1kN/m²
恒载合计	6.83kN/m²

不上人平屋面，保温材料防火等级 A 级	表 8.2-6
8 厚防滑地砖	0.14kN/m²
50 厚 C20 细石混凝土（内配 Φ4@200 钢筋）	1.25kN/m²
干铺无纺聚酯纤维布一层	—
3+3 厚双层 APP 改性沥青防水卷材	0.05kN/m²
120mm 泡沫混凝土（A 级）保温层（厚度随工程变化）	0.6kN/m²
20 厚 1:3 水泥砂浆找平层	0.4kN/m²
轻集料混凝土保温兼找坡层（坡度 2%）平均 100 厚（重度 16kN/m³）	1.6kN/m²
120 厚钢筋混凝土楼板	3.0kN/m²
20mm 厚板底粉刷	0.4kN/m²
吊顶	0.1kN/m²
恒载合计	7.4kN/m²

　　上人平屋面有时在细石混凝土层以上还需铺设地砖、花岗石等，结构设计时应根据建筑面层做法增加该部分荷载。

　　坡屋面中可省去轻集料混凝土保温兼找坡层，保温层厚度略有增加，在细石混凝土层以上一般设盖瓦，根据建筑屋面做法计算出恒荷载后还应除以 $\cos\alpha$（α 为坡屋面内夹角）。

填充墙荷载

1. 对于不同材料的隔墙荷载相差较多，住宅常用填充墙重度见表 8.2-7；砂浆、构造柱、圈梁的重度一般大于填充墙，因此设计使用重度宜在下表基础上提高 0.5 ~ 2kN/m³。

常用填充墙重度	表 8.2-7
常用填充墙材料	干重度（kN/m³）
加气混凝土砌块，砂（粉煤灰）加气混凝土砌块	4.0 ~ 8.0
陶粒空心砌块	6.0 ~ 8.0
蒸压粉煤灰多孔砖，淤泥烧结多孔砖	11 ~ 13
页岩（煤矸石）烧结多孔砖，采选矿废渣页岩模数多孔砖	13 ~ 14
轻集料（粉煤灰、页岩、煤矸石）混凝土小型空心砌块	12 ~ 14
混凝土小型空心砌块	15 ~ 18
GRC 板、发泡水泥复合板	1.5

注：多孔砖、空心砌块等的重度和其开孔率相关，不同的地区采用不同的标准，设计之前宜与建设单位协调取得准确的数据。

2. 住宅外墙荷载应计入保温材料，常用保温材料干重度见表 8.2-8。

常用保温材料重度	表 8.2-8
常用保温材料	干重度（kN/m³）
模塑聚苯板（EPS），挤塑聚苯板（XPS），改性聚苯板（TPS）	0.3
聚氨酯硬泡板	0.5
聚苯颗粒保温浆料	2.5
玻璃棉板	0.5
岩棉及矿棉板，岩棉增强复合板	1.3
泡沫玻璃保温板	1.8
蒸压陶粒混凝土条板，FUBA 轻质保温条板	1.3
泡沫混凝土板，发泡混凝土板，发泡水泥板	2.5
无机保温砂浆	3.5

3. 建筑外隔墙采用砌块型号需与结构沟通

建筑专业关注砌块的节能保温性能，结构专业关注砌块的强度等级；强度等级越高的砌块保温性能越差，二者成反比。

同时还应注意了解各地区对砌块的强度等级的规定。例：浙江、合肥等地规定外墙须采用 A5.0 级，其干密度等级为 B06 级；如果建筑专业在进行外墙节能计算时选 B05 级砌块，B05 级砌块对应的强度等级只有 A3.5 和 A2.5，不能匹配。

蒸压轻质砂加气混凝土（ACC）砌块的主要性能指标如表 8.2-9 所示。

AAC 砌块的主要技术性能指标						表 8.2-9
项目	技术性能指标					
密度级别	B04		B05		B06	
强度级别	A2.0	A2.5	A2.5	A3.5	A3.0	A5.0

续表

项目		技术性能指标					
立方体抗压强度（MPa）	平均值	≥ 2.1	≥ 2.5	≥ 2.7	≥ 3.6	≥ 3.7	≥ 5.1
	最小值	≥ 1.7	≥ 2.0	≥ 2.2	≥ 2.8	≥ 3.0	≥ 4.1
平均干密度（kg/m³）		≤ 425	≤ 425	≤ 525	≤ 525	≤ 625	≤ 625
干导热系数 [W/(m²·K)]		0.11		0.13		0.15	
抗冻性	质量损失（%）	≤ 5.0					
	冻后强度（MPa）	大于立方体抗压强度平均值的 80%					
干燥收缩率	标准法（mm/m）	≤ 0.50					

注：上表摘自图集《蒸压轻质砂加气混凝土 (AAC) 砌块和板材结构构造》06CG01。

续表

8.3 基础及地下室

设计原则

当天然基础满足承载力及变形要求时，住宅优先考虑采用天然地基。上海地区十层及十层以上（或高度超过 28m）住宅应设置地下室。表 8.3-1。

住宅与周边地下室的处理方式

1. 多栋住宅单体以地下车库相连、单体间距小于影响范围时，一般将地下室顶板作为上部结构嵌固端；如不嵌固于地下室顶板，根据当地审图要求可能需要进行单体模型与多塔模型的包络设计。需注意，关于嵌固层的选取及条件，各地主管部门有不同理解，此问题需在扩初设计阶段与当地审图机构沟通。

2. 用于判断嵌固和用于明确抗震等级的影响范围是不同的，应加以注意：

确定与主楼相连的裙房抗震等级时，其相关范围为从主楼周边外延 3 跨且不小于 20m；

确定地下一层用于计算侧向刚度进而判断嵌固条件的相关范围，应取地上结构（主楼、有相连裙房时含裙房）外延不超过 20m。

3. 为满足侧向刚度需要而增设的混凝土墙，其布置宜相对对称。

4. 为满足地下室顶板作为上部结构的嵌固部位，应符合：

a. 地下一层的侧向刚度不应小于地上一层的 2 倍。上海市要求可适当放宽，但不小于 1.5 倍。

b. 相关范围内的顶板应采用现浇梁板结构，且板厚不小于 180mm。

c. 其余关于混凝土强度等级，配筋等的要求可见《建筑抗震设计规范》GB 50011—2010（2016年版）。

5. 高层住宅与周边地下车库相连时宜在地下车库与住宅相邻一跨内设置沉降后浇带，沉降后浇带钢筋可根据沉降差的大小选择是否断开，如钢筋断开则后浇带宽度应满足钢筋搭接要求。

住宅基础底板常用结构形式比较

住宅基础底板常用结构形式比较   表 8.3-1

住宅常用基础形式		特点
天然基础或地基处理	平板式筏板	适用于地基承载力较低时，施工方便，施工工期短，剪力墙结构优先选用；框架结构优先选用带下翻柱帽的平板式筏板
	梁板式筏板	地基承载力较低时可用，需在地基上开槽、作砖胎模、人工费用高、工期长、不推荐
	独立基础/条形基础+平板式防水底板	适用于地基承载力较高时有地下室的住宅，施工方便，施工工期短，综合造价低，框架/剪力墙结构优先选用
	独立基础/条形基础+梁板式防水底板	适用于地基承载力较高时有地下室的住宅，与平板式防水底板相比，人工费用高、工期长，不推荐选用
	独立基础/条形基础	适用于地基承载力较高时无地下室的住宅
桩基	平板式筏板	适用于满堂或接近满堂布桩时，施工方便，施工工期短
	独立承台+平板式防水底板	适用于仅需在墙、柱下布桩时有地下室的住宅，施工方便，施工工期短，综合造价低，优先选用
	独立承台+梁板式防水底板	适用于仅需在墙、柱下布桩时有地下室的住宅，与平板式防水底板相比，人工费用高、工期长，不推荐选用
	独立承台	适用于仅需在墙、柱下布桩时无地下室的住宅
	条形承台梁+防水底板	适用于需在剪力墙、柱及其轴线上布桩时有地下室的住宅，以及上海地区的沉降控制复合桩基
	条形承台梁	适用于需在剪力墙、柱及其轴线上布桩时无地下室的住宅，以及上海地区的沉降控制复合桩基

住宅地下室顶板满足嵌固要求的措施

1. 地下一层剪切刚度可取住宅与其周边两跨或 20m 范围内竖向构件剪切刚度的和。

2. 当地下室外墙仅在一侧布置时，宜在相对一侧的地下室内部适当补充混凝土墙，以避免嵌固层刚度偏心过大。

3. 住宅地下一层层高过高，难以满足嵌固要求时，可设地下夹层减少层高、增加嵌固层刚度。

4. 住宅室内地下室顶板通常与室外地下室顶板存在高差，嵌固设计时，各地方对该高差的限值往往有不同的认定，例如上海地区限值为 1200mm，昆明、合肥地区限值为 1000mm 等，扩初设计阶段需与当地审图机构沟通。当高差超过当地限值时，可采取高差处梁或板加腋、室内顶板降板后填土、室外顶板近住宅跨抬高等措施。

8.4　上部结构设计

结构设计的功能性、经济性、美观性

1. 住宅周边梁高应结合建筑立面门窗及线脚设置。

2. 客厅上方、房间内上方不应有梁，卫生间座厕正下方不应有梁。

3. 厅间分隔处尽量不设梁（如必须设则尽量降低梁高），可按异形板设计并选取增加板厚、增设暗梁、阳角加筋等加强措施；多采用大板跨布置，充分发挥楼板的承载能力。如图 8.4-1 所示。

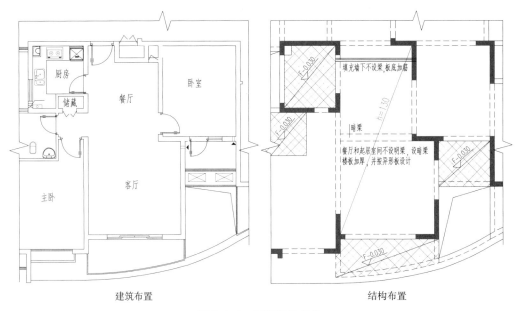

建筑布置　　　　　　　　　　　　　结构布置

图 8.4-1　厅间结构优化

4. 客厅、主要房间墙上方不露梁，梁宽尽可能同墙宽。当填充墙宽小于 150mm，相邻房间无法避免露梁时，应露在次要房间，按重要性次序分为：客厅、主卧、次卧、书房、走廊、厨卫间。

5. 当半砖墙下次梁不能取消时，次梁比填充墙宽出的部分应向不影响美观的一侧偏，例如向卫生间、厨房内偏。当偏侧有降板时，次梁梁顶标高宜相应降低。节点做法如图 8.4-2 所示。

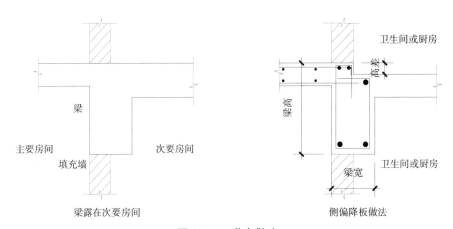

梁露在次要房间　　　　　　　　　　侧偏降板做法

图 8.4-2　节点做法

6. 卫生间半砖墙下次梁宜取消，卫生间降板处按折板设计。对一住宅卫生间的优化示例如图 8.4-3 所示：

第8章

结构篇

8.1 常用结构体系
8.2 荷载
8.3 基础及地下室
8.4 上部结构设计
8.5 常见问题

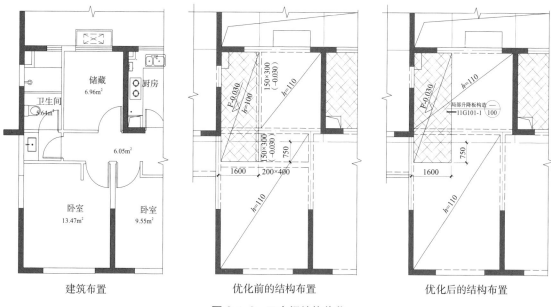

建筑布置   优化前的结构布置   优化后的结构布置

图 8.4-3 卫生间结构优化

7. 楼面退台时，退台边梁应上翻兼做防水门槛，同时避免其凸出在下方房间内影响美观。

8. 高层住宅剪力墙厚度变化时，在电梯位置宜保证井道内侧平，在楼梯位置宜使楼梯间一侧平。

楼面梁

1. 室内梁高注意统一，梁下无墙时梁高（hb）尽量控制在 400mm 以内；梁高小于 400mm 时，加密区箍筋间距注意满足不超过 $hb/4$ 的要求。

2. 外挑阳台优先考虑梁板结构。阳台悬挑长度 $L \geqslant 1.5m$ 时，应采用梁板结构。

3. 与剪力墙平面外相交的框架梁应根据墙厚控制纵筋直径满足直锚段长度要求。

4. 次梁端部宜设绞，并减小梁顶纵筋直径。

填充墙

扩初设计阶段应了解当地住宅允许且普遍采用的填充墙类型，并根据具体类型确定填充墙荷载；填充墙内构造柱设置满足规范要求即可。

构造柱和圈梁

砌体结构住宅抗震构造柱和圈梁的设置需满足规范与计算要求，不应随意减少构造柱和圈梁的数量、截面和配筋。

剪力墙

1. 横向剪力墙不必每开间均设，一个单元内宜有三至四道对齐或基本对齐的横向剪力墙；纵向剪力墙除南北两侧外墙基本对齐外，中间至少有一道能基本对齐，可连续或分段连续。

2. 减少短墙数量，合并为长墙肢（总长度 8m 以内），不仅增加了结构刚度，而且减少了边缘构件的数量。对一住宅剪力墙的优化示例如图 8.4-4 所示。

3. 楼、电梯前室及单元进厅处经常设置表箱、消防箱及风井百叶等，剪力墙布置时应注意避开上述位置或为其留洞并加强，避免削弱墙体强度或影响墙面美观。

第8章

结构篇

8.1 常用结构体系
8.2 荷载
8.3 基础及地下室
8.4 上部结构设计
8.5 常见问题

建筑布置

优化前结构布置

优化后结构布置

图 8.4-4　剪力墙的优化设计

转角窗

　　B 级高度高层剪力墙和砌体结构住宅不应在角部墙体上开转角窗洞；其他需在角部剪力墙上开转角窗时洞口两侧应避免采用一字短肢剪力墙，宜避免采用短肢墙或一字墙，墙厚不应小于 200 且不应小于层高的 1/15，并采取相应的计算分析及抗震措施保证结构安全。某转角窗的设计如图 8.4-5 所示。

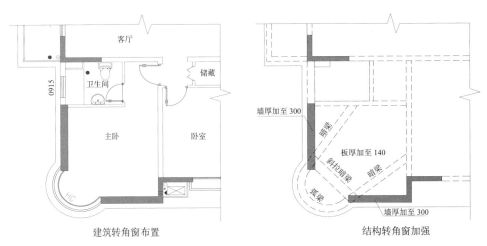

建筑转角窗布置

结构转角窗加强

图 8.4-5　转角窗的设计

楼板

1. 双向板跨厚比不大于 35 ~ 40，单向板跨厚比不大于 30 ~ 35。

2. 楼板考虑预埋管线时，最小厚度一般取 110mm；厨房、卫生间、梁式阳台楼板最小厚度可取 100mm。屋面板最小厚度一般为 120mm，上海地区异形柱框架结构屋面板最小厚度为 130mm，垃圾房等小建筑简单屋面可为 100mm。

3. 楼板钢筋宜采用细（直径一般为 8mm）而密方式配筋，卫生间钢筋建议双层双向拉通。

4. 楼板端跨、外墙转角、大跨等位置应按地方住宅标准及导则要求采取加强措施。

5. 当阳台挑出长度 L<1.5m（上海为 1.2m）且需采用挑板结构时，其根部板厚不小于 L/10 且不小于 120mm，受力钢筋直径不宜小于 10mm。

6. 对转角窗一般设置暗梁加强，当板厚不大于 150mm 时，暗梁不设置箍筋。

8.5 常见问题

预制桩

1. 上海市禁止使用预应力混凝土薄壁管桩（PTC 桩）、先张法预应力空心方桩中的薄壁方桩、预应力高强混凝土管桩（PHC 桩）中的 A 型桩。

2. 当地下水或地基土对混凝土、钢筋和钢零部件有腐蚀作用时，宜（江苏为"应"）选用 AB 型或 B 型、C 型管桩，且不得选用外径 300mm 的管桩。

3. 预制桩在液化土层范围内时，设计图纸中应对桩身配筋特别要求：由桩顶至液化土层深度以下 1.5m 的范围内箍筋应加密，间距宜与桩顶部同。抗震验算时，应对单桩承载力按液化强度比进行折减。

附属部位

主体结构基础采用桩基时，附属底层阳台、门厅、室外踏步等可通过采用合理施工程序减少后期沉降差或采用建筑构造措施予以处理，尽量采用从主体出挑的结构，必要时也可采用地基处理减少附属户外设施的沉降量。

底层地坪

潮湿地区无地下室房屋的底层卧室、起居室等居住房间应设置架空地坪。底层厨房间、卫生间、楼梯间必须采用回填土分层夯实后浇筑的混凝土地坪。上海地区与燃气引入管相邻或贴邻以及下部有管道通过的房间必须采用回填土分层夯实后浇筑的混凝土地坪，且其地基面至室内地坪面的周边墙身采用 C20 密实钢筋混凝土浇筑。

底层地坪

楼板裂缝控制应满足当地要求；如当地无要求则除应满足规范要求外，还应对阳角、板宽急剧变化、大开洞削弱等易引起应力集中处进行加强。

我国部分地区的相关规范及要求如下：

1.《上海控制住宅工程钢筋混凝土现浇楼板裂缝的技术导则》（沪建建（2001）第 0907 号）要求：

房屋层面阳角处和跨度 ≥ 3.9m 的楼板，应设置双层向钢筋，阳角处钢筋间距不宜大于 100mm，跨度 ≥ 3.9m 的楼板钢筋间距不宜大于 150mm 钢筋直径不宜小于 8mm。外墙转角处尚应设置放射形钢筋，配筋范围应大于板跨的 1/3，钢筋间距不宜大于 100mm。

2.《江苏省住宅工程质量通病控制》DGJ32-J16—2005 要求：

钢筋混凝土现浇楼板的设计厚度不宜小于 120mm，厨房、浴厕、阳台板不应小于 90mm；建筑物两端开间及变形缝两侧的现浇板应设置双层双向钢筋，其他开间宜设置双层双向钢筋，钢筋直径不应小于 8mm，间距不应大于 100mm，其他外墙阳角处应设置放射形钢筋，钢筋数量不应小于 7ϕ10，长度应大于板跨的 1/3 且不应小于 2000mm；当阳台出挑长度 L ≥ 1500mm 时应采用梁板结构，当阳台出挑长度 L<1500mm 且需采用悬挑板时，其根部板厚不小于 L/10 且不小于 120mm，受力钢筋直径不应小于 8mm。

3.《重庆市住宅工程质量通病预防措施》（渝建 [2012]301 号）要求：

现浇板内电气及智能等线管应避免交叉和过度集中布置，禁止三层及以上管线交错叠放，现浇板中的线管必须布置在钢筋网片之间，线管直径小于 1/3 板厚。住宅工程楼板宜双层双向布置钢筋，当采用板分离式配筋时，应在无上层钢筋区域沿管线方向增设 ϕ6.5@150，宽度不小于450mm 的钢筋网片。

4.《湖北省住宅工程质量通病防治技术规程》DB42/T636—2010 要求：

a. 在房屋下列部位的现浇板内应配置抗温度收缩钢筋：当房屋平面有较大凹凸时，在房屋凹角处的楼板；房屋两端阳角处及山墙处的楼板；屋面板；与周围梁、柱、墙等构件整浇且受约束较强的楼板。

b. 现浇板内不宜预埋水管。当预埋其他管线时，应布置在板上、下两层钢筋的中部，并宜与钢筋成斜交布置。沿管线方向在板的上下表面各加设一道 ϕ4@100 宽600mm 的钢丝网片予以补强。严禁三层及三层以上管线交错叠放，电线、电缆导管直径大于 20mm 时宜采用金属导管。预埋管线最大外径不应超过 1/4 板厚。板断面每米预埋管数量不超过 3 根。

CHAPTER

第 9 章　机电篇

9.1　概要

总则

住宅应设置室内给水排水系统。

严寒和寒冷地区的住宅应设置采暖设施。

住宅应设置照明供电系统[1]和建筑智能化系统。

住宅计量装置的设置应符合下列规定：

（1）各类生活供水系统应设置分户水表；设置的分户水表包括冷水表、中水表、集中热水供应时的热水表、集中直饮水供应时的水表等；

（2）设有集中采暖（集中空调）系统时，应设置分户热计量装置；

（3）设有燃气系统时，应设置分户燃气表；

（4）设有供电系统时，应设置分户电能表和公共设施分类电能表。

机电设备管线的设计应相对集中、布置紧凑、合理使用空间。

设备、仪表及管线较多的部位，应进行详细的综合设计，并应符合下列规定：

（1）采暖散热器、户配电箱、家居配线箱、电源插座、有线电视插座、信息网络和电话插座等，应与室内设施和家具综合布置；

（2）计量仪表和管道的设置位置应有利于厨房灶具或卫生间卫生器具的合理布局和接管；

（3）厨房、卫生间内排水横管下表面与楼面、地面净距不得低于1.90m，且不得影响门、窗扇开启；

（4）水表、热量表、燃气表、电能表的设置应便于管理。计量仪表的选择和安装应安全可靠、便于读表、检修和减少扰民。需人工读数的仪表（如分户计量的水表、热计量表、电能表等）一般设置在户外。对设置在户内的仪表（如厨房燃气表、厨房卫生间等就近设置生活热水立管的热水表等）可考虑优先采用可靠的远传电子计量仪表，并注意其位置有利于保证安全，且不影响其他器具或家具的布置及房间的整体美观。

下列设施不应设置在住宅套内，应设置在共用空间内：

（1）公共功能的管道，包括给水总立管、消防立管、雨水立管、采暖（空调）供回水总立管和配电和弱电干线（管）等，设置在开敞式阳台的雨水立管除外；

（2）公共的管道阀门、电气设备和用于总体调节和检修的部件，户内排水立管检修口除外；

（3）采暖管沟和电缆沟的检查孔。

水泵房、冷热源机房、变配电室等公共机电用房应采用低噪声设备，且应采取相应的减振、隔声、吸音、防止电磁干扰等措施。水泵房、冷热源机房、变配电机房等公共机电用房不宜设置在住宅主体建筑内，不宜设置于住户相邻楼层内在无法满足上述要求贴临设置时，应增加隔声减振处理。水、暖、电、气管线穿过楼板和墙体时，孔洞周边应采取密封隔声措施。

住宅消防设施

建筑高度大于21m的住宅建筑应设置室内消火栓系统；

十层及以上或建筑高度超过27m且不超过100m的住宅，其每层的公共部位应设置自动喷水灭火系统。（上海地标）

100m以上的住宅，其他所有部位应设置自动喷水灭火系统。

---

[1]　住宅建筑供配电系统应按负荷性质、用电容量、发展规划及当地供电条件合理设计。

十层及以上或建筑高度超过 27m 的住宅，其明敷的干线电缆应具备低烟、低毒、阻燃特性。

十九层及以上或建筑高度超过 54m 的住宅，其消防设施的供电干线应采用耐火电缆。

十九层及以上或建筑高度超过 54m 的住宅，其避难层、地下室、公共走道、电梯厅、楼梯间应设置消防应急照明灯具和消防应急标志灯具。

避难层 (区) 应设应急照明，其供电时间不应小于 1.50h ，照度不应低于 3.00lx。应设消防专用电话和应急广播。

建筑高度大于 100m 的住宅建筑，应设置火灾自动报警系统。建筑高度大于 54m 但不大于 100m 的住宅建筑，其公共部位宜设置火灾自动报警系统，当设置需要联动控制的消防设施时，公共部位应设置火灾自动报警系统。

高层住宅建筑的公共部位应设置具有语音功能的火灾声警报装置或应急广播。

当住宅设有火灾自动报警系统时，应急照明在火灾发生时应具备自动点亮功能。

超过 100m 住宅应设置机械加压送风系统。

9.2 电气设计

一般规定

住宅建筑电气设计导则通过下列规范中条款的引用而构成为本导则的条款。凡是不注日期的引用文件，其最新版本适用于本导则。

《住宅设计规范》GB 50096—2011

《住宅建筑电气设计规范》JGJ 242—2011

《供配电系统设计规范》GB 50052—2009

《低压配电设计规范》GB 50054—2011

《民用建筑电气设计规范》JGJ16—2008

《建筑照明设计标准》GB 50034—2013

《建筑设计防火规范》GB 50016—2014（2018年版）

《建筑物防雷设计规范》GB 50057—2010

《建筑物电子信息系统防雷技术规范》GB 50343—2012

《建筑机电工程抗震设计规范》GB 50981—2014

设计原则

住宅建筑电气设计应满足国家及地方现行相关设计规范与标准，并符合当地各职能部门（如供电局、气象局防雷办等）的要求以及当地审图公司审核意见，做到保障人身安全、供电可靠、技术先进和经济合理[1]。

住宅用电负荷的确定

负荷计算方案设计阶段可采用单位指标法和单位面积负荷密度法；初步设计及施工图设计阶段宜采用单位指标法与需要系数法相结合的算法。

每套住宅的用电负荷[2]应根据套内建筑面积和当地用电负荷的规定计算确定，且≥2.5kW。每套住宅用电负荷功率≤12kW时宜单相进户，超过12kW或有三相电器设备时应采用三相进户。用电负荷的确定尚应符合当地住宅设计标准用电复合指标的规定。住宅建筑用电设备的功率因数按0.9计算，需要系数应根据当地气候条件、采暖方式、电炊具使用等因素进行确定：详见表9.2-1。

多户住宅需要系数表		表9.2-1
按单相配电计算时所连接的基本户数	按三相配电计算时所连接的基本户数	需要系数
1~3	3~9	0.90~1
4~8	12~24	0.65~0.90
9~12	27~36	0.50~0.65
13~24	39~72	0.45~0.50
25~124	75~300	0.40~0.45
125~259	375~600	0.30~0.40
260~300	780~900	0.26~0.30

---

[1] 住宅供配电设计应根据工程特点，规模，适当考虑发展的可能，按照负荷性质，用电容量，地区供电条件，合理确定设计方案。

[2] 负荷计算要确定的方案参数由设备容量、计算负荷、计算电流等。住宅建筑基本上采用单位指标法和需要系数法。

住宅建筑电气负荷根据供电可靠性及中断供电所造成的损失及影响的程度分级：详见表 9.2-2。

不同住宅建筑规模的主要用电负荷及其负荷级别表　　表 9.2-2

分类	住宅建筑规模	主要用电负荷及其负荷级别
一类高层民用建筑	建筑高度大于 54m 的住宅建筑（包括设置商业服务网点的住宅建筑）	消防用电设备、应急照明、走道照明、值班照明、航空障碍照明、安防系统、电子信息设备机房、客梯、排污泵、生活水泵用电等按一级负荷供电
二类高层民用建筑	建筑高度大于 27m，但不大于 54m 的住宅建筑（包括设置商业服务网点的住宅建筑）	消防用电负荷、应急照明、走道照明、值班照明、安防系统、客梯、排污泵、生活水泵用电等按二级负荷供电
多层民用建筑	建筑高度不大于 27m 的住宅建筑（包括设置商业服务网点的住宅建筑）	多层住宅的电梯宜按二级负荷要求供电。住宅小区变频恒压供水水泵宜按不低于二级负荷要求供电
严寒和寒冷地区住宅建筑		采用集中供暖系统时热交换系统的用电负荷宜按二级负荷供电

建筑高度为 100m 或 35 层以上住宅建筑尚宜设柴油发电机组。

变配电所

应根据住宅建筑的特点、电气容量、所址环境、供电条件、发展的可能性和节能等综合因素确定住宅建筑配变电所的设计方案。高压供电系统宜采用环网方式，并应满足当地供电部门的规定（在方案或初步设计阶段应征询当地供电部门确定供电方案）。设在住宅建筑内的变压器应选用干式、气体绝缘或非可燃性液体绝缘节能型变压器，宜采用 D，yn11 结线方式，负载率不宜大于 85%。不同建筑用电设备总容量的变电所设置详见表 9.2-3。

住宅低压配电、电能表与住户配电箱

住宅建筑低压配电系统的设计应根据住宅建筑的类别、规模、供电负荷等级、电价计量分类、物业管理及可发展性等因素综合确定。

住宅建筑电源进线电缆宜地下敷设，宜设在室内设置电源进线箱（箱内应设置总保护开关电器）。当设在室外时，箱体防护等级不宜低于 IP54。

住宅建筑应分户设置电能表。多层住宅建筑电能表箱采用分层或集中嵌墙安装（7 至 9 层住宅建筑也可考虑在电能表间明装）。高层住宅电能表箱在电表间或配电间明装[1]，见表 9.2-3。

不同单栋建筑用电设备总容量的变电所设置表　　表 9.2-3

单栋建筑用电设备总容量	变电所设置	
< 250kW	宜多栋住宅建筑集中设置	当变压器低压侧电压为 0.4kV 时，配变电所中单台变压器容量不宜大于 1600kVA，预装式变电站中单台变压器容量不宜大于 800kVA
≥ 250kW 及以上	宜每栋住宅建筑设置	

7 至 9 层住宅建筑宜设置低压配电间，高层住宅建筑应设置低压配电间。低压配电柜分别设置住宅配电回路、公共用电设施（公共照明、电梯、水泵、安防、消防等）配电回路，公共用电设施按配电回路装设电能表。住宅小区设置电动汽车充电桩的应设专用电能表。

计费电能表的选用应符合电力公司的规定。住宅建筑每个单元或楼层宜设一个带隔离功能

---

[1]　计量及配电装置周围环境应干净、明亮，便于抄表和装拆维修。不应装在易爆、易燃、受震、潮湿、高温、多尘、有腐蚀气体、有磁力影响的场所。

的开关电器，且该开关电器可独立设置，也可设置在电度表箱里（箱内总熔断器兼作总开关，有明显断开点，具有短路、带时限过电流保护性能）。

6层及以下的住宅单元宜采用三相电源供配电，当住宅单元数量为3及3的整数倍可采用单相电源供配电。7层及以上的住宅单元应采用三相电源供配电，当同层住户数小于9时且住宅用电负荷功率较小，同层住户可采用单相电源供配电。

住宅建筑每户宜采用单相配电方式。当采用三相电源供电的住宅，套内每层或每间房的单相用电设备、电源插座宜采用同相电源供电。住宅建筑单相用电设备由三相电源供配电时，应考虑三相负荷平衡。当单相负荷的总计算容量小于计算范围内三相对称负荷总计算容量的15%时，应全部按三相对称负荷计算；当大于等于15%时，应将单相负荷换算为等效三相负荷，再与三相负荷相加。

多层住宅的公共照明可单电源供电。高层住宅的公共照明应在分区设置的末端配电箱内设双电源自切开关。照明干线可采用放射式、树干式或其他组合形式。楼宇访客对讲系统的电源和电信间电源应由公共照明配电箱单独引出。

高层住宅建筑的电梯应按一级或二级负荷分级采用双回路电源配电并在线路末端设双电源自切开关。多层住宅建筑的电梯应按二级负荷配电（可设双电源自切开关）。低层住宅不做规定。

消防控制室、消防水泵房、防烟和排烟风机房的消防用电设备及高层住宅消防电梯等应采用双回路电源供电，并在其配电线路的最末一级配电箱处设置双电源自动切换装置。高层住宅建筑的客梯、消防电梯以及附近的防排烟风机是否可合用末端双电源切换箱，应视当地住宅设计规定。由双电源自动切换配电箱至相应设备时，应采用放射式供电。

一类高层建筑应急照明应采用双回路电源供电，其双电源自切箱可采取4～6层设置一台。二类高层建筑当采用自带蓄电池应急照明时，可接入公共照明电源。高层住宅每层或每个防火分区的应急照明配电回路应专放。楼梯间疏散照明可采用不同回路跨楼层竖向供电，每个回路的光源数不宜超过20个且回路上不应设置电源插座。当设有火灾自动报警系统时，应急照明在火灾发生时应具备自动点亮功能。当应急照明采用节能自熄开关时，必须采取消防时应急点亮的措施。

应根据各地电业不同规定，低压配电接地系统选用TT、TN-C-S或TN-S形式，并应进行总等电位联结。

每套住宅配电箱（分户箱）内开关电器选择：详见表9.2-4。

每套住宅配电箱（分户箱）内开关的电器的选择表　　　　　　　　表9.2-4

设备	功能要求	剩余电流保护	备注
进线开关	同时断开相线和中性线	总断路器或每个出线回路应具有剩余电流保护功能，剩余动作电流不应大于30mA	有些地区（如上海）采用具有短路、过载、过电压及欠电压的断路器
馈线开关	应具有过载保护和短路保护功能，并应能同时断开相线和中性线		

照明、一般插座、空调插座、厨房插座及卫生间插座等均应分别设置配电回路。且同一房间内的一般插座不应有两个相邻房间的插座回路分别供电。每个柜式空调电源插座单独设置一个回路，挂壁式分体空调器不宜超过两只插座。

供配电线路敷设

住宅建筑供配电线路的穿管布线、金属线槽布线、矿物绝缘电缆布线、电缆桥架布线、封闭式母线布线的设计应符合国家现行有关标准的规定[1]。电气线路敷设尚应考虑电磁兼容性和对其他建筑智能化系统的影响。

第9章

机电篇
9.1　概要
9.2　电气设计
9.3　给水排水设计
9.4　燃气与暖通
　　　设计

住宅小区从小区变电所至各幢居民楼宜采用电缆直埋地方式供电，进户保护管采用钢管（管径大小不应小于管内导线总截面占管孔有效面积的40%），保护管伸出建筑物散水坡100～300mm，室外埋深大于等于700mm（在北方寒冷地区室外线路应考虑埋设在冻土层下）。

电气线路应采用符合安全和防火要求的敷设方式配线，套内的电气管线应采用穿管暗敷设方式配线。导线应采用铜芯绝缘线，详见表9.2-5、表9.2-6。

电气线路配线表　　　　　表9.2-5

设备	导线截面	金属管保护	塑料管保护	备注
进线	$S \geq 10$sq.mm	—	—	潮湿地区的住宅建筑及住宅建筑内的潮湿场所，宜采用管壁厚度≥2.0mm的塑料或金属导管
馈线	$S \geq 2.5$sq.mm	管壁厚度≥1.5mm	管壁厚度≥2.0mm	

电气线路敷设保护导管要求表　　　　　表9.2-6

线缆敷设方式	保护导管最大外径	备注
敷设在钢筋混凝土现浇楼板内	不应大于楼板厚度的1/3	线缆保护导管暗敷时，外护层厚度≥15mm；消防设备线缆保护导管暗敷时，外护层厚度≥30mm
敷设在垫层	不应大于垫层厚度的1/2	

多层住宅的垂直配电线路宜采用铜芯导线穿管敷设。高层住宅的垂直配电干线宜采用电缆或母线槽在电气竖井中敷设（每回路计算电流不宜大于400A）。除全程穿金属管敷设外，住宅中的电缆应具备低烟、低毒、阻燃特性。消防设备配电干线应采用耐火电缆。

明敷的金属导管应做防腐、防潮处理。净高小于2.5m且经常有人停留的地下室，应采用导管或线槽布线。当电源线缆导管与采暖热水管同层敷设时，电源线缆导管宜敷设在采暖热水管的下面，并不应与采暖热水管平行敷设。电源线缆与采暖热水管相交处不应有接头。

与卫生间无关的线缆导管不得进入和穿过卫生间。卫生间的线缆导管不应敷设在0、1区内，并不宜敷设在2区内。

电气设备用房严禁其他无关的管道通过。

电气照明

住宅建筑电气照明设计[2]标准值及照明功率密度限制值应符合国家现行标准的有关规定，详见表9.2-7、表9.2-8。

住宅建筑照明标准值照明功率密度限制值表　　　　　表9.2-7

房间或场所		参考平面	照明标准值	RA	LPD值（W/sq.m）	
					现行值	目标值
起居室	一般活动	0.75m	100lx	≥80	≤6.0	≤5.0
	书写、阅读		300lx	≥80	—	—
卧室	一般活动	0.75m	75lx	≥80	≤6.0	≤5.0
	床头、阅读		150lx	≥80	—	—

[1]　布线系统应根据住宅建筑构造、环境特征、使用要求、用电设备分布条件确定导体类型及敷设方式。

[2]　住宅建筑照明设计应根据视觉要求、环境条件，通过对灯具、光源的选择和配置、使住宅空间具备合理的照度、显色性和适宜的亮度分布，以及舒适的视觉环境。

第9章

机电篇

9.1 概要
9.2 电气设计
9.3 给水排水设计
9.4 燃气与暖通
设计

续表

房间或场所		参考平面	照明标准值	RA	LPD 值（W/sq.m）	
					现行值	目标值
厨房	一般活动	0.75m	100lx	≥ 80	≤ 6.0	≤ 5.0
	操作台		150lx	≥ 80	—	—
餐厅		0.75m	150lx	≥ 80	≤ 6.0	≤ 5.0
卫生间		地面	100lx	≥ 80	≤ 6.0	≤ 5.0
楼梯、平台		地面	30lx	≥ 60	—	—
电梯前厅		地面	75lx	≥ 60	—	—
车库		地面	30lx	≥ 60	≤ 2.0	≤ 1.8

住宅建筑照明设置要求表   表 9.2-8

照明设置场所		照明设置要求	备注
住宅建筑的公共部位		选用节能光源及附件，灯具材料符合绿色环保要求。楼梯间、公共走道照明应采用节能自熄开关控制	电梯厅等禁止采用节能自熄开关控制的场所不应采用不节能照明光源（如：白炽灯等）。与各种节能自熄开关配套的光源不宜采用紧凑型荧光灯。门厅应设置便于残疾人使用的照明开关（宜有标识）
住宅	起居室、餐厅	照明应在顶面至少预留一个电源出线口	起居室、通道照明开关宜选用夜间有光显示的面板
	卧室、书房、厨房	在顶面预留一个电源出线口，灯位宜居中	
	卫生间	采用防潮易清洁灯具。灯具位置不应安装在 0、1 区内，且尽量避开淋浴间、浴缸等上述区域的上方	卫生间灯具、浴霸开关宜设于门外，且宜选用夜间有光显示的面板。装有淋浴或浴盆卫生间的照明回路，宜装设剩余电流动作保护器
	阳台	应设人工照明	
航空障碍标志灯		按该住宅建筑中最高负荷等级要求供电	

应急照明

建筑高度超过 27m 的住宅建筑应设置疏散照明。建筑高度大于 54m 的住宅建筑尚应设置灯光疏散指示标志。应急照明灯具选用应符合现行国家标准《消防安全标志》GB13495—2015 和《消防应急照明和疏散指示系统》GB17945—2010 的规定。其连续供电时间及最低照度值要求，详见表 9.2-9。

应急疏散照明及备用照明的连续供电时间及最低照度表   表 9.2-9

设置区域		连续供电时间	最低照度
建筑高度小于 100m	长度超过 20m 的内走道	≥ 30min	≥ 1.0lx
	楼梯间、前室或合用前室	≥ 30min	≥ 5.0lx
建筑高度大于 100m	长度超过 20m 的内走道	≥ 90min	≥ 1.0lx
	楼梯间、前室或合用前室、避难走道	≥ 90min	≥ 5.0lx
	避难层（间）	≥ 90min	≥ 3.0lx
消防控制室、消防水泵房、自备发电机房、配电室、防排烟机房以及发生火灾时仍需正常工作的消防设备房		≥ 180min	作业面的最低照度不应低于正常照明的照度
总建筑面积大于 20000m² 地下、半地下建筑		≥ 60min	≥ 1.0lx

第9章

机电篇
9.1 概要
9.2 **电气设计**
9.3 给水排水设计
9.4 燃气与暖通
设计

设置灯光疏散指示标志设置部位：（1）安全出口和人员密集场所的疏散门的正上方。（2）疏散走道及其转角处距地面高度 1.0m 以下的墙面或地面上。（3）间距不应大于 20m（袋形走道不应大于 10m），在走道转角区不应大于 1.0m。

电气设备安装 [1]

高层住宅建筑应设总配电间，若地下建筑有地下二层及以上的，总配电间可设在地下一层；若仅有地下一层，总配电间宜设置在地面底层，当必须设在地下一层时，应采取有效的防水措施。

电表箱安装在住宅套外，箱 / 柜及其他留洞位置和尺寸大小在建筑或结构图中应清楚表示。注意多层公共区域布置的各电气设备、建筑智能化设备布局合理，整齐美观。安装位置除应符合下列规定外，还应符合当地供电部门的规定，见表 9.2-10。

电能表箱安装位置表　　　　　　　　　　　　　　表 9.2-10

住宅形式	安装形式		安装高度
多层住宅	集中或分层安装	暗装	1.5m
		明装	1.8m
高层住宅	楼层集中安装	电气竖井内明装	箱的上沿距地不宜高于 2.0m

住户配电箱尽可能放置在分户门门背后或门厅内或过道处不显眼之处，不破坏整块墙面的完整及美观，并要考虑检修和维护之便利，见表 9.2-11。

住户配电箱安装位置表　　　　　　　　　　　　表 9.2-11

住宅配电箱形式	安装形式	安装高度
箱内开关单层排列	明 / 暗装	箱底距地 1.8m
箱内开关双层排列	明 / 暗装	箱底距地 1.6m

照明开关、电源插座应根据住宅套内空间、家用电器设置、插座选用分类及额定电流确定：
1. 开关：详见表 9.2-12。

开关安装位置表　　　　　　　　　　　　　　表 9.2-12

电气设备	类型	安装高度	安装位置
一般开关	10A 单相	1.3m	便于操作，开关边缘距门框边缘距离：$D=0.15 \sim 0.2m$
卫生间开关	10A 单相	1.3m	若在卫生间内安装，则须设在 3 区并便于操作。开关边缘距门框边缘距离：$D=0.15 \sim 0.2m$

2. 电源插座（注意各地地方标准略有差异）。
起居室、卧室、书房、餐厅：详见表 9.2-13；
空调：详见表 9.2-14；
厨房：详见表 9.2-15；
卫生间：详见表 9.2-16。

---

[1] 电气设备安装除须满足相关国家和地方的规范与标准外，还须满足《建筑电气工程施工质量验收规范》GB 50303—2015。

起居室、卧室、书房、餐厅插座安装位置表　　　　　　表 9.2-13

房间 / 设备	设置部位及数量	插座类型	安装高度
起居室	电视机侧墙面及沙发侧墙面各设一个	10A 单相二、三极	$H=0.3$m，并远离暖气片布置（$D \geqslant 0.3$m）
主卧、双 / 单人卧室	床头柜侧墙面及床对面次墙各设一个		
书房	书房墙面设二个插座		
餐厅	设一个插座		
冰箱	设一个插座		

空调插座安装位置表　　　　　　表 9.2-14

分体挂壁空调插座	近建筑预留空调冷凝管孔洞的侧墙上	16A 单相三极	$H=2.2$m
柜式空调插座		20A 单相三极	$H=0.3$m

厨房插座安装位置表　　　　　　表 9.2-15

房间 / 设备	设置部位及数量	插座类型	安装高度
冰箱	设一个插座	10A 单相三极	$H=0.3$m
脱排油烟机	设备上方		$H=2.2$m
厨房	操作台面侧墙上设置两个插座（不应设在煤气灶上方）	10A 单相二、三极（IP54、宜带开关）	$H=1.3$m

卫生间插座安装位置表　　　　　　表 9.2-16

房间 / 设备	设置部位及数量	插座类型	安装高度
电热水器	近设备处设置一个	10A 单相三极（在 2 区需选用 IP54）	$H=2.3$m，安装在 2 区或 3 区
卫生间排风机插座			
剃须插座	盥洗室近台盆侧设一个	10A 单相二、三极（在 2 区需选用 IP54）	$H=1.3$m，安装在 2 区或 3 区
洗衣机	近设备处设置一个		

　　住宅套内安装在 1.80m 及以下的插座均应采用安全型插座同一室内插座安装高度一致。电源插座、建筑智能化插座或照明开关水平间距不小于 150mm。

防雷、接地及等电位联结

防雷[1]：住宅建筑一般按防雷要求分为两类：详见表 9.2-17。

住宅建筑一般按防雷要求表　　　　　　表 9.2-17

住宅建筑	防雷分类
建筑高度为 100m 或 35 层及以上的住宅建筑和年预计雷击次数大于 0.25 的住宅建筑	第二类防雷
建筑高度为 50 ~ 100m 或 19 ~ 34 层的住宅建筑和年预计雷击次数大于或等于 0.05 且小于或等于 0.25 的住宅建筑	不低于第三类防雷

　　固定在住宅建筑上的节日彩灯、航空障碍标志灯及其他用电设备，应安装在接闪器的保护范围内，且外露金属导体应与防雷接地装置连成电气通路。住宅电源总进线、电子信息系统配电箱、电梯配电箱及户外配电箱等应考虑防雷击电磁脉冲保护措施。

　　接地[2]：住宅建筑各电气系统的接地宜采用联合接地体，接地电阻值应满足其中电气系统最

---

[1]　根据现行国家规范《建筑物防雷设计规范》GB 50057—2010 规定，住宅建筑基本划分为第二类和第三类防雷建筑物。

[2]　住宅建筑不同电压等级用电设备的保护接地和功能接地，宜采用共用接地网，且每个建筑物均应根据自身特点采取相应的等电位联结。

小值的要求。住宅建筑套内下列电气装置的外露可导电部分均应可靠接地：（1）固定家用电器、手持式及移动式家用电器的金属外壳；（2）住宅配电箱、家居配线箱、家居控制器的金属外壳；（3）线缆的金属保护导管、接线盒及终端盒；（4）I类照明灯具的金属外壳。高层建筑电气竖井内的接地干线，每隔3层应与相近楼板钢筋做等电位联结。

　　等电位联结：住宅建筑应做总等电位联结；装有淋浴或浴盆的卫生间应做局部等电位联结。局部等电位联结应包括卫生间内下述金属器件，如给水排水管、浴盆、洗脸盆、采暖管、散热器、电源插座的PE线以及建筑物钢筋网。其他孤立金属物，如地漏、扶手、浴巾架、肥皂盒等以及与非金属固定管道（不包括铝塑管）连接的金属软管、金属存水弯等不需要进行等电位联结。等电位联结线的截面应符合《住宅建筑电气设计规范》JGJ242—2011 10.2.3表的规定。

住宅电气节能设计措施

　　住宅建筑照明设计应满足《建筑照明设计标准》GB 50034—2013对照度标准、照明均匀度、统一眩光值、照明功率密度值（LPD）等指标的要求。应根据不同使用场合选用合适的照明光源，并采用高效光源。疏散指示灯采用低功耗LED光源。镇流器选择应符合《建筑照明设计标准》GB 50034—2013要求，选用电子镇流器或者节能型电感镇流器，禁止使用非节能型电感镇流器。当选用节能型电感镇流器时，应当设置电容补偿，其功率因数不应低于0.90。

　　住宅建筑楼梯间、公共走道的照明应当采用节能自熄开关控制（电梯厅不能采用自控开关）。电梯厅照明等禁止采用节能自熄开关控制的场所，不应采用白炽灯等照明光源。与各种节能自熄开关配套的光源，不宜采用紧凑型荧光灯。

　　建筑物内应充分利用自然光源。条件许可时，宜采用太阳能照明。

　　合理选用、配置及控制电梯。电动机应选用节能型和高效率电动机，根据负载的不同种类、性能采用不同的启动和运行方式（变频、软启动），以节约能源。住宅的电器设备宜采用智能化控制。

　　低压电力干线最大工作压降应当不大于2%，分支线路的最大工作压降应当不大于3%。单相用电设备接入低压（AC220/380V）三相系统时，应当考虑三相负荷的平衡。照明系统三相配电干线的各项负荷宜分配平衡，最大相负荷不宜超过三相负荷平均值的115%，最小相负荷不宜小于三相负荷平均值的85%。

　　居民用电装表到户。各类电梯、公灯、泵类、风机类、充电桩以及其他特殊场所等公共用电分别装设计量表。

抗震设计

　　住宅建筑地震时或地震后需要迅速运行的电力保障系统、消防系统和应急通信系统、内径不小于60mm的电气配管及重力不小于150N/m的电缆梯架、电缆槽盒、母线槽均应进行抗震设防。具体做法应符合《建筑机电工程抗震设计规范》GB 50981—2014第七章相关规定。

住宅电气设计案例

总配电间布置
案例一：详见图9.2-1。
案例二：详见图9.2-2。

第9章

机电篇
9.1　概要
9.2　电气设计
9.3　给水排水设计
9.4　燃气与暖通设计

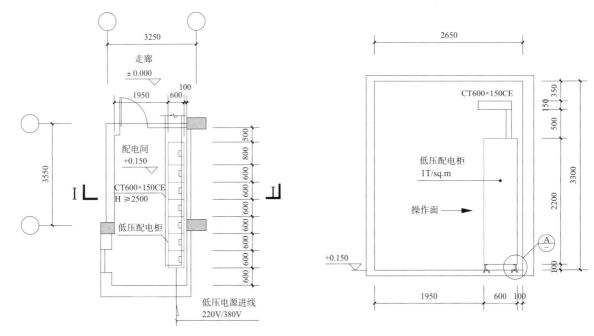

图 9.2-1 总配电间布置案例分析一

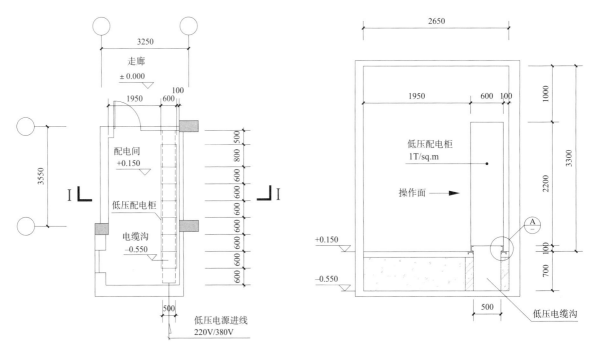

图 9.2-2 总配电间布置案例分析二

强电竖井布置图

案例一:详见图 9.2-3。

案例二:详见图 9.2-4。

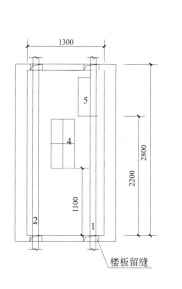
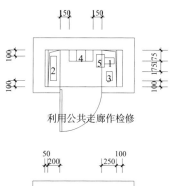
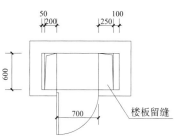

序号	名称	型号与规格
1	母线槽 IP41	500A/3P4W
2	电缆桥架	CT-400×100
3	电缆桥架	CT-150×100
4	电度表箱（二表位）	400×400×200
5	电度表箱（四表位）	400×800×200
6	插接箱	500×750×150

图 9.2-3 强电竖井布置案例分析一

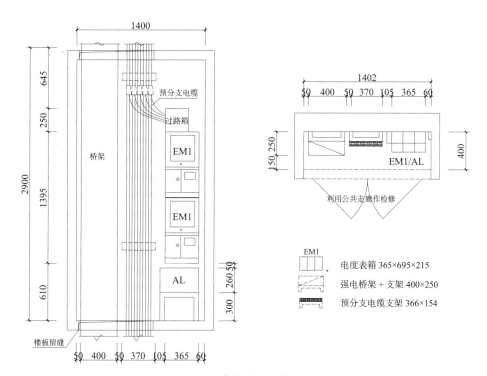

图 9.2-4 强电竖井布置案例分析二

住宅电气平面图布置

案例一：详见图 9.2-5。

住宅配电系统设计

电度表住宅配电箱例：详见图 9.2-5。

233

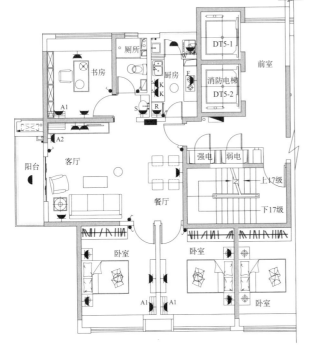

图例	名称	规格	用途	安装高度
	单相二、三极暗插座	250VAC,10A	一般插座	H=300
A1	单相三极暗插座	250VAC,16A	挂壁空调	H=2200
A2	单相三极暗插座	250VAC,20A	柜式空调	H=2200
F	单相三极暗插座	250VAC,10A	排油烟机	H=2200
K	单相三极带开关暗插座（IP54）	250VAC,10A	厨房炊具	H=1300
W	单相三极带开关暗插座（IP54）	250VAC,10A	洗衣机	H=1300
S	单相二、三极暗插座（IP54）	250VAC,10A	须刨、电吹风	H=1300
R	单相三极暗插座	250VAC,10A	冰箱	H=300
	一位单控暗开关	250VAC,10A		H=1300
	二位单控暗开关	250VAC,10A		H=1300
○	E27 螺口灯头			吸顶
	乳白色圆形吸顶灯			吸顶
	住户配电箱			H=1800

图 9.2-5 标准层照明插座布置案例分析

一般规定

住宅建筑信息设施系统设计导则通过下列规范中条款的引用而构成为本导则的条款。

《住宅设计规范》GB 50096—2011

《住宅建筑电气设计规范》JGJ 242

《智能建筑设计标准》GB 50314—2015

《综合布线系统工程设计规范》GB 50311—2016

《民用建筑电气设计规范》JGJ 16

《视频安防监控系统工程设计规范》GB 50395—2007

《出入口控制系统工程设计规范》GB 50396—2007

《入侵报警系统工程设计规范》GB 50394—2007

《民用闭路监视电视系统工程技术规范》GB 50198—2011

《安全防范工程技术规范》GB 50348—2018

《有线电视网络工程设计标准》GB 50200—2018

《公共广播系统工程技术规范》GB 50526—2010

《数据中心设计规范》GB 50174—2017

《火灾自动报警系统设计规范》GB 50116—2013

《建筑设计防火规范》GB 50016—2014（2018 年版）

《建筑物电子信息系统防雷技术规范》GB 50343—2012

设计原则[1]

住宅建筑信息设施系统设计应满足国家及地方现行相关设计规范与标准，并符合当地各职能

---

[1] 住宅建筑应根据入住用户通信、信息业务的整体规划、需求及当地资源，设置公用通信网、因特网或自用通信网、局域网。

第9章

机电篇
9.1 概要
9.2 电气设计
9.3 给水排水设计
9.4 燃气与暖通
设计

部门（如电信局、有线电视台等）以及审图公司的要求和审核意见，以确保技术先进和经济合理。

有线电视系统

有线电视系统宜采用当地相关经营商提供的运营方式。6 层及以下单元式住宅（由多个住宅单元组成）宜设 1 组有线电视系统进户保护钢管。7 层以上住宅及高层住宅每个单元设 1 组有线电视系统进户保护钢管。钢管伸出散水坡大于等于 100mm，户外埋深大于等于 700mm（在北方寒冷地区室外线路应考虑埋设在冻土层下）。

每套住宅的有线电视系统进户不少于 1 根，进户线宜在家居配线箱内做分配交接。每套住宅的电视插座装设数量 ≥ 1 个，安装位置推荐，表 9.2-18。

电视插座安装位置推荐表　　　　　　　　　　　　　　　　表 9.2-18

设备	类型	安装高度	安装参考位置
电视	双向传输	0.3 ~ 1.0m	起居室、主 / 次卧近电视机侧墙面

系统采用带宽为邻频 5 ~ 862MHz 传输系统，由前端设备，传输，用户分配网络三部分组成，所有设备部件均具有双向传输功能。正向（下行）通道传输有线电视模拟信号，数字电视信号和各种数据业务信号，反向（上行）通道传输各种宽带数字业务信号。用户分配网络为分配 - 分支方式。系统的终端用户电平控制在 64 ± 4db 范围，载噪比 ≥ 44dB。

电话与信息网络系统

电话系统和信息网络宜采用当地通信业务经营商提供的运营方式。6 层及以下单元式住宅（由多个住宅单元组成）宜设 1 组电话与信息网络进户保护钢管。7 层以上住宅及高层住宅每个单元设 1 组电话与信息网络进户保护钢管，钢管伸出散水坡大于等于 100mm，户外埋深大于等于 700mm（在北方寒冷地区室外线路应考虑埋设在冻土层下）。

电话 / 信息网络系统宜使用综合布线系统，每套住宅的电话 / 信息网络系统进户线分别不少于 1 根，进户线宜在家居配线箱内做交接。电话插座和信息插座根据需要采用单孔 RJ11 和 RJ45 插座，或双孔 RJ11/RJ45 插座。每套住宅的电话插座装设数量 ≥2 个，信息插座装设数量 ≥1 个，安装位置推荐如表 9.2-19。

电话插座、信息插座安装位置推荐表　　　　　　　　　　　表 9.2-19

设备	类型	安装高度	安装参考位置
电话	RJ11/RJ45	0.3 ~ 0.5m	起居室近沙发处、主 / 次卧近床头柜、书房近书桌处等墙面
		1.0 ~ 1.3m	卫生间近马桶墙面
信息	RJ45/ 光纤信息插座	0.3 ~ 0.5m	起居室近沙发处、书房近书桌处等墙面

家居配线箱和线路敷设

家居配线箱宜暗装在套内走廊、门厅或起居室等的便于维修维护处。不宜设在卫生间的墙上和置于套内住户配电箱的正下方，且不应设在储藏室里，以避免电气故障发热造成储藏室内可燃物引起的火灾。箱底距地高度宜为 0.3m。距家居配线箱水平 0.15 ~ 0.20m 处应预留 AC220V 电源接线盒，接线盒面板底边宜与家居配线箱面板底边平行，接线盒与家居配线箱之间应预埋金属导管。

电话、信息网络、有线电视系统等线缆敷设宜采用由家居配线箱放射方式敷设。电话、信息网络、有线电视系统等线缆宜穿金属导管敷设。

一般原则

住宅建筑公共安全系统[1]设计应满足国家及地方现行相关设计规范与标准，并符合当地各职能部门（如消防支队、公安局技防办等）以及审图公司的要求和审核意见，以确保技术先进和经济合理。

火灾自动报警系统

住宅建筑火灾自动报警系统的设计应符合现行的国家规范和标准的有关规定。详见表9.2-20。

住宅建筑火灾自动报警系统设计规定表		表 9.2-20
建筑高度	公共部位	住宅套内
大于 100m	应设置	应设置
大于 54m 但不大于 100m	应设置	宜设置
不大于 54m	①公共部位宜设置。 ②当设置有需联动控制的消防设施时，公共部位应设置	可不设置

火灾自动报警系统的设计分类：见表9.2-21。

系统分类表		表 9.2-21
分类	系统组成	系统适用
A	火灾报警控制器、手报按钮、家用火灾探测器、声警报器	有物业集中监控管理且需联动控制消防设施的住宅建筑应选用 A 类
B	控制中心设备、家用火灾报警控制器、家用火灾探测器、声警报器	仅有物业集中监控管理的住宅建筑宜选用 A 类和 B 类
C	家用火灾报警控制器、家用火灾探测器、声警报器	无物业集中监控管理的住宅建筑
D	独立式火灾探测警报器、火灾声警报器	别墅式住宅和已投入使用的住宅建筑

系统设备的设置：详见表9.2-22。

系统设备设置表			表 9.2-22
火灾探测设备与类型			设置部位
火灾探测器		感烟	每间卧室、起居室至少设一个
可燃气体探测器	天然气	甲烷	厨房顶部（避开灶具正上方）
	液化气	丙烷	厨房下部
	煤制气	一氧化碳	厨房下部或其他部位
声警报器（具有语音功能）			公共部位，$H \geqslant 2.2m$
家用火灾报警控制器			进户门处底边距地 1.3～1.5m 壁挂
应急广播扬声器的额定功率≥ 3W			壁挂扬声器底边距地面 $H \geqslant 2.2m$
广播功率放大器（箱体面板应有防止非专业人员打开的措施）			首层内走道侧面墙上

[1]　住宅建筑公共安全系统宜包括火灾自动报警系统、安全技术防范系统和应急联动系统。

第9章

机电篇
9.1 概要
9.2 电气设计
9.3 给水排水设计
9.4 燃气与暖通
设计

具有消防联动功能的火灾自动报警系统的保护对象中应设消防值班室。控制室内包括火灾报警控制器、联动控制器、图形显示装置、消防专用电话总机、应急广播控制装置、应急照明控制装置、消防电源监控装置等设备。控制室的显示与控制、信息记录、传输，应符合《消防控制室通用技术要求》GB 25506—2010 的有关规定。消防值班室设直通当地消防支队的 119 直线电话。连接燃气灶具的软管及接头在橱柜内部时，探测器宜设置在橱柜内部。且宜采用具有联动关断燃气关断阀功能的可燃气体探测器。探测器联动的燃气关断阀宜为用户可以自己复位的关断阀，并应具有胶管脱落自动保护功能。

高层住宅建筑的公共部位应设置具有语音功能的火灾声警报装置或应急广播。如设置应急广播，则应能接受联动控制或由手动火灾报警按钮信号直接控制进行广播。每台扬声器覆盖的楼层不应超过 3 层，同时向全楼广播。应急广播的单次语音播放时间为 10 ~ 30s。应急广播与普通广播或背景音乐交替循环播放。广播功率放大器应具有消防电话插孔，消防电话插入后应能直接讲话。且功率放大器应配有备用电池，电池持续工作不能达到 1h 时，应能向消防控制室或物业值班室发送报警信息。

建筑物内的自动喷水灭火系统、消火栓系统、防排烟系统、防火门、应急照明等的联动控制设计应符合《建筑防火设计规范》GB 50016—2014 的要求。当发生火灾时，消防联动控制器应能解锁疏散通道上和出入口的门禁系统（或能从内部手动解锁）。

公共广播系统

住宅建筑的公共广播系统可根据使用要求，分为背景音乐广播系统和火灾应急广播系统。背景音乐广播系统的分路，应根据住宅建筑类别、播音控制、广播线路路由等因素确定。

当背景音乐广播系统和火灾应急广播系统合并为一套系统时，广播系统分路宜按建筑防火分区设置，且当火灾发生时，应强制投入火灾应急广播。公共广播等线缆应穿金属导管敷设。室外背景音乐广播线路的敷设可采用铠装电缆直接埋地、地下排管等敷设方式。

安全技术防范系统

住宅建筑安全技术防范系统的配置标准应符合《住宅建筑电气设计规范》JGJ242—2011 最低标配置标准。

周界安全防范系统的设计：电子周界防护系统应与周界的形状和出入口设置相协调，不应留盲区，且应预留与住宅建筑安全管理系统的联网接口。

公共区域安全防范系统的设计：

1. 数字视频安防监控系统，见表 9.2-23。

数字视频安防监控系统安装表　　　　　　　　　　表 9.2-23

摄像机安装部位	安装高度
主要出入口的人行通道、车行通道、每幢住宅楼楼栋的出入口、电梯桥箱、地下车库通向住宅楼的出入口、自行车停车库出入口、地下车库的主要车道、独立别墅区的主要通道及其他重要部位	户内，$H \geq 2.5m$ 户外，$H \geq 3.5m$ （户外型应采取防水、防晒、防雷等措施）

预留与住宅建筑安全管理系统的联网接口。

住宅建筑出入口、停车库（场）出入口控制系统宜与电子周界防护系统、视频安防监控系统联网。

2.电子巡查系统。

离线式电子巡查系统的信息识读器底边距地宜为 1.3 ~ 1.5m，安装方式应具备防破坏措施或选用防破坏型产品；在线式电子巡查系统的管线宜采用暗敷。 应预留与住宅建筑安全管理系统的联网接口。

家庭安全防范系统：

1）访客对讲系统应与监控中心主机联网。紧急求助信号应能报至监控中心；紧急求助信号的响应时间应满足国家现行有关标准的要求。

2）入侵报警系统在住户套内、户门、阳台及外窗等处，选择性地安装入侵报警探测装置；系统应预留与小区安全管理系统的联网接口，详见表 9.2-24。

家庭安全防范系统安装表　　　　　　　　　　　　　　表 9.2-24

数量	安装高度	安装位置
1	$H=1.3 \sim 1.5m$	单元入口处防护门上或墙体内
1	$H=1.3 \sim 1.5m$	起居室（厅）分户门处便于操作处
≥1	$H=1.0 \sim 1.3m$	起居室及主卧近床头柜处

监控中心可与住宅建筑管理中心合用，使用面积应根据系统的规模由工程设计人员确定，并不应小于 $20m^2$。应具有自身的安全防范设施。周界安全防范系统、公共区域安全防范系统、家庭安全防范系统等主机宜安装在监控中心，监控中心应配置可靠的有线或无线通信工具，并应留有与接警中心联网的接口。

一般规定

智能化的住宅建筑宜根据需要设置建筑设备管理系统 [1]。该系统宜包括建筑设备监控系统、能耗计量及数据远传系统、物业运营管理系统等。住宅建筑建筑设备管理系统的设计应符合现行行业标准《民用建筑电气设计规范》JGJ16—2008 的有关规定。

建筑设备监控系统

住宅小区建筑设备监控系统的设计，应根据小区的规模及功能需求合理设置监控点。监控系统宜具备下列功能，且直接数字控制器（DDC）电源宜由住宅建筑设备监控中心集中供电，如表 9.2-25。

建筑设备监控系统设置表　　　　　　　　　　　　　表 9.2-25

住宅小区监控对象	实现功能	
给水与排水系统	监测	控制
公共照明系统	监测	控制
电梯系统	监测	不控制
设有集中式采暖通风及空调调节系统	监测	控制
蓄水池（含消防蓄水池）、污水池水位	监测	不控制
饮用水蓄水池过滤设备、消毒设备	监测	不控制

[1] 智能化的住宅建筑宜根据需要设置建筑设备管理系统。该系统宜包括建筑设备监控系统、能耗计量及数据远传系统、物业运营管理系统等。

能耗计量及数据远传系统

能耗计量及数据远传系统可采用有线网络或无线网络传输。有线网络进户线可在家居配线箱内做交接。距能耗计量表具 0.3 ~ 0.5m 处，应预留接线盒，且接线盒正面不应有遮挡物。能耗计量及数据远传系统有源设备的电源宜就近引接。

一般规定

住宅建筑的机房工程包括电信间、建筑智能化设备间、控制室等[1]，并宜按现行国家标准《数据中心设计规范》GB 50174—2017 中的 C 级进行设计。

电信间

住宅建筑每个单元应设置电信间，具体使用面积（1.5 ~ 5m²）应根据住宅单元规模以及当地住宅设计标准核定。当无地下室时，电信间可利用一层楼梯下的空间设置。建筑智能化设备间、电信间合用时，使用面积不应小于电信间的面积要求。

建筑智能化设备间及竖井

应根据建筑智能化设备数量、系统出线数量、设备安装与维修等因素，确定其所需的使用面积。多层住宅建筑建筑智能化设备系统设备宜集中设置在一层或地下一层建筑智能化设备间（或电信间）内。利用通道作为检修面积时，建筑智能化设备竖井的净宽度不宜小于 0.35m。7 层及以上的住宅建筑和高层建筑建筑智能化系统设备的安装位置应由设计人员确定。建筑智能化设备竖井在利用通道作为检修面积时其净宽度不宜小于 0.6m。建筑智能化设备竖井根据系统进出缆线所需的最大通道，预留竖向穿越楼板、水平穿过墙壁的洞口。

控制室

控制室应包括住宅建筑内的消防控制室、安全防范监控中心、建筑设备管理控制室等，宜采用合建方式。供配电设计应满足各系统正常运行最高负荷等级的需求。

住宅建筑智能化设计案例

1. 建筑智能化竖井布置
方案一：详见图 9.2-6，表 9.2-26。

图 9.2-10 标注对照表　　　　　　　　　　　　　　　　　　表 9.2-26

序号	名称	型号与规格
1	CATV 层分线箱	450 × 350 × 150
2	CATV 层分线箱	220 × 220 × 100
3	访客对讲及安保层分线箱	220 × 220 × 100
4	火灾报警层分线箱	220 × 220 × 100
5	C 型层通信箱	380 × 500 × 150
6	E 型层通信箱	500 × 750 × 150

---

[1]　机房宜方便各种线路进出，远离电磁干扰场所，远离振动源和噪声源，远离粉尘、油烟、有害气体以及生产或储存具有腐蚀性、易燃易爆物品的场所，且不应设在潮湿、易积水的正下方或贴邻。

续表

序号	名称	型号与规格
7	通信线槽	MR -400×100
8	综合线槽	MR -200×100
9	消防线槽	450×350×150

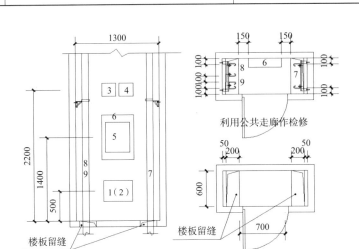

图 9.2-6 智能化竖井布置图

方案二：详见图 9.2-7。

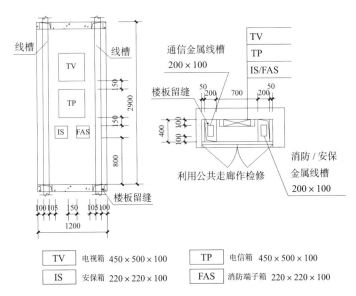

TV	电视箱 450×500×100		TP	电信箱 450×500×100
IS	安保箱 220×220×100		FAS	消防端子箱 220×220×100

图 9.2-7 智能化竖井布置图

2. 建筑智能化平面布置图，详见图 9.2-8。

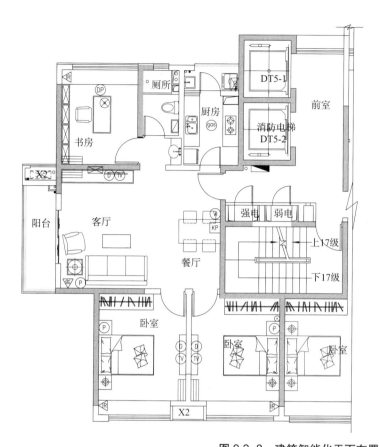

图例	名称	安装高度
VI	可视访客对讲分机（紧急按钮）	H=1300
KP	住户报警系统控制键盘	H=1300
⊙	紧急呼叫按钮	H=1300
⊠	家居信息箱	H=300
TV	有线电视终端	H=300
DP	电话/信息终端	H=300
P	电话终端	H=300
D	信息终端	H=300
gas	燃气报警器	吸顶安装
▷	红外幕帘探测器	吸顶安装

图 9.2-8 建筑智能化平面布置图

9.3 给水排水设计

给水水质

住宅生活供水系统水质应符合现行《生活饮用水卫生标准》GB 5749—2006、《城市供水水质标准》CJ/T 206—2005、《二次供水设施卫生规范》GB 17051—1997 的规定。

住宅给水用水量确定

1. 根据《建筑给水排水设计标准》GB 50015—2019 规定的住宅最高日生活用水定额及小时变化系数，按住宅类别、卫生器具设置标准确定用水标准[1]，见表9.3-1。

国标住宅用水标准		表9.3-1	
卫生器具设置标准		用水定额（L/ 人·d）	小时变化系数 K_h
普通住宅	有大便器、洗脸盆、洗涤盆、洗衣机、热水器和沐浴设备	130 ~ 300	2.8 ~ 2.3
普通住宅	有大便器、洗脸盆、洗涤盆、洗衣机、集中热水供应（或家用热水机组）和沐浴设备	180 ~ 320	2.5 ~ 2.0
别墅	有大便器、洗脸盆、洗涤盆、洗衣机、洒水栓，家用热水机组和沐浴设备（含庭院绿化用水和汽车抹车用水）	200 ~ 350	2.3 ~ 1.8

2. 当地主管部门对住宅生活用水定额有具体规定时，应按当地规定执行，以下摘录部分省市住宅用水定额：

上海：《住宅设计标准》——住宅每人每日生活用水定额不宜大于230L。

江苏：《江苏省住宅设计标准》，见表9.3-2。

江苏省住宅用水标准		表9.3-2	
卫生器具设置标准		用水定额（L/ 人·d）	小时变化系数 K_h
Ⅰ类普通住宅	有大便器、洗脸盆、洗涤盆、洗衣机、热水器和沐浴设备	200 ~ 300	2.6 ~ 2.3
Ⅱ类普通住宅	有大便器、洗脸盆、洗涤盆、拖布盆、洗衣机、集中热水供应（或家用热水机组）和沐浴设备	250 ~ 350	2.5 ~ 2.0
联排式住宅 独立式住宅	有大便器、洗脸盆、洗涤盆、拖布盆、洗衣机及其他设备（净身器等）、洒水栓、集中热水供应（或家用热水机组）和沐浴设备	300 ~ 400	2.3 ~ 1.8

安徽：《安徽省城市住宅设计标准》——每户住宅给水设计标准不低 170 ~ 300L/ 人。

云南：《云南省用水定额标准》——城镇居民用水 100 ~ 160L/ 人。

甘肃：《甘肃省住宅设计标准》，见表9.3-3。

甘肃省住宅用水标准		表9.3-3
卫生器具设置标准		用水定额（L/ 人·d）
Ⅰ类普通住宅	有大便器、洗脸盆、洗涤盆、洗衣机、热水器和沐浴设备	100 ~ 220
Ⅱ类普通住宅	有大便器、洗脸盆、洗涤盆、洗衣机、集中热水供应（或家用热水机组）和沐浴设备	150 ~ 250
高级住宅	有大便器、洗脸盆、洗涤盆、洗衣机、洒水栓，家用热水机组和沐浴设备	250 ~ 400

---

[1] 各地用水标准的选取不同。

天津:《天津市住宅设计标准》——"住宅的最高日生活用水定额 85 ~ 120L/ 人·d，其中中水用水定额 25 ~ 30L/ 人·d"。

常用给水系统[1]图示及适用范围   表 9.3-4

常用给水系统	图示	适用范围
市政压力 直接供水	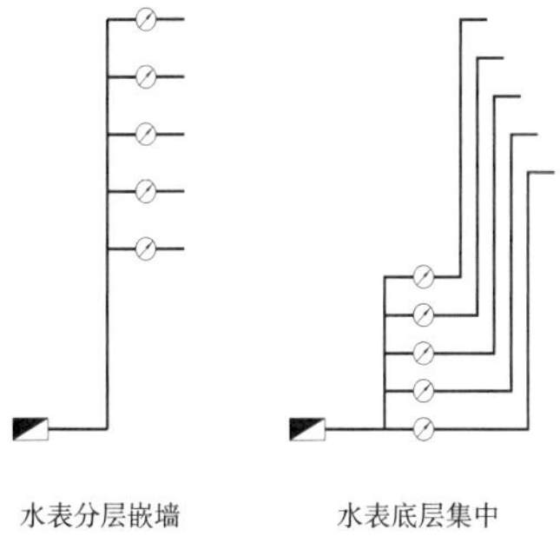 水表分层嵌墙　　水表底层集中	1. 一般适用于低层和多层住宅，市政给水管网压力能满足最不利点用水点要求。 2. 如按六层住宅计，市政管网压力能提供最小给水压力 0.30MPa 时，可按此系统直接供水
市政压力供水与 变频压力供 水相结合	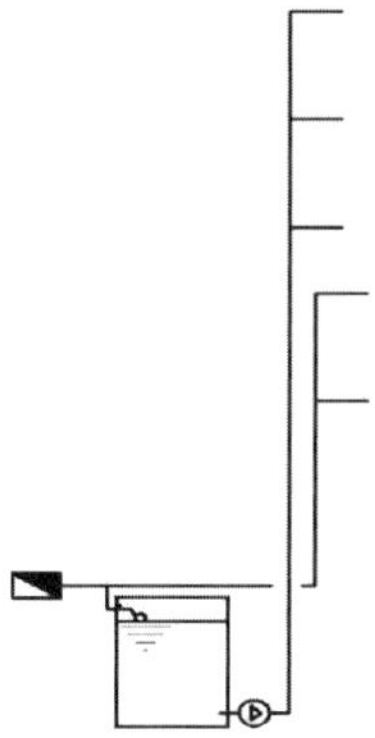	1. 一般适用于多层住宅、小高层住宅；多层住宅宜采用变频恒压供水方式。 市政给水管网压力仅能满足部分楼层用水点压力要求，其余楼层需要通过设置变频增压泵供给。 2. 在生活泵房内设置生活水池及变频泵组加压后供给。 3. 采用叠压供水设备时，除了需要符合国家及本省有关法规外，还应报当地供水企业审核，供水企业根据具体的管网情况、服务压力等条件决定是否可以使用
市政压力供水与 变频压力分区（设 分区变频泵）供 水相结合	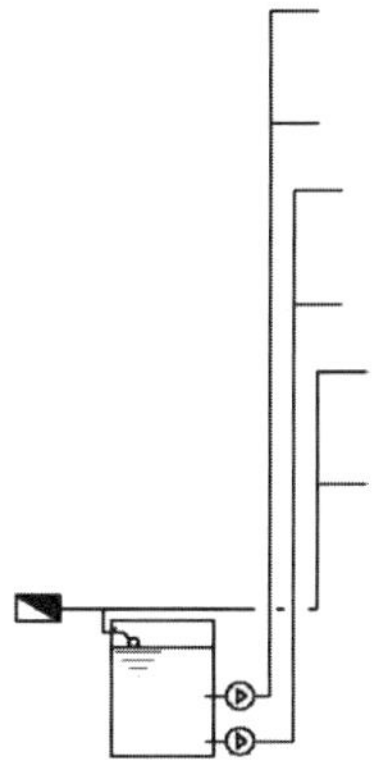	1. 一般适用于 18 层以下高层住宅。 2. 市政给水管网压力仅能满足部分楼层用水点压力要求，其余楼层需要通过设置分区变频增压泵供给。 3. 压力给水系统分为高低区，通过分区泵分别供给
市政压力供水与 变频压力分区（设 分区减压阀）供 水相结合	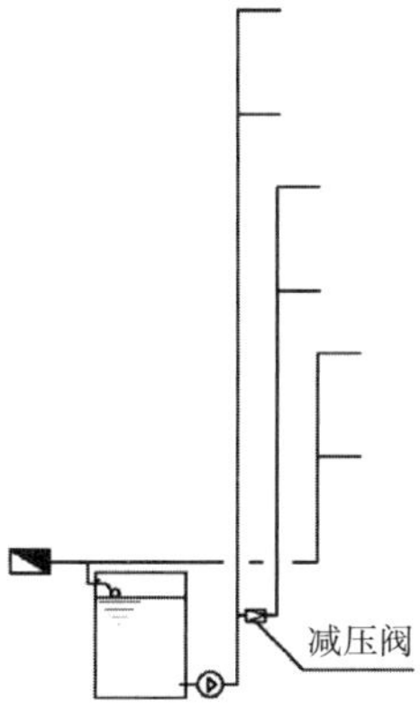 减压阀	1. 一般适用于 18 层以下高层住宅。 2. 市政给水管网压力仅能满足部分楼层用水点压力要求，其余楼层需要通过设置分区减压阀供给。 3. 压力给水系统也分为高低区，通过设置减压阀分区供给

---

[1] 给水系统的确定极为重要。需要设计师凭借足够的设计经验及当地的一些规定来确定。

续表

常用给水系统	图示	适用范围
市政压力供水与变频供水、水箱供水相结合	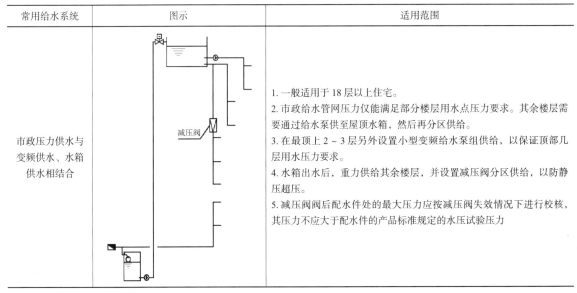	1. 一般适用于18层以上住宅。 2. 市政给水管网压力仅能满足部分楼层用水点压力要求。其余楼层需要通过给水泵供至屋顶水箱，然后再分区供给。 3. 在最顶上2~3层另外设置小型变频给水泵组供给，以保证顶部几层用水压力要求。 4. 水箱出水后，重力供给其余楼层，并设置减压阀分区供给，以防静压超压。 5. 减压阀阀后配水件处的最大压力应按减压阀失效情况下进行校核，其压力不应大于配水件的产品标准规定的水压试验压力

住宅给水泵房

《住宅设计规范》GB 50096规定：住宅建筑内不宜设置给水泵房。受条件限制时，只能设在住宅建筑内时，须采用如下措施：

（1）采用噪声低于55dB的水泵；

（2）水泵房[1]不应紧邻卧室、书房、起居室；

（3）水泵房应采取减噪隔振措施：吸水管、出水管上应设置减振装置；水泵机组的基础应设置减振装置；管道支架、吊架和管道穿墙、楼板处，应采取防止固体传声措施；泵房墙壁、天花应采取隔音吸音措施。

《城镇给水排水技术规范》GB 50788规定：给水加压、循环冷却等设备不得设置在居住用房的上层、下层和毗邻的房间内，不得污染居住环境。

因此住宅内首先应严格避免在住户上层、下层和毗邻房间设置泵房，如不是上述各区域，通过商业网点等公共区域来隔层设置，必须按《住宅设计规范》GB 50096规定加强措施，但首选还是不要将泵房设于住宅单体投影线以内。

建筑物贮水池（箱）应设置在通风良好、不结冻的房间内，特别是屋面高位生活水箱应设置在房间内。

给水泵房应远离污染源，10m范围内不得有化粪池、污水处理构筑物、渗水井、垃圾堆放点等污染源，鉴于某些地区卫生防疫的特殊要求，建议上述所述污染源，应包括厨房油水处理机房、雨水回用机房、中水（处理）机房、污泵间、卫生间等；同时，给水泵房生活水箱2m以内不得有污水管和污染物，建议给水泵房内不要出现雨、污水管。

住宅二次供水防污染措施

二次供水水质应符合现行国家标准《生活饮用水卫生标准》GB 5749的规定。

通过二次供水的水质增测项目最高允许增加值应符合现行国家标准《二次供水设施卫生规范》GB 17051的规定。

---

[1] 住宅泵房位置选定，需要早期与建筑师密切配合。

涉水材料应符合现行国家标准《生活饮用水输配水设备及防护材料的安全性评价标准》GB/T 17219 的规定。

二次供水的生活用水管网系统应为专供系统,应与消防、绿化浇灌、道路冲洗等其他用水系统相独立。二次供水工程严禁与其他供水系统和自备水源等管网直接连接。

给水泵房内不应有污水管穿越。

在二次供水工程设计中,生活饮用水的水池(箱)应配置消毒设施,所有供水设施在交付前必须清洗和消毒。

采用中水冲洗便器时,中水管道和预留接口应设明显标识。坐便器安装洁身器时,洁身器应与自来水管连接,禁止与中水管连接。

住宅给水压力

入户管的供水压力[1]不应大于 0.35MPa。住宅室内给水系统和热水系统最低配水点的静水压力宜为 0.30~0.35MPa,当大于 0.35MPa 时,应采用竖向分区。分区宜采用减压阀装置。

住户套内用水点供水压力不宜大于 0.20MPa,且不应小于用水器具要求的最低压力。

每户水表前的静水压力不应小于 0.1MPa,当顶层为跃层时,表前的静水压力不应小于 0.13MPa。一般推荐采用供水压力以不小于 0.15MPa 为宜。

因各地市政压力不同,一般需要设计在前期了解各地可供市政最低压力来判断可供的楼层数。为此,从节能要求来看,生活给水系统应充分利用城镇给水管网的水压直接供水。上海市建筑学会建筑给水排水专业委员会、上海市勘察设计行业协会审图专业委员会给排水专业组于 2012 年 6 月 21 日在现代建筑设计大厦组织召开了有关节水方面问题的讨论会,有设计、审图和供水部门等 20 位专家参加会议。有关生活给水系统应充分利用城镇给水管网的水压直接供水的问题经过讨论达成共识如下:

(1)住宅小区应充分利用市政管网供水压力直接供水;

(2)住宅小区室外生活、消防管道应合用;

(3)一层及一层以下应直接供水,一层以上直接供水范围应根据当地自来水公司提供市政给水管网水压通过计算确定;

(4)利用市政给水管网压力直接供水时,直接供水管道不应从水池进水管上接出,应有保证直接供水楼层的给水流量和压力的措施;

(5)当直接供水有困难时,应由业主负责组织召开供水部门、设计等有关方面协调会,并形成会议纪要作为设计和审图依据。

住宅给水管径计算

1. 根据住宅配置的卫生器具给水当量、使用人数、用水定额、使用时数及小时变化系数,计算出最大用水时卫生器具给水当量平均出流概率,查出计算管段同时出流概率,再计算出该管段的设计秒流量,详《建筑给水排水设计标准》GB50015—2019。

2. 管径[2]选择时,应选用经济流速。

给水支管的管径小于等于 25mm 时,其管道内的水流速度宜采用 0.8~1.0m/s。

热水支管管径小于等于 25mm 时,其管道内水流速度宜采用 0.6~0.8m/s。

---

[1] 住宅供水压力过大、过小都不是理想的设计产品。

[2] 住宅的给水入户管径有默认的尺寸,如一厨一卫 DN20 即可,一厨二卫 DN25,别墅 DN32。

住户水表

（1）住宅建筑供水须按"一户一表"的设计、施工及验收。

（2）一户一表、水表出户按水表安装位置不同，分为如下类别：

水表分层分散设置式：不建议太分散设置，除非户型过多。

水表分层集中设置式：大部分地区最常用；可将水表设在楼梯口或楼梯休息平台处的水表箱内或管弄井内。

水表底层集中式：常用于南方地区。

水表顶层集中式：不常用。

（3）用户水表应设计于室外公共部位，且应拆装便利。安装方式采用嵌墙式时，水表应安装于标准水表箱内。采用管弄井式和其他安装方式集中装表时，与水表连接的上游和下游管道公称通径（D）应与水表接口一致、长度分别为 10D 和 5D 的直管段。水表设计安装高度 0.4 ~ 1.4m，距墙不小于 0.10m。

（4）在有可能冻结部位安装水表时，应作好防冻保温措施。

（5）水表选择及水力计算。

入户管的给水设计秒流量计算应依据现行《建筑给水排水设计标准》GB 50015 的有关规定确定。水表后入户管管径，应根据最不利配水点所需压力、流量、管道和水表的水头损失值等因素综合确定。

住宅水表口径应依据设计流量选用。住宅分户表应采用口径不小于 20mm 的干式水表。当有集中供热水系统时，每户尚应设置口径不小于 15mm 的热水水表。

水表的水头损失，应按选用产品所给定压力损失值计算；在未确定具体产品时，住宅入户管上的水表的水头损失宜取 0.01 ~ 0.015MPa。

（6）智能水表。

智能水表是利用现代微电子技术、传感技术、物联网技术对用水量进行计量，并进行用水数据传递及结算交易的新型水表，能够更好地适应阶梯式水价和"一户一表、抄表到户"的要求，维护供水用户的权益。目前多地新建住宅小区均积极采用智能水表，对已建小区采取旧表改造方式，逐步将现有的非智能水表改装成智能水表，见图 9.3-1。

图 9.3-1　智能水表

卫生器具和配件

卫生器具和配件应采用节水型产品，节水型卫生器具和配件包括：

（1）冲洗用水量为 3.5/5L 的两档式便器水箱及配件。

（2）不得使用明令淘汰的螺旋升降式铸铁水龙头、铸铁截止阀、进水阀低于水面的卫生洁具水箱配件、上导向直落式便器水箱配件等。

（3）毛坯房交房标准：一般需要至少一个卫生间安装坐便器，厨房安装洗涤盆。

住户表后管道的设置和安装

（1）给水管道的布置应兼顾建筑的使用和美观要求，尽量沿墙、梁、柱敷设。水表后成排管道安装应兼顾管材特点，可排列或集束安装工并外加套管。

（2）配水立管或表后立管应安装于共用部位或公共管道竖井中，当安装于公共管道竖井中时，每层应设检修门，并预留足够的维护、检修空间。

（3）室内给水管道暗敷有直埋和非直埋两种形式。直埋式有嵌墙敷设和在地面找平层敷设；非直埋式有管道井、吊顶内或地坪架空层内敷设。

（4）暗敷管道应满足下列要求：

不得直接敷设在建筑物结构层内或布置在可能受重物压坏处或受振动损坏处；

干管和立管应敷设在吊顶、管井、管窿内，支管宜敷设在楼(地)面的找平层内或沿墙敷设在管槽内；

敷设在找平层或管槽内的给水支管的外径不宜大于25mm；

敷设在找平层或管槽内的给水管管材可采用塑料、金属与塑料复合管材或耐腐蚀的金属管材；

敷设在找平层或管槽内的管材，如采用卡套式或卡环式接口连接的管材，宜采用分水器向各卫生器具配水，中途不得有连接配件，两端接口应明露。地面宜有管道位置的临时标识。嵌墙敷设的铜管或薄壁不锈钢管，宜采用覆塑铜管或覆塑薄壁不锈钢管。

（5）明设塑料管道，应满足下列要求：

明设塑料管应布置在不易受撞击处。如不能避免时，应在管外采取保护措施。

明设塑料管、金属复合管等给水立管距灶台边缘的净距不得小于0.4m，距燃气热水器的边缘不应小于0.2m，当条件不许可时应有隔热等保护措施。

明设塑料管、金属复合管应按管材的线膨胀系数、环境温度、管内水温等因素经计算确定在一定距离直线管段上设置温度补偿装置。

给水管道不得敷设在烟道、风道、电梯井内、排水沟内；给水管道不宜穿越卧室、书房、橱窗、壁柜及贮藏间、承重墙。

热水供应设施

住宅应设置热水供应设施或预留安装热水供应设施的条件。

（1）一般毛坯房在厨房或阳台预留燃气热水器位置、接管及建筑排气孔洞口。

（2）如选择电热水器、太阳能热水器需要预留安装热水器的位置、预留管道、管道接口、电源插座等。

（3）根据规定需要安装太阳能热水系统的住宅，需要做到太阳能热水系统与建筑一体化同步设计、同步施工、同步验收、同步交付使用。

生活热水的设计应符合下列规定

集中生活热水系统配水点的供水水温不应低于45℃；

集中生活热水系统应在套内热水表前设置循环回水管；

集中生活热水系统热水表后或户内热水器不循环的热水供水支管，长度不宜超过8m。当热水用水点距水表或热水器较远时，可采取：

（1）集中热水供水系统时，在用水点附近增加热水和回水立管并设置热水表；

（2）户内采用燃气热水器时，在较远的卫生间预留另设电热水器的条件，或设置户内热水循环系统。循环水泵控制可以采用用水前手动控制或定时控制方式。

住宅太阳能热水系统

根据各地对住宅太阳能热水系统[1]要求，须采用太阳能热水系统与建筑一体化技术，做到太阳能热水系统与建筑一体化同步设计、同步施工、同步验收、同步交付使用。以下罗列了部分省市关于住宅设置太阳能热水系统的通知及要求：

云南省：新建建筑项目中 11 层以下的居住建筑，必须配置太阳能热水系统。

昆明市：凡城市规划区内新建、改建、扩建的住宅，必须配置太阳能集中或分户供热系统。

海南省：12 层以下 (含 12 层) 的住宅建筑，应当统一配建太阳能热水系统。

江苏省：12 层及以下住宅，应统一设计和安装太阳能热水系统。

南京市：城镇区域内新建 12 层及以下住宅，必须强制统一设计和安装太阳能热水系统；12 层以上新建居住建筑需要使用太阳能热水系统的，必须统一设计和安装。

浙江省：新建 12 层以下的建筑，应当将太阳能利用与建筑进行一体化设计。

湖北省：全省城市城区范围内所有具备太阳能集热条件的新建 12 层及以下住宅（含商住楼）应统一设计和安装应用太阳能热水系统。

安徽省：新建 12 层及以下住宅，应统一设计和安装太阳能热水系统。

合肥市：强制执行住宅小区太阳能利用规定，新建小区太阳能利用率至少达到 30%。

山东省：全省县城以上城市规划区内新建、改建、扩建的 12 层及以下住宅建筑，必须应用太阳能光热系统，并与建筑进行一体化设计与施工。

河北省：十二层及以下的新建居住建筑，必须采用太阳能热水系统与建筑一体化技术；对具备利用太阳能热水系统条件的十二层以上民用建筑，建设单位应当采用太阳能热水系统。

宁夏回族自治区：全区 5 个地级市的 12 层以下新建居住建筑必须统一配建太阳能建筑一体化热水系统。

山西省：12 层以下住宅需配太阳能热水系统 。

青海省：省内 12 层及以下的居住建筑（经济适用房、廉租住房、别墅）；积极采用太阳能热水系统与建筑一体化技术，做到太阳能热水系统与建筑一体化同步设计、同步施工、同步验收、同步交付使用。

北京：当无条件采用工业余热、废热、城市热网热电联产的城市集中热源和地热作为生活热水的热源，且符合条件的住宅，应设置太阳能热水系统。

天津：12 层以下住宅应采用太阳能热水系统；经计算年太阳能保证率不小于 50% 的 12 层以上住宅应采用太阳能热水系统。

上海：六层以下(含六层)住宅(包括保障性住房)，应当进行太阳能热水系统与建筑一体化设计，其中住宅的太阳能热水系统或其他可再生能源热水系统的设计应用范围应当包括全体住户。

沈阳市、大连市：新建和改建的低层和多层住宅建筑，均应进行太阳能热水系统一体化同步设计、施工和验收。

深圳市：首推十二层以下的住宅建筑必须安装太阳能热水系统。

---

[1]　全国各地太阳能规定对多层住宅均有要求，对高层住宅略有不同。

第9章

机电篇
9.1　概要
9.2　电气设计
9.3　给水排水设计
9.4　燃气与暖通设计

武汉市：市行政区划范围内具备太阳能集热条件的新建 12 层及以下住宅应与太阳能热水系统同步设计、施工、验收和投入使用。

福州市：福州市城镇规划区内新建、改建和扩建的民用建筑工程中应采用可再生能源应用技术。12 层及以下住宅（含商住楼）必须统一设计和安装应用太阳能热水系统，推广应用太阳能热水系统。鼓励 13 层以上的居住建筑统一设计和安装应用太阳能热水系统。

长沙市：新建居住建筑 12 层以下（含 12 层）具备条件的应当统一设计和安装太阳能热水系统。

浏阳市：新建居住建筑 12 层以下（含 12 层）具备条件的应当统一设计和安装太阳能热水系统。

珠海市：市新建的 12 层以下的住宅建筑，建设单位必须为全体住户配置太阳能热水系统。

广州市：市新建 12 层以下的居住建筑，应当优先采用太阳能热水系统与建筑一体化技术设计，并按照相关规定和技术标准配置太阳能热水系统。

郑州市：新建 12 层以下的住宅必须采用太阳能热水系统与建筑一体化设计和施工，为太阳能利用提供有利条件。

住宅常见太阳能热水系统[1]，表 9.3-5

	住宅太阳能热水系统比较	表 9.3-5
	集中集热 - 集中储热 - 集中辅助加热系统	集中集热 - 分户换热 - 分户辅助加热系统
特点	屋面设有集热器、热水箱、循环组件及辅助热源	屋面设置集热器、循环组件；每户设置热水贮水罐，辅助热源分户解决，可与燃气热水器结合或与电热水器结合
屋顶设备房间	需要	不需要
辅助热源	需要集中提供	不需要，分户解决
运行维护	设备复杂，维护工作量大	相对设备少，维护工作量较小
物业管理费用	需要分户计量，收取热水费用，管理较难	每户无直接热水耗量，仅有热量交换，不涉及热水费用收取，管理简单
热水系统可靠性	受天气控制，较差	可靠

右侧为二种常用的住宅集中集热－分户换热－分户辅热的太阳能热水系统，分别为燃气辅热、电辅热。建议根据当地习惯、能源情况综合比较后选用，从能耗角度考虑，优选燃气辅助加热，见图 9.3-2，图 9.3-3。

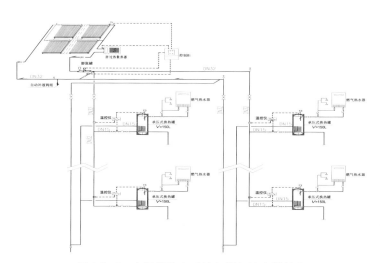

图 9.3-2　太阳能热水系统与燃气热水器结合

---

[1]　住宅热水系统的设计关键：便于计量，方便管理。

第9章

机电篇

9.1 概要
9.2 电气设计
9.3 给水排水设计
9.4 燃气与暖通设计

集中集热 - 分户换热 - 分户辅助加热系统的太阳能热水系统，与燃气热水器结合图示：

中集热 - 分户换热 - 分户辅助加热系统的太阳能热水系统，与电热水器结合图示：

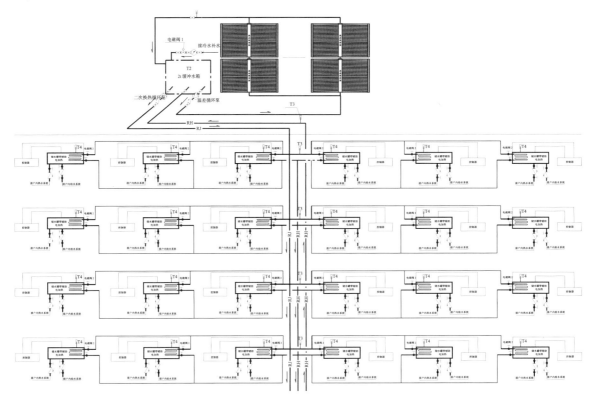

图 9.3-3 太阳能热水系统与电热水器结合

排水系统一般规定

厨房和卫生间的排水立管应分别设置。排水管道不得穿越卧室。

卫生间不应直接布置在下层住户的卧室、起居室（厅）、厨房和餐厅的上层。

排水立管不应设置在卧室内，且不宜设置在靠近与卧室相邻的内墙；当必须靠近与卧室相邻的内墙时，应采用低噪声管材，如橡胶密封圈柔性接口机制的排水铸铁管、双壁芯层发泡塑料排水管、内螺旋消音塑料排水管等。

厨房、卫生间的室内净高不应低于 2.20m，排水横管下表面与楼面、地面净距不宜低于 2.20m 且不得低于 1.90m，且不得影响门、窗扇开启。因此应注意排水横支管与立管连接，不建议两个及两个以上三通与立管连接，应尽可能单层连接。

洗衣机设置在阳台上时，其排水不应排入雨水管。

阳台雨水、废水应排入污废水井，地漏及排水口均应采取防臭措施。防臭措施：阳台地漏水封深度大于等于 50mm，雨废水排入室外水封井。

空调机冷凝水和融霜水应设专用排水管间接排放，可排入明沟、明沟雨水口或屋面。

需要求建筑专业：底层厨房、卫生间、楼梯间必须回填土分层夯实后浇筑的混凝土地坪，不得使用架空地板。与燃气引入管贴邻，以及下部有管道通过的房间，其地面以下空间应采取防止燃气积聚的措施。可在地基面至室内地坪的墙身采用 C20 密实钢筋混凝土浇筑，也可将室内地面以下空间与室外空气相流通。

第 9 章

机电篇

9.1 概要
9.2 电气设计
9.3 给水排水设计
9.4 燃气与暖通设计

排水设施

每套住宅应设置洗衣机的位置及条件。设置淋浴器和洗衣机的部位应设置能防止溢流和干涸的专用地漏。

空调机冷凝水和融霜水应设专用排水管间接排放，可排入明沟、明沟雨水口或屋面。

住宅同层排水 [1]

根据《住宅设计规范》GB 50096，污废水排水横管宜设置在本层套内；当敷设于下一层的套内空间时，其清扫口应设置在本层，也可采用能代替浴缸存水弯、并可在本层清掏的多通道地漏；并应进行夏季管道外壁结露验算和采取相应的防止结露的措施。污废水排水立管的检查口宜每层设置。

（1）排水支管敷设方式为沿墙、地面和室外，推荐采用沿墙敷设方式。

（2）管道井：管道井排水支管敷设方式为沿墙、地面和室外。布置在浴缸后侧，净尺寸一般为 650mm×250mm；B 型卫生间管道井布置在坐便器后侧，净尺寸一般为 550mm×250mm。为避免卫生间地面积水渗入管道井，管道井壁混凝土应高出卫生间完成面不小于 150mm。

（3）水封和地漏。

当采用专用排水汇集器，废水共用水封时，可不另设存水弯。

排水管沿墙敷设时地漏宜单独接至排水立管；当地漏具有防返溢功能时，方可接至排水横管。

地面敷设方式地漏接入排水支管时，接入位置沿水流方向宜在坐便器、浴盆排水管接入口的上游。

（4）为便于灌水验收，排水立管直每层设检查口。

（5）防水处理。

卫生间地面降板垫层必须设置防水层，降 200 ~ 300mm 时设两道防水；降 100mm 时设一道防水和一道局部防水。

穿越楼板面或管道井侧墙时应做防水密封处理。

管道穿越外墙应设防水套管并做好密封处理。

敷设同层排水系统严禁破坏防水层。

（6）结构降板深度。

建筑装饰面层厚度按 60mm 考虑。

同层排水卫生间均需降板，降板深度可按排水管道敷设方式确定，沿墙敷设的卫生间降板深度为 100mm；其他敷设方式降板深度一般不小于 300mm。

（7）图示，见图 9.3-4 ~ 图 9.3-7。

合流、dn75 专用通气立管，沿墙敷：

排水设计为污废水合流系统，采用沿墙敷设方式；

管道井净尺寸一般为 650×250，降板高度 100mm。

---

[1] 住宅同层排水是趋势。

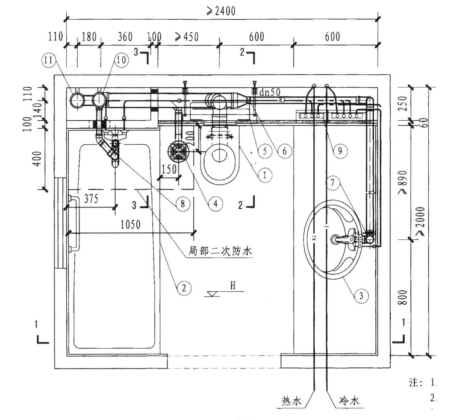

图 9.3-4 卫生间平面图

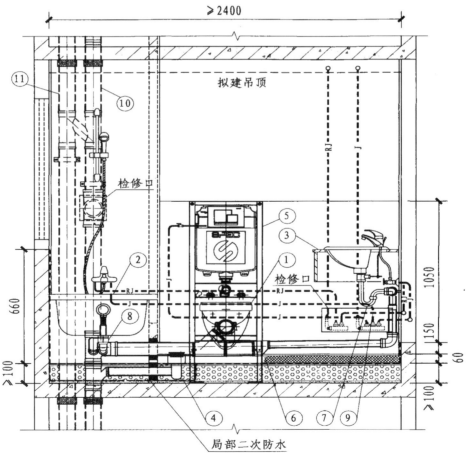

图 9.3-5 卫生间 1-1 剖面图

图 9.3-4、图 9.3-5 标注对照表　　　　　　　　表 9.3-6

编号	名称	规格	材料
1	坐便器	挂壁式	—
2	浴盆	—	—
3	洗脸盆	台式	—
4	地漏	直埋式有水封地漏	HDPE
5	隐蔽水箱	地面固定	HDPE
6	偏心异径管	DN110 × 50	HDPE
7	洗脸盆存水弯	DN50	HDPE
8	浴盆排水附件	DN50	HDPE
9	分水器	—	—
10	污水立管	DN110	HDPE
11	通气立管	DN75	HDPE

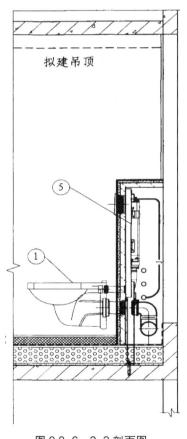

图 9.3-6　2-2 剖面图

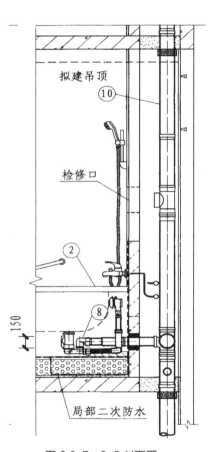

图 9.3-7　3-3 剖面图

一般规定

给水排水系统设计应安全、合理、完善。

生活热水宜利用太阳能等可再生能源，并应确定合理的利用方式。

供水系统应选用优质管材、管配件及附件，采用可靠的连接方式，避免管网漏损。

给水排水设备、管道的设置位置不应对室内居住环境产生噪声污染。排水立管不宜靠近卧室布置。

给水系统

给水系统设计应综合利用市政给水、雨水、河道水、再生水等各种水资源，当采用非传统水时应根据使用功能合理确定供水水质指标。当采用雨水、再生水等非传统水作为冲厕用水时，市政给水的用水定额可相应减少。

给水系统应充分利用室外给水压力直接供水。

生活给水系统各用水点处供水压力不应大于 0.2MPa，且不应小于用水器具的最低工作压力。压力过大时应设置减压间等减压措施。

给水泵的流量及扬程应通过计算确定，并应保证设计工况下水泵效率处在高效区。给水泵的效率不应低于现行国家标准《清水离心泵能效限定值及节能评价值》GB 19762 规定的泵节能评价值。

绿化浇洒应采用滴灌、喷灌、微灌等高效节水灌溉方式，并应合理划分给水分区和确定浇灌设备。

热水系统

住宅应根据各地要求，最大可能利用太阳能等可再生能源。

当有集中热水供应时，应设干、立管循环，用水点出水温度达到 45℃时的放水时间不应大于 15s。

非传统水利用

（1）使用非传统水时，应优先利用城市或区域集中再生水厂的再生水作为居住区中水水源。

（2）非传统水利用工程应根据可利用的原水水质、水量和中水用途，进行技术经济分析和水量平衡，合理确定中水水源、系统形式、处理工艺和规模。

（3）雨水系统设计应合理规划地表与屋面雨水径流途径，降低地表径流，增加雨水渗透量，并通过经济技术比较，合理确定雨水集蓄及利用方案。

（4）雨水和再生水等非传统水，宜用于景观用水、绿化用水、汽车冲洗用水、路面与地面冲洗用水、冲厕用水等，其水质应满足现行国家标准《污水再生利用工程设计规范》GB 50335 中规定的城镇杂用水水质相关控制指标的要求。

（5）非传统水利用必须采取确保使用安全的措施，并应符合下列要求：

非传统水管道严禁与生活饮用水给水管道连接。

水池（箱）、阀门、水表及给水栓、取水口均应有明显的非传统水的永久性标志。

管道外壁应涂色或有标识带。

采用非传统水的公共场所的给水栓及绿化的取水口应设带锁装置。

绿化浇洒采用中水时，不得采用喷灌方式。

工程验收时应逐段进行检查，防止误接。

节水器具与计量

住户内的水嘴、淋浴器、便器及冲洗阀等应符合现行行业标准《节水型生活用水器具》CJ 164 的规定，水嘴、坐便器、淋浴器的用水效率不应低于国家现行有关卫生器具用水效率等级标准规定的 2 级标准。

全装修住宅节水器具使用率应达到 100%。每个居住单元及不同用途的给水管上应设置水表，应选用高灵敏度计量水表，计量水表安装率达 100%。

景观、绿化浇洒、非传统水用水等应分别设置水表。

各地节水要求摘录

缺水城市和缺水地区应按照当地有关规定配套建设中水设施，中水设施必须与主体工程同时设计，同时施工，同时使用。以下摘录了部分省市的中水设置要求。

北京："新建建筑面积 50000m² 以上，或可回收水量大于 150m³/d 的住宅区、集中建筑区，应配套建设中水设施。"

河北："建筑面积 3 万 m² 以上住宅小区，必须配套建设中水回用设施。"

河南：洛阳市节约用水条例（2011.1.1）规定，"建筑面积在 5 万 m² 以上且设计日用水量在 1000m³ 以上的住宅小区，应当配套建设中水设施"。

山东：济南市城市中水设施建设管理暂行办法（2003.1.1）规定，"凡在城市规划区内新建、扩建、改建建设项目，需要城市供水的（含自建供水设施供水），应当配套建设中水设施。"

云南昆明：昆明市城市中水设施建设管理办法（2004.5.1）规定，"凡在本市城市规划区范围内建筑面积在 5 万 m² 以上或者可回收水量在 150m³/d 以上的居住区的新建、改建、扩建工程项目，建设单位应当同期建设中水实施，并与主体工程同时设计、同时施工、同时交付使用。"

第9章

机电篇
9.1　概要
9.2　电气设计
9.3　给水排水设计
9.4　燃气与暖通
设计

9.4　燃气与暖通设计

燃气管道设置

住宅管道燃气的供气压力不应高于 0.2MPa。住宅内各类用气设备应使用低压燃气，其入口压力应在 0.75 ~ 1.50 倍燃具额定范围内。

燃气进户管应靠近用气点，但不得设置在下列场所：地下室、半地下室、卧室、浴室、厕所。明管进户方式，可采用在室内地坪面上 500mm 处的低立管方式，也可采用与底层燃气计量表进口高度相适应的高立管方式。

户内燃气立管应设置在有自然通风的厨房或与厨房相连的阳台内，且宜明装设置，不得设置在通风排气竖井内。

燃气设备的设置应符合下列规定[1]：

（1）户内燃气灶应安装在通风良好的厨房、阳台内，燃气热水器等燃气设备应安装在通风良好的厨房、阳台内或其他非居住房间；燃器具与电表、电器等设备应错位布置，其水平净距不得小于 500mm；居民厨房内宜设置机械通风设备和燃气泄漏报警器。

（2）燃气设备严禁设置在卧室内；严禁在浴室内安装直接排气式、半密闭式燃气热水器等在使用空间内积聚有害气体的加热设备。

（3）住宅内各类用气设备的烟气必须排至室外。排气口应采取防风措施，安装燃气设备的房间应预备安装位置和排气孔洞位置。当多台设备合用竖向排气道排放烟气时，应保证互不影响。户内燃气热水器、分户设置的供暖或制冷燃气设备的排气管不得与燃气灶排油烟机的排气管合并接入同一管道。

使用燃气的住宅，每套的燃气用量应根据燃气设备的种类、数量和额定燃气量计算确定，且应至少按一个双眼灶和一个燃气热水器计算。

低压燃气管道，当管径小于 DN150 时应采用热镀锌钢管，螺纹连接；管径不小于 DN150 时应采用无缝钢管或焊接钢管，焊接连接。住宅燃气管道管径选用参考表 9.4-1。

住宅室内燃气管道管径选用表				表 9.4-1
燃气种类 供给户数	人工燃气 （$\rho_g/\rho_a=0.518$）	天然气 （$\rho_g/\rho_a=0.575$）	液化石油气 （$\rho_g/\rho_a=1.955$）	备　注 （每户计量表规格）
1 ~ 5（户）	DN32	DN25	DN25	人工燃气：4.0Nm³/h 天然气：2.5Nm³/h 液化石油气：1.6Nm³/h
6 ~ 12（户）	DN40	DN32	DN32	
13 ~ 23（户）	DN50	DN40	DN40	
24 ~ 36（户）	DN80	DN50	DN50	

高层住宅燃气立管，应采取下列安全措施，见图 9.4-1，图 9.4-2。

（1）立管底部需设置承重支座，每隔 2 ~ 3 层设置限制水平位移的支承。

（2）立管高度大于 60m、小于 120m 时，需设置不少于一个的固定支承；高度大于 120m 时，需设置不少于两个的固定支承；两个固定支承之间及固定支承与底部支承之间，应设置伸缩补偿器。

（3）应计算立管高程附加压头，当人工煤气立管高度超过 57m，或天然气立管高度超过 81m 时，应采取消除附加压头的技术措施（如设减压阀等）。

---

[1]　使用燃气的安全性要求。

第9章

机电篇
9.1 概要
9.2 电气设计
9.3 给水排水设计
9.4 燃气与暖通
设计

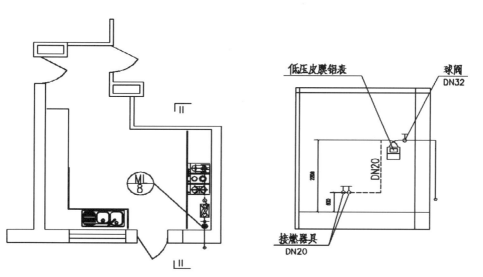

图 9.4-1　某住宅楼室内燃气管道接法剖面图

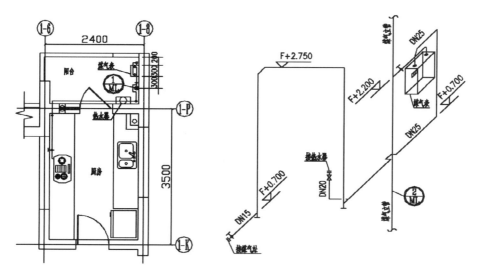

图 9.4-2　某住宅楼阳台、厨房煤气平面详图及轴测图

厨房与卫生间通风设计

厨房宜设共用排气道，无外窗的卫生间应设共用排气道。

厨房、卫生间的共用排气道应采用能够防止各层回流的定型产品，并应符合国家有关标准。排气道断面尺寸应根据层数确定，排气道接口部位应安装支管接口配件，厨房排气道接口直径应大于 150mm，卫生间排气道接口直径应大于 80mm。

厨房的共用排气道应与灶具位置相邻，共用排气道与排油烟机连接的进气口应朝向灶具方向。

厨房的共用排气道与卫生间的共用排气道应分别设置。

厨房应考虑排油烟管道的布置。低层、多层住宅厨房排油烟机的排气管道，可通过竖向排气道或外墙排向室外；当通过外墙直接排至室外时，应在室外排气口设置避风、防雨和防止污染墙面的构件。中高层、高层住宅应设置竖向排气道，厨房油烟气通过屋顶的自然动力风帽排至室外。

竖向排气道屋顶风帽的安装高度不应低于相邻建筑砌筑体。排气道的出口设置在上人屋面、住户平台上时，应高出屋面或平台地面 2m；当周围 4m 之内有门窗时，应高出门窗上皮 0.6m。

严寒、寒冷、夏热冬冷地区的厨房，应设置供厨房全面通风的自然通风设施。

无外窗的暗卫生间，应设置带防止回流装置的机械通风设施，或预留机械通风设置条件。

以煤、薪柴、燃油为燃料进行分散式采暖的住宅，以及以煤、薪柴为燃料的厨房，应设烟囱；上下层或相邻房间合用一个烟囱时，必须采取防止串烟的措施。

居室空调设计

位于寒冷（B 区）、夏热冬冷和夏热冬暖地区的住宅，当不采用集中空调系统时，主要房间应设置空调设施或预留安装空调设施的位置和条件。

室内空调设备的冷凝水应能有组织地排放。

当采用分户或分室设置的分体式空调器时，室外机的安装位置应符合下列规定 [1]，见图 9.4-3，图 9.4-4。

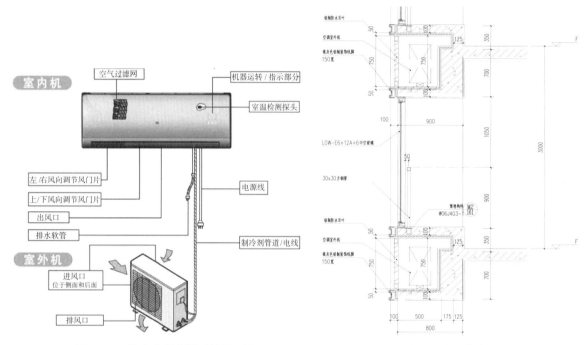

图 9.4-3　住宅家用空调系统原理图　　　　图 9.4-4　空调室外机节点剖面大样图

（1）应能通畅地向室外排放空气和自室外吸入空气。

（2）在排出空气一侧不应有遮挡物。

（3）应为室外机安装和维护提供方便操作的条件。

（4）安装位置不应对室外人员形成热污染。

住宅计算夏季冷负荷和选用空调设备时，室内设计参数宜符合下列规定：

（1）卧室、起居室室内设计温度宜为 26℃。

（2）无集中新风供应系统的住宅，通过外门窗引入的新风换气次数宜为 1 次 /h。

空调系统应设置分室或分户温度控制装置。

居室供暖设计

严寒和寒冷地区的住宅宜设集中供暖系统。夏热冬冷地区住宅供暖方式应根据当地能源情

---

[1] 空调室外机平台设置的相关要求。

9.4 机电篇·燃气与暖通设计

第9章

机电篇
9.1 概要
9.2 电气设计
9.3 给水排水设计
9.4 燃气与暖通
设计

况，经技术经济分析，并根据用户对设备运行费用的承担能力等因素确定。

除电力充足和供电政策支持，或建筑所在地无法利用其他形式的能源外，严寒和寒冷地区、夏热冬冷地区的住宅通常不应采用直接电热作为室内供暖主体热源。

住宅供暖系统应采用不高于95℃的热水作为热媒，并应有可靠的水质保证措施。热水温度和系统压力应根据管材、室内散热设备等因素确定，一般规定如下[1]，见图9.4-5。

图9.4-5 散热器安装与室内装饰风格的协调

（1）散热器集中供暖系统，宜按供水温度不低于75℃、回水温度不低于50℃的连续供暖方式进行设计，且供水温度不宜大于85℃，供、回水温差不宜小于20℃。

（2）地面辐射供暖系统，户内热水供水温度不应高于60℃，宜采用35～45℃，供、回水温差不宜大于10℃。

（3）当建筑物室内供暖系统的高度超过50m时，宜竖向分区设置；采用金属管道的散热器供暖系统，工作压力不应大于1.00MPa；采用热塑性塑料管道的散热器供暖系统，工作压力不宜大于0.60MPa；低温热水地面辐射供暖系统，工作压力不应大于0.80MPa。

住宅集中供暖系统的设计，应进行每一个房间的热负荷计算。

住宅集中供暖系统的设计，应进行室内供暖系统的水力平衡计算，并应通过调整环路布置和管径，使并联管路（不包括共同段）的阻力相对差额不大于15%；当不满足要求时，应采取水力平衡措施。

普通住宅的室内供暖计算温度，卧室、起居室（厅）和卫生间不应低于18℃；厨房不应低于15℃，设供暖的楼梯间和走廊不应低于14℃。

设有洗浴器并有热水供应设施的卫生间沐浴时宜按25℃设计。

套内供暖设施应配置室温自动调控装置。

当采用热水散热器供暖时，室内供暖系统的制式宜采用双管式；如采用单管式，应在每组散热器的进、出水支管之间设置跨越管及恒温调节阀。

当采用低温热水地面辐射供暖时，连接在每组分、集水器上的分支环路不宜多于8个；连接

[1] 冬季供暖设计的基本要求。

在同一组分、集水器上的供热管，其长度宜相近，且不宜超过120m。

当采用低温热水地面辐射供暖系统时，宜按主要房间划分供暖环路；楼板通常需要结构降板；当地面面积超过30m²或长度大于6m时，每间隔5m应设置宽度≥8mm的伸缩缝；地面辐射供暖系统的地面构造，宜由楼板或与土壤相邻的地面、绝热层、加热管与填充层、找平层和面层等组成；与土壤相邻的地面，必须设绝热层，且在绝热层下部必须设防潮层；直接与室外空气相邻的楼板，也必须设置绝热层；潮湿房间，如浴室、游泳馆、洗手间、卫生间等房间的填充层上部，应设置隔离层（防水层）防止绝热层受潮失效。

应选用体型紧凑、便于清扫、使用寿命不低于钢管的散热器，并宜明装，散热器的外表面应刷非金属性涂料。

采用户式燃气供暖热水炉作为供暖热源时，其热效率应符合《家用燃气快速热水器和燃气采暖热水炉能效限定值及能效等级》GB 20665—2015中能效等级3级的规定值。

不论采用散热器供暖还是地暖系统，采暖系统的管材应具备阻氧层，见图9.4-6，图9.4-7。

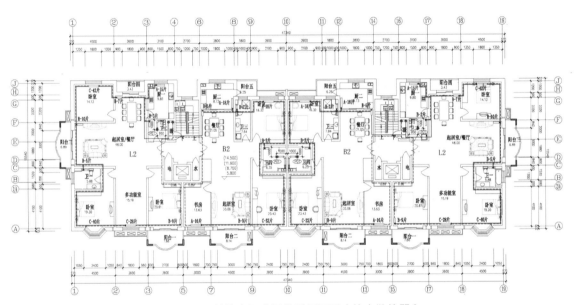

图 9.4-6 某住宅标准层供暖平面图（热水散热器）

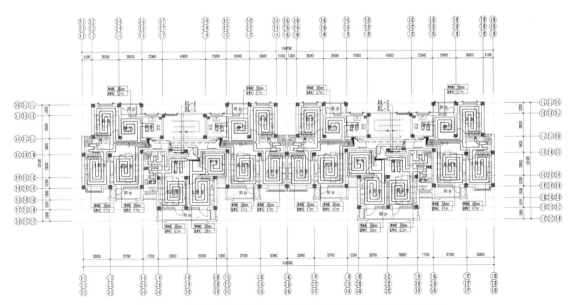

图 9.4-7 某住宅标准层供暖平面图（低温热水地面辐射供暖）

第 9 章

机电篇
9.1　概要
9.2　电气设计
9.3　给水排水设计
9.4　燃气与暖通
　　设计

居室通风设计

卧室、起居室（厅）、厨房应有自然通风。

住宅的平面空间组织、剖面设计、门窗的位置、方向和开启方式的设置，应有利于组织室内自然通风。单朝向住宅宜采取改善自然通风的措施。

每套住宅的自然通风开口面积不应小于 地面面积的 5%。

采用自然通风的房间，其直接或间接自然通风开口面积应符合下列规定：

（1）卧室、起居室（厅）、明卫生间的直接自然通风开口面积不应小于该房间地板面积的 1/20；当采用自然通风的房间外设置阳台时，阳台的自然通风开口面积不应小于采用自然通风的房间和阳台地板面积总和的 1/20；

（2）厨房的直接自然通风开口面积不应小于该房间地板面积的 1/10，并不得小于 0.60m^2；当厨房外设置阳台时，阳台的自然通风开口面积不应小于厨房和阳台地板面积总和的 1/10，并不得小于 0.60m^2。

节能设计措施

在住宅施工图设计阶段，必须对采用供暖或集中空调系统的每一个房间（或空调区）进行冬季热负荷和夏季逐时冷负荷计算。

住宅的供暖、空调方式及其设备的选择，应根据能源情况、设备用能效率及运行费用等综合因素经技术经济比较确定。

在城市集中供热范围内，住宅集中供暖应优先利用城市热网、工业余热和废热等。

采用集中供暖、空调系统的住宅，必须在每幢住宅楼的热力入口小室处设置热计量表，每户应设置分户热（冷）量计量表及室温调控装置。

当采用户式燃气热源设备供暖时，户式燃气供暖热水炉的热效率不应低于国家和地方"居住建筑节能设计标准"的规定。

住宅供暖不应设计直接采用电加热式供暖设备。

当采用电机驱动压缩机的蒸气压缩循环冷水（热泵）机组，或电机驱动压缩机的单元式空调机，或多联式空调（热泵）机组作为集中空调系统的冷热源时，所选用机组的性能系数（或能效比）不应低于国家和地方"居住建筑节能设计标准"的规定。

房间空调器的能效比、转速可控型房间空调器的季节能源效比，均不应低于国家和地方"居住建筑节能设计标准"的规定。

空气源热泵空调室外机应设置在通风良好的场所，并避免气流和噪 声对周围环境造成污染。

设有集中排风的空调系统，宜设置排风能量回收装置。

空调系统冷热水管的绝热层厚度，应按现行国家相关标准中的经济厚度和防表面结露厚度的方法计算。

室内空调风管绝热层的最小热阻应符合国家和地方"居住建筑节能设计标准"的要求。

住宅的供暖、空调及热水供给应尽量利用太阳能、地热能等绿色能源。推广采用供暖、空调、生活热水三联供技术。

集中供暖系统的热源应使用清洁能源，有条件地区宜采用太阳能、风能、地热能或废热资源等绿色能源。集中供暖系统应能实现分室温度调节，实施分户热计量，并宜设置智能计量收费系统。

地源热泵技术宜用于户式中央空调系统的冷热源。其他新能源的利用应结合生态小区的实际情况合理采用。禁止空调机使用对臭氧层产生破坏作用的非环保类冷媒。

当选择地埋管式地源热泵系统、地表水源（淡水源、海水源热泵系统、污水源热泵系统），作为住宅供暖和空调的冷热源时，严禁破坏、污染水资源。

消防措施设计

建筑高度大于 100m 的住宅建筑，其防烟楼梯间、独立前室、共用前室、合用前室及消防电梯前室应采用机械加压送风系统，其机械加压送风系统应竖向分段独立设置，且每段高度不应超过 100m。

建筑高度小于或等于 100m 的住宅建筑，当独立前室或合用前室满足下列条件之一时，楼梯间可不设置防烟系统。

（1）采用全敞开的阳台或凹廊；

（2）设有两个及以上不同朝向的可开启外窗，且独立前室两个外窗面积分别不小于 2.0m²，合用前室两个外窗面积分别不小于 3.0m²。

建筑高度小于或等于 100m 的住宅建筑，当采用独立前室且其仅有一个门与走道或房间相通时，可仅在楼梯间设置机械加压送风系统；当独立前室有多个门时，楼梯间、独立前室应分别独立设置机械加压送风系统。

当采用合用前室时，楼梯间、合用前室应分别独立设置机械加压送风系统。

当采用剪刀楼梯时，其两个楼梯间及其前室的机械加压送风系统应分别独立设置。

采用自然通风方式的封闭楼梯间、防烟楼梯间，应在最高部位设置面积不小于 1.0m² 的可开启外窗或开口；当建筑高度大于 10m 时，尚应在楼梯间的外墙上每 5 层内设置总面积不小于 2.0m² 的可开启外窗或开口，且布置间隔不大于 3 层。

前室采用自然通风方式时，独立前室、消防电梯前室可开启外窗或开口的面积不应小于 2.0m²，共用前室、合用前室不应小于 3.0m²。

采用自然通风方式的避难层（间）应设有不同朝向的可开启外窗，其有效面积不应小于该避难层（间）地面面积的 2%，且每个朝向的面积不应小于 2.0m²。

设置机械加压送风系统的封闭楼梯间、防烟楼梯间，尚应在其顶部设置不小于 1.0m² 的固定窗。靠外墙的防烟楼梯间，尚应在其外墙上每 5 层内设置总面积不小于 2.0m² 的固定窗。

建筑高度超过 100m 的住宅，其排烟系统应竖向分段独立设置，且每段高度不应超过 100m。

CHAPTER

第 10 章　案例篇

10.1 大连东港区 D10、D13 地块项目

大连东港区 D10、D13 地块项目位于大连市东港区，北向黄海湾，交通便利，地理位置优越，见表 10.1-1。项目用地分 D10、D13 两个地块，包括四栋超高层建筑及其裙房，其中 D10 地块由两栋 249m 的办公与公建式公寓塔楼及其 4 层裙房组成；D13 地块由两栋 191.9m 公寓塔楼及其 3 层会所组成。地下设三层地下室，项目总建筑面积共 556377m²。项目定位为展现大连城市形象的高标准办公楼与尊崇高级海湾公寓，建成后将成为本区域的新地标建筑，见图 10.1-1。

案例介绍		表 10.1-1
设计单位	同济大学建筑设计研究院（集团）有限公司	
项目名称	大连东港区 D10、D13 地块项目	
建设单位	恒力地产（大连）有限公司	
建设地点	大连市东港区	
设计时间	2011 年	
主要功能	商业、超高层办公、公建式公寓	
设计类别	■新建　□改建　□扩建	
绿色建筑措施	裙房屋面设太阳能集热板	
主要经济技术指标		

用地面积：42846.9m²
总建筑面积：552206m²
地上建筑面积：436348m²
地下建筑面积：115858m²
层数：A 塔楼地上 68 层
　　　B 塔楼地上 63 层
　　　CD 塔楼地上 53 层 / 地下 3 层
建筑高度：A 塔楼 249.35m
　　　　　B 塔楼 247.15m
　　　　　CD 塔楼 182.65m
总造价：959516 万元

容积率：D10 地块 12.98
　　　　D13 地块 7.6
建筑密度：D10 地块 33.9%
　　　　　D13 地块 20%
绿化率：D10 地块 35%
　　　　D13 地块 39.9%
主体结构形式：AB 塔楼框筒结构
　　　　　　　CD 塔楼剪力墙结构
主要外装修材料：玻璃幕墙，石材幕墙

图 10.1-1 日景效果图

一、总体布局

1. D10 地块（维多利亚公馆）建筑布局

建筑由 A、B 两座塔楼和裙楼三部分组成，两座塔楼一前一后、一东一西错开布置，裙房位于两个塔楼之间，沿着用地南面布置。用地东北角为维多利亚城市广场，见图 10.1-2。

2. D13 地块（维多利亚公馆）建筑布局

建筑由 C、D 两座塔楼和会所裙楼三部分组成，塔楼最大限度地争取向海景观面，一前一后、一东一西错开布置。裙房位于两个塔楼之间，东西向布置。在用地西北角与东南角形成两片集中绿地，西北角绿地与 D10 东北角维多利亚城市广场相呼应，形成面向北面"东方水城"的城市绿地。东南角绿地阳光充沛，为公寓私家花园，为公寓业主提供休憩活动花园，见图 10.1-2。

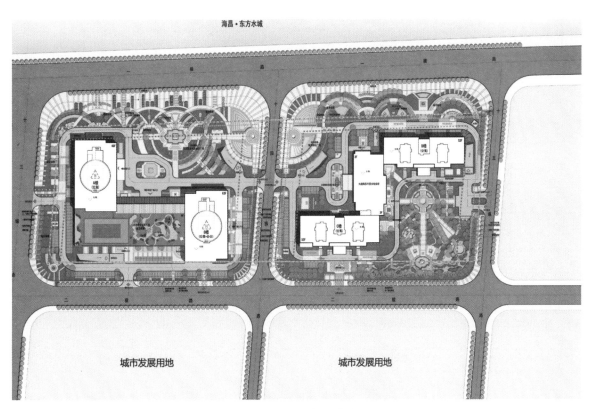

图 10.1-2 总平面图

3. 地下室布局

因用地场地较为紧张，而停车位需求数量很大，地下车库共需三层，地下一层两个地块各自独立，地下二、三层两个地块的地下室跨过中间城市道路（覆土厚度 5.25m）连成一片，通过内部调剂平衡满足总体停车指标要求。

D10 地块机动车停车数为 1924 辆，其中地上 80 辆，地下 1844 辆。

D13 地块机动车停车数为 993 辆，其中地上 57 辆，地下 936 辆。

二、交通设计和流线组织

1. 地块出入口设置与地面交通组织

D10 地块在南向、东向、西向三个方向的规划道路上设有主次机动车出入口，D13 地块在东、西方向的规划道路上设有机动车出入口，并对出入口的进出方式进行控制，以满足基地内近 3000 辆机动车的出入交通要求，并尽量减少对城市交通的压力，见图 10.1-3~ 图 10.1-5。

D10 地块在东面、南面、西面规划路上共设三个出入口。

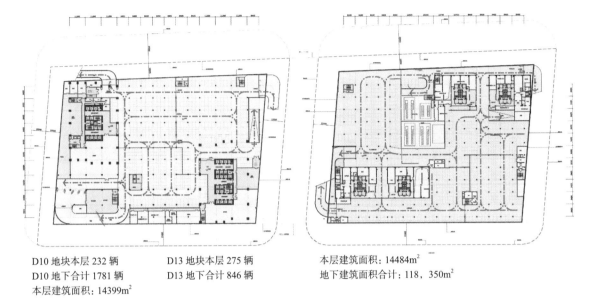

D10 地块本层 232 辆　　　D13 地块本层 275 辆　　　本层建筑面积：14484m²
D10 地下合计 1781 辆　　　D13 地下合计 846 辆　　　地下建筑面积合计：118，350m²
本层建筑面积：14399m²

图 10.1-3　地下一层交通分析

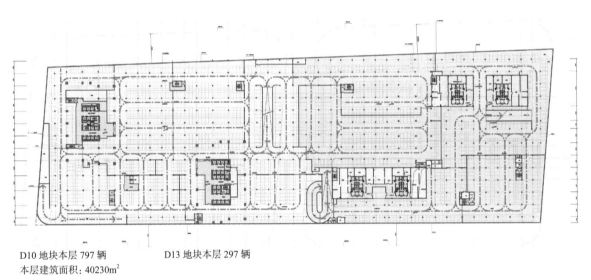

D10 地块本层 797 辆　　　D13 地块本层 297 辆
本层建筑面积：40230m²

图 10.1-4　地下二层交通分析

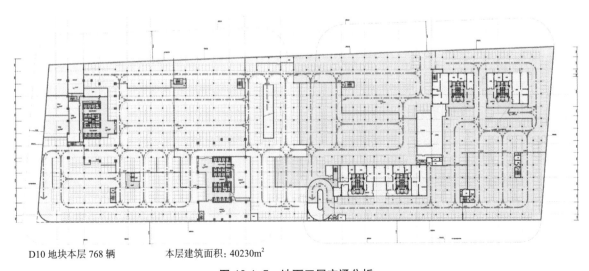

D10 地块本层 768 辆　　　本层建筑面积：40230m²

图 10.1-5　地下三层交通分析

第 10 章

案例篇

10.1　大连东港区 D10、D13 地块项目
10.2　黄浦江南延伸段前滩地区 36-01 地块
10.3　浅水湾凯悦名城
10.4　万科任港路项目
10.5　露香园项目一期（A1A2 地块）

·东面为主出入口，车辆仅进不出。

·西面为次出入口，车辆可进可出，但仅可沿道路右进右出。

·南面为次出入口，车辆可进可出。

·D13 地块在东面、西面规划路上设两个出入口。

·西面入口与 D10 地块入口相对，为礼仪性大门，也是会所对外开放使用的入口，车辆可进可出。

·东面入口为业主平时出入口，车辆可进可出。

·南面仅设步行出入口，为业主步行提供便利。

建筑物周边设 4 ~ 6m 交通环路，结合消防登高场地，兼作消防环道；在环路上适当布置地面停车场，供地面临时停车。

2. 建筑各功能单元的出入口布置

D10 地块（维多利亚广场）

建筑物主入口位于裙房北面，两个塔楼中间，进入裙房入口大厅之后再通过内部廊道到达 A、B 塔楼的各自门厅。同时两个塔楼设有各自独立的出入口。塔楼 A 的独立入口设在大楼东面，面向绿化广场；塔楼 B 的公寓入口设在大楼东面。在裙房南面设有两个次入口，可以服务于裙房公共休闲服务设施，也可以作为两个塔楼的辅助入口。

D13 地块（维多利亚公馆）

两栋公寓塔楼南面底层均设入口大厅，中间会所西面设会所主入口；业主也可以经会所大厅、内部连廊抵达各自公寓门厅。

在两栋公寓北面设 4 处公寓次入口，及相应物业管理、社区活动入口。

3. 机动车流线

D10 地块（维多利亚广场）

外来车辆从东、南两个出入口进入基地后，可在建筑北向、南向入口前的广场上下客后离开，或在地面临时停车；也可以从东侧、北侧两个坡道进入地下车库。内部车辆则可直接利用东侧的坡道进入地下车库停车。

地块南面坡道为机动车地库出口，东面坡道为机动车地库入口，北面坡道为地库机动车出入口。平时常驻人员可从东面、北面地库入口进入地下车库，从南面或北面地库出口出，再经南面、西面地块出口离开，见图 10.1-6 和图 10.1-7。

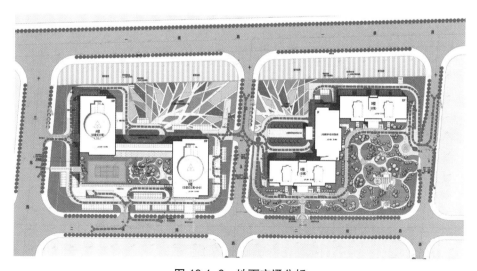

图 10.1-6　地面交通分析

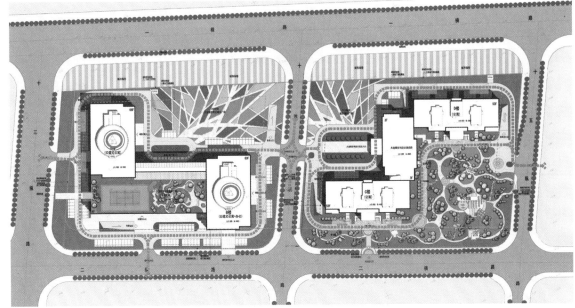

两地块建筑周边均设 6m 消防环路。
D10 地块 A 楼消防登高场设于西侧，B 楼消防登高场设于东侧；
D13 地块 C 楼消防登高场设于南侧，D 楼消防登高场设于北侧。

▪▪▪▪ 消防车道
⊠ 消防登高场地
◉ 屋顶消防停机坪

图 10.1-7　消防分析

D13 地块（维多利亚公馆）

依据周边交通情况与人流来向，本工程基地在西面、东面规划道路上分别设机动车出入口，进入地块后可就近进入地库；或在会所大堂门口下车后回转进入地库或临时地面停车。

4. 步行流线

D10 地块（维多利亚广场）

D10 地块在西侧规划路、南侧规划路上设步行入口，为来银行、餐饮等商业人流提供方便。北侧维多利亚城市广场向城市街道开放，提供城市活动绿地广场。

D13 地块（维多利亚公馆）

D13 地块在南面规划路设步行入口，结合基本的东南角大花园一体化设计，蜿蜒曲折的步行路穿过绿化景观到达两栋塔楼的门厅，成为本项目独具风格的私家园林，闹中取静，供业主休闲娱乐。

三、绿化广场景观设计

在基地周边界面以及沿街面设计周边绿化，在城市空间与建筑之间形成绿化缓冲隔离，以屏蔽外界环境对基地内建筑的干扰，见图 10.1-8。

D10 地块的东北角与 D13 地块的西北角共同形成城市绿化广场，面朝大海；D13 地块的东南面设置小区内部绿化花园，通过绿坡、小径等形成多层次不同高度的绿化效果，有利于营造良好的室外绿化空间环境。

D13 地块的东南面设置小区中心景观花园，通过绿坡、小径等形成多层次不同高度的绿化效果，有利于营造良好的室外绿化空间环境。中心景观带是社区主要的公共绿地，也是居民日常交往活动的主要场所：通过景观水体的营造，利用堆坡塑造自然景观，布置雕塑喷泉、廊、亭等小品，营造优美自然的环境与游憩场所，展现自然、幽静、平和、舒缓的高尚居住生活的文化品位，为社区的活动组织提供了便利，为形成社区凝聚力，文化认同感创造了有利条件。

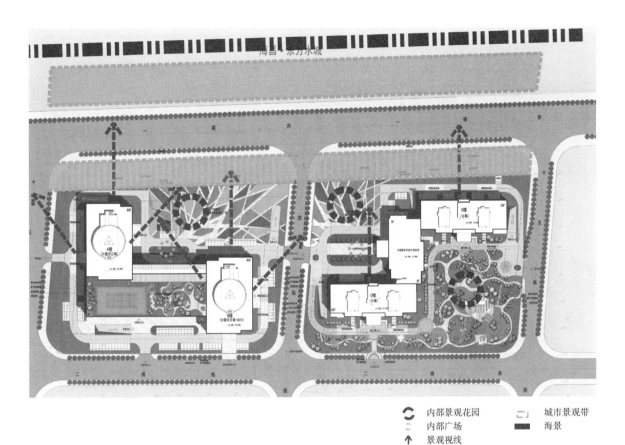

内部景观花园　　城市景观带
内部广场　　　　海景
景观视线

图 10.1-8　景观视线分析

四、平面功能

1.地下室

地下共设三层，地下一层两个地块各自独立，地下二三层连成一个整体。两地块中间道路覆土深度约 5.25m，满足城市市政管网的深度要求。地下室主要为汽车库、厨房、卸货区和设备用房及人防设施等功能，见图 10.1-9 ~ 图 10.1-11。

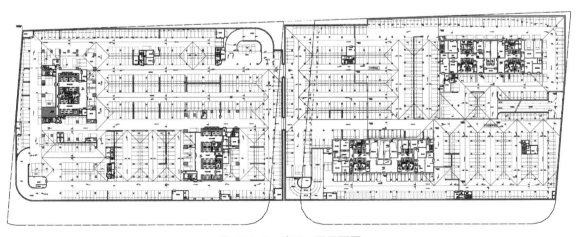

图 10.1-9　地下一层平面图

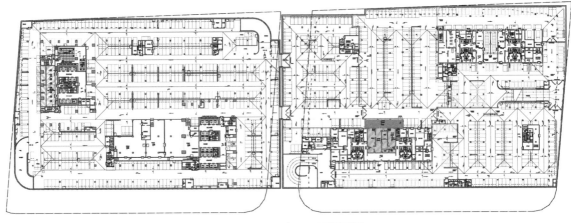

图 10.1-10　地下二层平面图

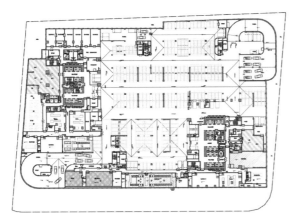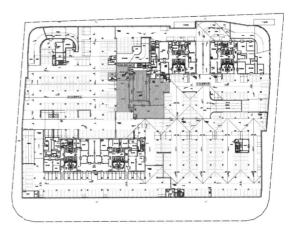

图 10.1-11　地下三层平面图

·汽车库：

分设在地下一至三层，其中地下二、三层停车库相连，分两个停车区：部分给 D10 地块，部分给 D13 地块。地下一层 D10 地块和 D13 地块各自分开为各自地块服务。地下车库不设计非机动车库。

·设备用房：

电气专业设备用房均设置在地下一层，利用楼宇下部 6.35m 的层高布置。给排水、暖通专业设备用房布置均在地下三层。

D10 地块电气专业设备用房包括两组柴油发电机、开关站、变电所，分别位于两组核心筒附近，靠近负荷中心布置。水专业主要是生活泵房、消防泵房及 620m³ 消防水池。暖通专业主要是一个冷冻机房及换热站。地下室底板局部下挖，满足设备用房层高要求。

D13 地块电气专业设备用房包括一组柴油发电机、开关站、变电所，位于裙房下部地下一层。水专业主要是生活泵房、消防泵房及 345m³ 消防水池，设在 D 楼地下三层。暖通专业主要是一个换热站，设在 C 楼地下三层。换热站两层通高，消防水池底板下挖，满足设备用房的层高要求。

·卸货区：

卸货区、库房、厨房及职工餐厅布置在地下一层，留有两个卸货车位，并设置了临时库房和垃圾存放间。

2. D10 地块（维多利亚广场）

维多利亚广场由两栋超高层建筑（A 楼、B 楼）组成，4 层裙房和 3 层地下室均连成一体；A 楼共 68 层，B 楼共 63 层，见图 10.1-12 ～ 图 10.1-14。

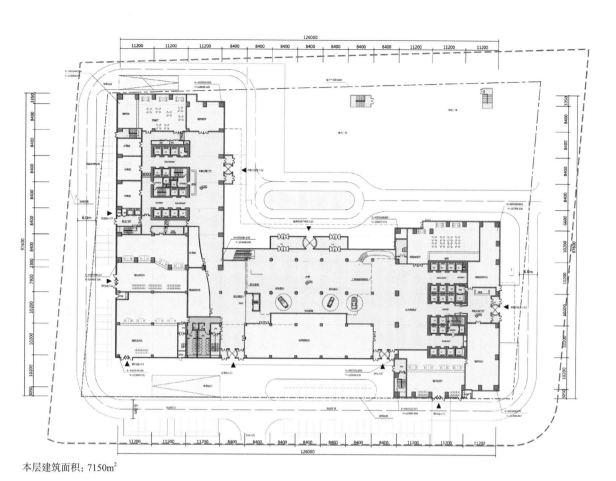

本层建筑面积：7150m²

图 10.1-12 AB 楼首层平面图

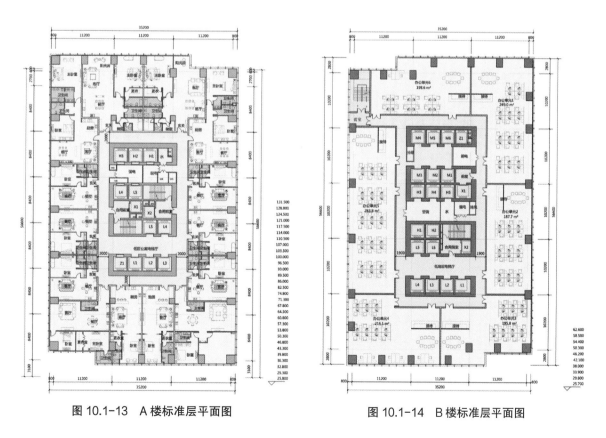

图 10.1-13 A 楼标准层平面图　　　　图 10.1-14 B 楼标准层平面图

·A 座塔楼：

塔楼平面为长方形，标准层平面建筑面积为 1990m²。A 楼各区标准层均为公建式公寓单元，提供面积 60.6 ~ 157.9m² 不等共 10 种房型，共 1944 套，A 楼顶层（68 层）为空中会所，屋顶层为屋顶花园，电梯机房和生活、消防水箱，A 楼塔楼顶部设有 18.8m × 18.8m 方形直升机停机坪。

·B 座塔楼：

塔楼平面为长方形，标准层平面建筑面积为 1990m²。B 楼的低区办公部分（5 ~ 15f，17 ~ 31f）提供了可租赁式办公单元，使用面积从 180m² 左右到近 600m² 不等，适合于不同规模的公司使用。B 楼的高区部分为公建式公寓单元，提供面积 45.7 ~ 192.3m² 不等共 11 种房型，共 522 套，B 楼顶层（63 层）为空中会所。B 楼塔楼顶部设有 18.8m × 18.8m 方形直升机停机坪。

3. D13 地块（维多利亚公馆）

D13 地块（维多利亚公馆）由两栋 53 层的塔楼和 3 层的裙房组成，见图 10.1-15 ~ 图 10.1-17。

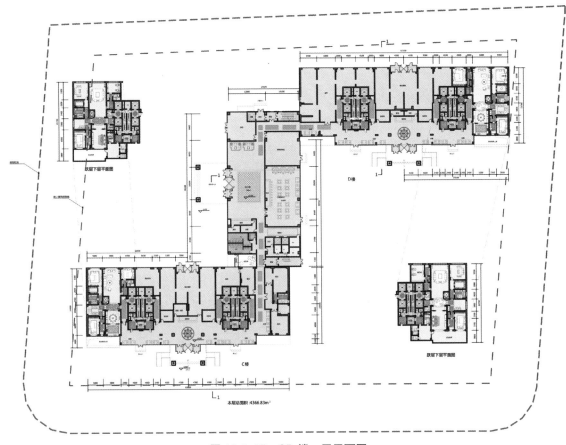

图 10.1-15　CD 楼一层平面图

·裙房：

底层——主要为两栋高层塔楼和会所的入口大堂、咖啡厅、娱乐用房和内部管理用房。与两个塔楼形成 Z 字型布局，会所入口面西，与 D10 地块相呼应，大堂面积约 300m²，两层挑高设计。大堂两侧的走廊与公寓塔楼的门厅相连，方便业主由室内空间步行至电梯厅。正对大堂布置有咖啡厅，满足普通商务需求；会所北侧与塔楼 D 楼相连处设计有便民的银行与小超市。北侧设有直达二层封闭的货梯与后勤出入口，满足餐厨的分离卫生需求。南侧为供会所内部使用的电梯厅，直达二层的简餐厅与三层的健身游泳池，最南面通往 C 楼的走道上利用公寓底层

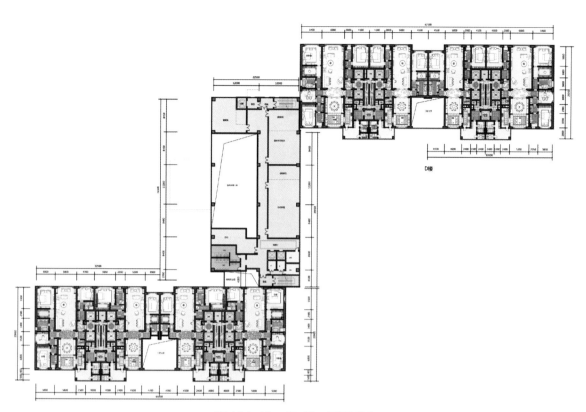

图 10.1-16　CD 楼二层平面图

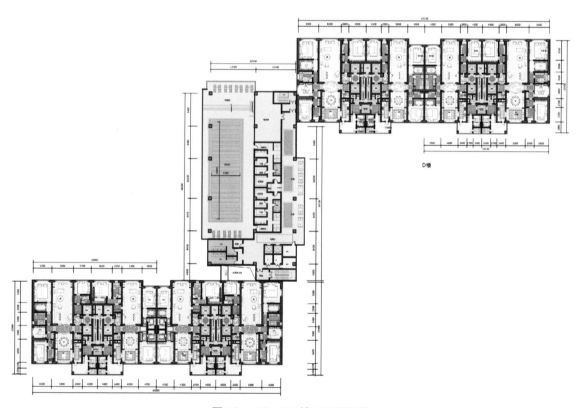

图 10.1-17　CD 楼三层平面图

开放为娱乐配套用房，为住户提供多样性服务。

二层——为简餐厅，最北部为货运电梯与收货区，并配有简易小厨房，拟设有中式快餐与日式料理店，满足本地块内简单的餐饮需求，并做为 D10 地块内的大型餐饮的补充。

273

三层——游泳健身中心。中部设有更衣沐浴用房，同时服务于健身房与游泳池，游泳池外墙采用玻璃幕墙，既创造了明亮而舒适的游泳环境，也保证了室内空间的面海景观。东侧则做为游泳池的休息厅，布置有少量的沙发，同时面对社区的东南角私家花园。规划设计处处有景，与公寓大楼自然地融为一体。

·C、D 塔楼：

两栋塔楼平面为近长方形，由两个单元呈左右镜像对称。塔楼一层除与会所一层 Z 字形通廊外，还设计有面南的独立两层通高小门厅，与基地内的步行道路相通，增加业主出入的便捷性。门厅北侧空间则利用为社区的物业用房。塔楼 C 栋西侧与塔楼 D 栋的东侧的两个单元保留公寓设计，并考虑与地下一层结合成复式设计，设计有可直接采光的下沉庭院与户内直达电梯，满足不同产品线的需要。

塔楼二层以上为标准层，每一层面共设四个公寓单元，面积从 345m² 的三房两厅四卫到 419m² 的四房两厅四卫不等。采用尊贵的"两梯一户""主仆分离""独立电梯厅""电梯插卡直接入户"等形式，保证项目的尊贵与豪华。平面有效利用了剪刀楼梯以及核心筒内的面积，布置设备用房，面积使用系数均在 85% 以上，使公寓的经济性进一步提高，见图 10.1-18 ~ 图 10.1-19。

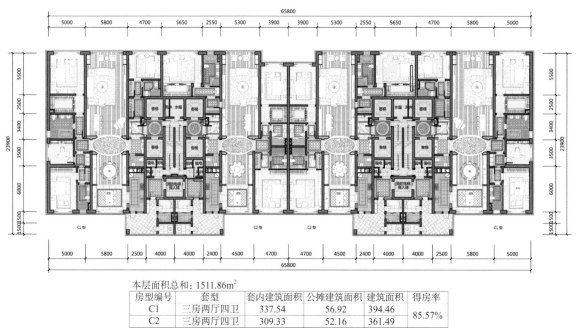

本层面积总和：1511.86m²

房型编号	套型	套内建筑面积	公摊建筑面积	建筑面积	得房率
C1	三房两厅四卫	337.54	56.92	394.46	85.57%
C2	三房两厅四卫	309.33	52.16	361.49	

注：客厅、西厨、卧室窗户均为 300mm 高窗台的落地窗。

图 10.1-18　C 楼标准层平面图

本项目定位大连市最高端公寓，因此套型设计注重北面海景资源的充分利用与户内空间尊贵享受，方案因地制宜将主要起居空间均面朝北面海景，通过大面积玻璃幕墙打造一流的一线海景房，并注意客厅与餐厅的南北通透，将北侧景观与南侧自然阳光融为一体。家庭内部公私分离；居寝分离；洁污分离。户内所有居室均设独立更衣与洗浴空间，尽可能做到动静分离，保证居住尊贵感与私密性。室内空间尺度布置宽裕大气。套型设计尽可能通过精美玄关空间，减少开向起居厅门洞数量，提升空间使用率和舒适度。住宅单体设计适应北方城市居民的生活方式，以豪华大气为原则，强调大厅活动空间完整性。同时，户内设中西两厨空间，满足高端业主生活享受，并与南侧中央生活阳台的保姆房有机联系。后勤电梯设独立入户门厅，主仆生活起居流线的彻底分离进一步保证了业主生活尊贵性。

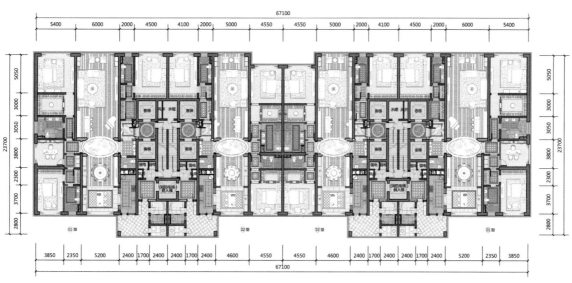

本层面积总和：1538.11m²

房型编号	套型	套内建筑面积	公摊建筑面积	建筑面积	得房率
D1	三房两厅四卫	361.90	59.85	421.70	85.82%
D2	三房两厅四卫	298.09	49.29	347.34	

注：客厅、西厨、卧室窗户均为 300mm 高窗台的落地窗。

图 10.1-19 D 楼标准层平面图

　　两栋塔楼分别在 19 层与 20 层，和 39 层与 40 层之间设计有 2.15m 层高的设备转换层。塔楼的屋顶层为电梯机房和其他设备用房。

五、立面造型

　　简单纯净的形体，更能给人留下深刻而难以忘记的印象，见图 10.1-20，图 10.1-21。

　　本方案共有 4 栋塔楼，两栋塔楼的高度约 250m，两栋塔楼的高度约 200m，相对于周边地区乃至整个大连市区来说，体量上已经脱颖而出，成为地标性建筑，因此我们并未在主楼形体上做

图 10.1-20 裙房入口

图 10.1-21　夜景实景图

过多的变化，而是采用简洁的长方体体量显示其庄重、大方的个性；利用疏密有致的竖向线条，贯穿整个建筑立面、并直接落地，来强化它挺拔的身姿。同时，在四层以下的裙房基座部位进行精心设计：通过雅致和谐的细部处理来体现其高档办公及公寓楼的身份感，暖灰色的花岗岩和灰色玻璃、局部灰色铝板的搭配更使其显得品味不凡，在传统、典雅的立面比例中透出现代感。

10.2 黄浦江南延伸段前滩地区 36-01 地块

本工程位于上海市浦东新区前滩地区，东至芋秋路、南至晓会路、西至桐晚路、北至前滩大道，用地面积约为 1.4 公顷，见表 10.2-1。基地四周道路红线宽度为：前滩大道 40m，桐晚路 16m，晓会路 16m，芋秋路 16m。东南西三面为相似规模的住宅规划用地，北侧为黄浦江滨江绿地，整体上看，本项目基地平坦，平均场地标高约为 6.5m，基地自然条件优越，是居住小区的理想场所，见图 10.2-1。

案例介绍	表 10.2-1
设计单位	同济大学建筑设计研究院（集团）有限公司
项目名称	黄浦江南延伸段前滩地区 36-01 地块
建设单位	上海湘盛置业发展有限公司
建设地点	上海市浦东新区
设计时间	2016 年
主要功能	住宅，社区配套
设计类别	■新建 □改建 □扩建
绿色建筑措施	工业化预制构件，可调节外遮阳

主要经济技术指标	
用地面积：13965.3m²	容积率：2.0
总建筑面积：53799.86m²	建筑密度：28%
地上建筑面积：29835.62m²	绿化率：35%
地下建筑面积：29730.60m²	主体结构形式：框架剪力墙结构
层数：12 层	主要外装修材料：金属幕墙
建筑高度：42m	
总造价：32898 万元	

一、总体布局

1. 规划理念

贯彻"光明城市""花园城市"的定位：从城市形象、社区环境和人性设计三方面入手，将项目打造成生活便利、景观优美、尺度宜人的城市空间，见图 10.2-2。

图 10.2-1 鸟瞰效果图

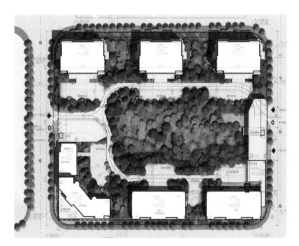

图 10.2-2 总平面图

277

强调文化氛围：着重构筑生态型居住社区，以整体社会效益，经济效益与环境效益三者统一为基准点，展现区域的人文气息以及现代、典雅的高端形象。

突出具有认同感的人性化空间设计：创造舒适的步行环境、宜人的建筑高度和空间比例、优美的景观环境，形成舒展、雅致、和谐的"宜居社区"。以人为本，为使用者提供高效、绿色、舒适的居住空间，见图 10.2-3。

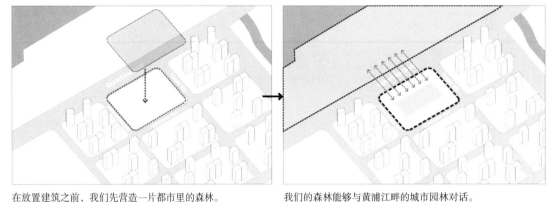

在放置建筑之前，我们先营造一片都市里的森林。　　我们的森林能够与黄浦江畔的城市园林对话。

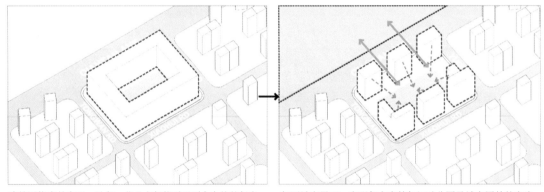

建筑围绕森林布置，让每一位业主都能呼吸到大自然的气息　　打开城市界面，实现都市森林与江畔公园及城市园林的交流。

图 10.2-3　规划理念分析图

充分考虑日照、风环境和地形等自然条件，充分利用周边卓越的自然地理条件，从节能、节地、节水、节材方面塑造良好的景观及建筑风貌，体现出"绿色居住区"的内涵。

2. 建筑布局

项目由六栋 9 ~ 13 层的住宅楼单体带局部裙房、一个 2 层地下室以及三栋低层建筑组成，其中 3 栋（为 1 号，2 号，3 号楼）11+1 层的单元式住宅位于地块北侧，2 栋（为 4 号，5 号楼）分别由 2 个单元组成的 12 层单元式住宅位于地块南侧和东南侧，在地块西南角设置一栋由一个 9 层（7 号楼）与 13 层（为 6 号楼）组成的单元式住宅，小区配套用房设置于地块西侧为 6 号楼裙房、地块东侧的 8 号楼以及 4 号，5 号楼。整体建筑围绕地块周边布置，满足规划贴线率要求，即：建筑沿前滩大道、晓会路、桐晚路、芋秋路的贴线率分别不小于 70%、70%、50%、80%，内部设置集中绿化，绿化率为 35%（绿地面积含屋顶，廊架，架空层绿化，垂直绿化，其中集中绿化 600m²），形成有强烈围合感的花园式宜居社区。地下室为满堂设置，见图 10.2-4。

3. 地下室布局

由于项目定位为一线城市江景豪宅，车辆较多，所占面积较多，并且地下室布置了带泳池地下会所，地下车库需要两层，配置停车位 355 个，其中设置无障碍车位 7 个，设置总车位数 10% 的充电桩车位，即 36 个，见图 10.2-5，图 10.2-6。

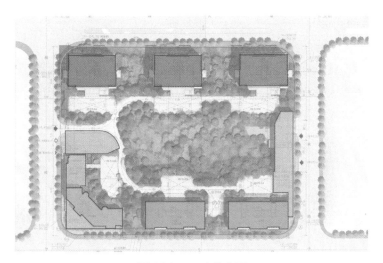

图 10.2-4　建筑布局

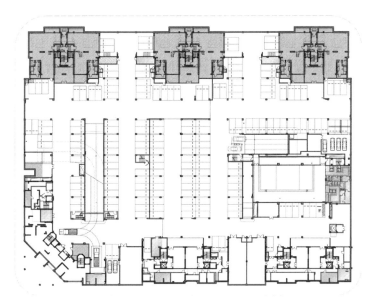

图 10.2-5　地下室一层平面图

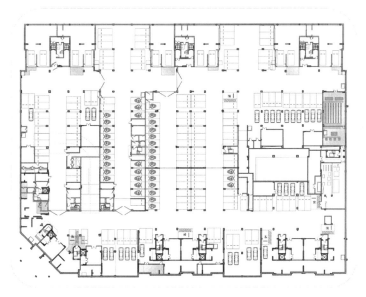

图 10.2-6　地下室二层平面图

二、交通设计和流线组织

1. 地块出入口设置与地面交通组织

按照控规批复，基地的东面、西面共设两个地块出入口，东面芋秋路为主要出入口，车辆可进可出，同时为主要人行出入口，西侧桐晚路为次要出入口，车辆可进可出，同时供消防车、垃圾车出入、及人行次入口，见图 10.2-7 ~ 图 10.2-9。

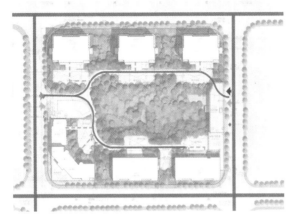

图 10.2-7　交通分析图

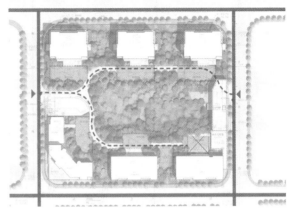

图 10.2-8　消防分析图

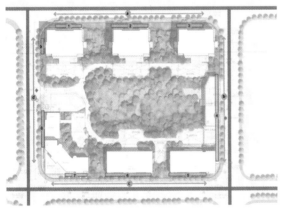

图 10.2-9　贴线分析图

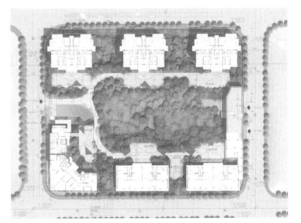

图 10.2-10　建筑入口分析图

2. 建筑各功能单元的出入口布置，见图 10.2-10。

3. 机动车流线

本方案将人行车行主要出入口设置在芋秋路，从规划的慢行道上缓步进入小区，为住户提供一种从城市到社区的回家心情转换空间。场地内主要道路宽度 4.0m。地下车库出入口就近设置在场地东西出入口附近，使车辆直接进入地下车库，保证行人的安全及社区的安静与舒适。主要道路环绕基地设置，尽端处设置 15m×15m 的消防车回车场，方便居民及消防车辆进出。

地块内消防车道，结合主要道路设置，宽度不小于 4m，转弯半径不小于 12m，满足消防车辆通行要求。

三、绿化广场景观设计

通过布置绿地、灌木、花卉等植物，形成多层次的绿化布置系统，是社区的生态氧吧，为居民提供安全舒适的室外活动场地，公共空间中包括集中绿化及休闲运动场所，与居住组团之间的私有空间设计适当的分割。但以绿化灌木等予以连贯，形成空间之间的交错互动。利用多种空间层次的高差，增加不同层面的环境空间。地块绿地率 35%，绿地面积含屋顶，廊架，架空层绿化，垂直绿化，集中绿地不少于 600m²，见图 10.2-11。

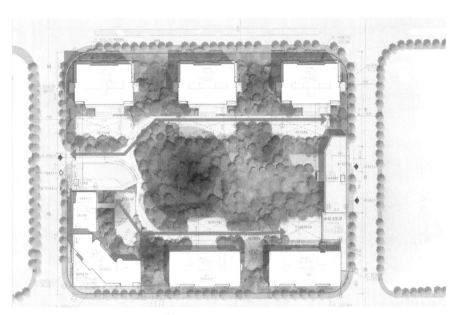

图 10.2-11　绿化景观分析图

四、平面功能

1. 地下室

地下室共设两层，主要为汽车库，室内泳池及其配套用房以及人防设施等功能。

汽车库：

机动车停车分设在地下两层，充电桩车位集中设置在地下二层。在 6、7 号楼夹层设置非机动车库。

设备用房：

电气专业设备用房设置在地下一层。给排水和暖通专业设备用房布置在地下二层。电气专业设备用房主要包括两组 P 站，位于地库中部。水专业主要是生活泵房、消防泵房以及泳池的水处理机房。

垃圾房：

垃圾房布置在地下一层，靠近可满足垃圾车通行的坡道，利用车库车道设置垃圾车回车场地，垃圾车作业区域满足 3.8m 的净高要求。

2. 地上建筑

户型设计上，提供了从 59m² 一房两厅一卫到 347m² 四房三厅五卫总计 12 种户型共 184 套，其中 1 ~ 5 号楼为大户型，面积比例为 80%，6，7 号楼为 90m² 以下的小户型，面积比例为 20%，其中 6 号楼为 60m² 以下的公租房，面积比例为 5%。

高层户型均为二到三开间，并形成明确的功能分区，见图 10.2-13。在具体房型设计中，保证各空间全明，保证客厅及卧室都有良好的南北对流，满足高标准的家庭生活模式。同时着重考虑各户型的朝向、日照、通风、景观以及住宅使用空间的功能流线，以当前居住理念为出发点，力求动线合理，空间丰富，户型灵活，力争每家每户拥有良好的日照条件的同时，拥有良好景观和朝向，从而为居住者提供舒适、健康、私密的居住场所。本方案采用现代简约风格，体现了全新的居住理念，丰富了居住区邻里间的亲切尺度，适应人性化潮流。

图 10.2-12　建筑效果图

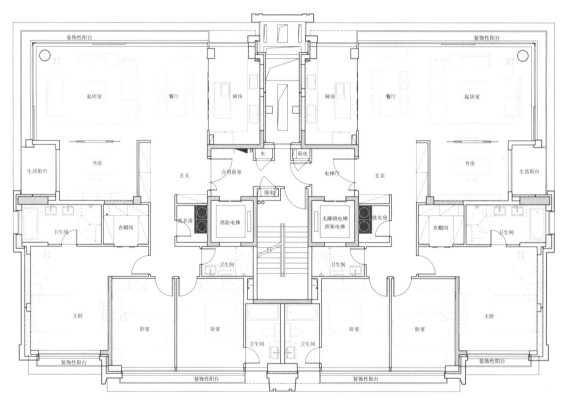

图 10.2-13　标准层平面图

　　住宅外饰面主要采用玻璃及铝板为主。单体设计利用适当的比例面积及局部变化的材质产生强烈的虚实变化。适当面积的玻璃及宽敞的阳台除了带来大量新鲜空气和充足阳光外，还是将室外景观引入室内不可或缺的一部分，使室内空间与室外环境相互融合，丰富了整体的视觉效果和心理感受。建筑色彩整个小区趋于统一，采用浅色为主，干净大气，清爽宜人，见图 10.2-12。

五、外立面精细化设计与系统整合

本项目以设计院为核心通过 BIM 手段形成科技集成平台，在此平台下集成了土建各专业：建筑、结构、水暖电；各外部顾问：pc 顾问、幕墙顾问、内装顾问、景观顾问、门窗顾问，还综合了采购研发一体化：新型产品、设备制造商研发，以及运营服务协同，BIM 平台化整合、建筑运维的信息化监管等，见图 10.2-14。

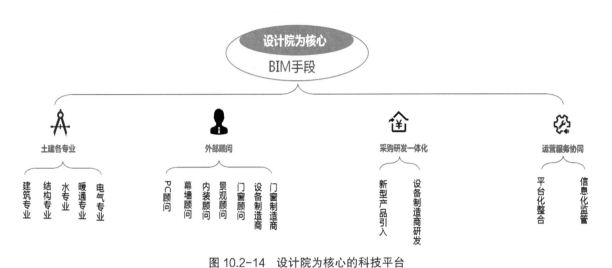

图 10.2-14　设计院为核心的科技平台

在此平台上形成了系统门窗、遮阳卷帘和金属幕墙的精细化设计及系统整合。为了取得舒适的室内环境，满足节能要求，需要设置外遮阳，同时立面追求现代简洁立面风格，要求外立面减少露出功能性构件。各种顾问在这个平台上开始协同工作，首先设备制造商综合考虑遮阳、通风、台风等因素，进行卷帘的拆装方案比选，提出最优的卷帘形式，门窗顾问确认与窗系统可兼容，pc 顾问确认遮阳卷帘荷载可行，安装预留可行，幕墙顾问确认遮阳构件不影响立面效果，建筑专业确认遮阳帘功能和性能可行，可以满足规范要求。最后呈现出的就是集成化外围护部品，外墙系统集成了电动遮阳卷帘、系统门窗、金属幕墙三大系统，见图 10.2-15。

图 10.2-15　系统门窗、遮阳卷帘及金属幕墙三大系统综合

卫生间是客户体验的重要方面，本项目重点关注了卫生间的使用舒适度与外立面的美观。通过搭建 BIM 模型模拟风口风速、风压，百叶的风速等，不断优化幕墙的百叶形式，在满足排风方案下选择最美观的外幕墙形式，见图 10.2-16。

卫生间是客户体验的重要方面，通过搭建 BIM 模型不断优化幕墙的百叶形式，并且通过模拟仿真在满足排风方案下选择最美观的外幕墙形式。

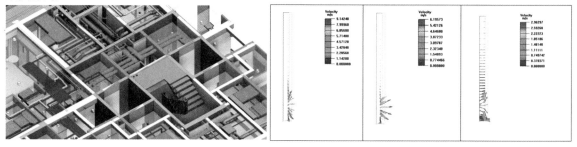

图 10.2-16　幕墙系统精细化设计——卫生间排风解决方案

六、内装精细化设计与系统整合

住宅细部的精细化设计通过 BIM 进行三维反馈校正，使设计更加精准，如室内地板、墙做法，大理石台阶做法，台盆做法，吊顶、灯带做法，风机盘管安装节点，龙骨干挂石材做法等，见图 10.2-17。

叠合式楼板设计、施工、装修一体化。
发泡混凝土层与地暖及送风施工相辅相成。

住宅细部的精细化设计通过 BIM 进行三维反馈校正，使设计更加精准。

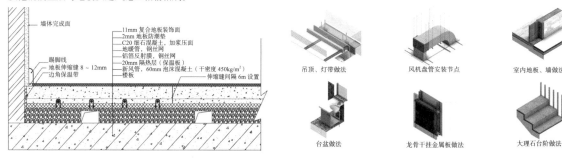

图 10.2-17　设备系统综合内装与 PC 的精细化设计

项目采用装配式叠合式楼板设计。楼板施工与内装地板装修一体化进行（现浇混凝土层与地暖盘管及地送风风管施工同步进行）。

10.3　浅水湾凯悦名城

案例介绍			表10.3-1
设计单位	同济大学建筑设计研究院（集团）有限公司		
项目名称	浅水湾凯悦名城		
建设单位	上海恺悦投资发展有限公司		
建设地点	上海市普陀区		
主要功能	住宅、公寓、别墅	设计类别	■新建　□改建　□扩建
主要经济技术指标			
用地面积：53752m² 总建筑面积：117051m² 地上建筑面积：116636m² 地下建筑面积：41958m²		容积率：2.02 绿化率：40.3% 主体结构形式：钢混	
设计说明			

小区住宅定位为高标准、优景观的高档公寓。北阳台的设置充分考虑了苏州河及梦清园的景观，通过实墙与铸铁栏杆结合使用，既满足功能需要，又不破坏建筑立面效果。本住宅小区的特色为周围良好的绿化景观资源和水景资源；干净、利落的立面构成体现其品质感，考虑到人的心理因素，浅色暖色系的色彩计划给人以安心感和温馨感。基部采用强调竖向线条的手法，使建筑看上去更加挺拔、透逸。

凹凸有致的石材形成的竖向线条及柔和的米黄色系，形成了与商业区共通的设计要素和色彩计划，整个街区的统一感得以加强。

整个住区的环境从中心向各方渗透，各层次的景观布置，建筑的高低错落使远近的住户都能享受到住区诗意般的园林生态景观，在地面环境设计中，强调休闲、趣味、四季花草，以现代感造型充分展现出高尚居住生活的文化品位，见图10.3-1～图10.3-5。

图10.3-1　日景效果图

图10.3-2　住宅平面图

图 10.3-3　鸟瞰图

图 10.3-4　总平面图

图 10.3-5　实景图

286

10.4　万科任港路项目

第 10 章

案例篇

10.1 大连东港区
　　 D10、D13 地块项目
10.2 黄浦江南延伸
　　 段前滩地区 36-01
　　 地块
10.3 浅水湾凯悦名
　　 城
10.4 万科任港路
　　 项目
10.5 露香园项目一
　　 期（A1A2 地块）

案例介绍	表 10.4-1
设计单位	同济大学建筑设计研究院（集团）有限公司
项目名称	万科任港路项目（万科濠河传奇）
建设单位	南通万科房地产有限公司
建设地点	江苏省南通市任港街道，任港路战胜路交口
设计时间	2016 年
主要功能	住宅，社区配套
设计类别	■新建 □改建 □扩建
绿色建筑措施	屋面采用 XPS 复合保温板 墙面采用复合 EPS 保温石膏板

主要经济技术指标

用地面积：53277m²
总建筑面积：182932m²
地上建筑面积：143948m²
地下建筑面积：39984m²
层数：1 号 31 层
　　　2、3、10、11 号 28 层
　　　5、6、7 号 32 层
　　　8、9 号 33 层
　　　12、13 号 2 层
建筑高度：1 号 92.9m
　　　　　2、3、10、11 号 84.2m

5 号、6 号、7 号 98.9m
8 号、9 号 98.7m
12 号、13 号 9.55m
总造价：32898 万元
容积率：2.66
建筑密度：22%
绿化率：30%
主体结构形式：框架剪力墙结构
主要外装修材料：真石漆，局部干挂石材

　　本工程位于江苏省南通市任港街道，东临战胜路，北临任港路，总用地面积约 5.3277 公顷，见表 10.4-1。道路北侧现状为南通柴油机股份有限公司；地块东侧为战胜路及战胜河，道路东侧为住宅区都市华城，为 18 ~ 22 层高层住宅；地块南侧为城市规划路，路南侧有一小型城市街角绿地，紧邻为以 6 层为主的住宅小区虹桥北苑。地块西侧为飞跃百度广场。规划用地原为南通无线电仪器厂，现已基本拆除完毕，场地地势较为平缓。

一、总体布局

1. 规划理念

　　贯彻"光明城市""花园城市"的定位：从城市形象、社区环境和人性设计三方面入手，将项目打造成生活便利、景观优美、尺度宜人的城市空间。

　　强调文化氛围：着重构筑生态型居住社区，以整体社会效益，经济效益与环境效益三者统一为基准点，展现区域的人文气息以及现代、典雅的高端形象，见图 10.4-1，图 10.4-2。

　　突出具有认同感的人性化空间设计：创造舒适的步行环境、宜人的建筑高度和空间比例、优美的景观环境，形成舒展、雅致、和谐的"宜居

图 10.4-1　住区实景

图 10.4-2　住区整体外观

社区"。以人为本，为使用者提供高效、绿色、舒适的居住空间。

充分考虑日照、风环境和地形等自然条件，充分利用周边卓越的自然地理条件，从节能、节地、节水、节材等方面塑造良好的景观及建筑风貌，体现出"绿色居住区"内涵。

2. 建筑布局

考虑到项目用地规模相对较小，采用外环路形式组织交通，从而达到便捷高效及最小环境干扰的目的。小区人行景观系统在环内组织，形成"一心二环"的规划格局。"一心"指小区大纵深的中央景观绿地，"二环"分别指中部风雨步行廊道系统和外环机动车道系统，见图 10.4-3。

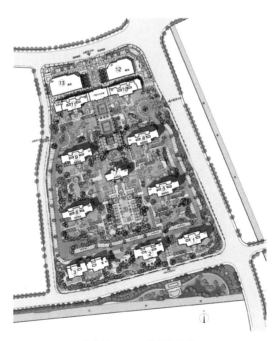

图 10.4-3　总平面图

第 10 章

案例篇

10.1 大连东港区
D10、D13 地块项目
10.2 黄浦江南延伸
段前滩地区 36-01
地块
10.3 浅水湾凯悦名
城
**10.4 万科任港路
项目**
10.5 露香园项目一
期（A1A2 地块）

小区北侧紧邻任港路，项目规划北侧设 2 栋二层商业，商业与南侧高层住宅底层商业形成内街形式，沿着小区中轴线由北往南分别设置入口商业广场、小区入口门廊、小区北组团绿地及南组团中央绿地。各种空间层层递进，形成由动到静，由张到弛的空间布局序列。

地块东侧有规划道路及河道，具有较好的景观资源，小区主入口设于东侧道路，通过景观大道深入地块中央景观绿地，位于中央绿地的是本项目"楼王"，以其为中心向北是北侧居住组团，往南是另一居住组团，规划呈现中心对称的布局形式。各高层山墙错开，形成流动丰富的空间。

二、交通组织

小区采用"外环车行，环内步行"的交通组织方式，从而达到人车分流，便捷高效的目的。

1. 动态交通

小区共设置两处机动车出入口，二处人行出入口。其中机动车出入口位于东侧北部与战胜路相邻一侧，及西侧与城市道路交接的北部。小区北侧设一处人行出入口，以小区入口门廊（过街楼）形式，南侧设一人行出入口与南部城市街角绿地连接，见图 10.4-4 ~ 图 10.4-6。

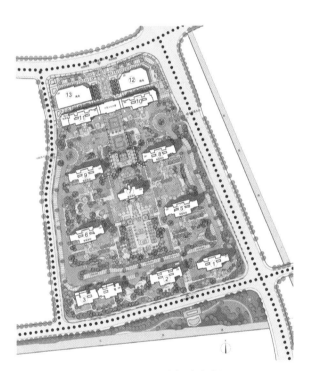

图 10.4-4　外部动态交通

图 10.4-5　内部动态交通

小区周边设置环状小区路，小区路主要宽度 6m，并在临近东侧、西侧小区出入口处设置地下汽车库坡道出入口，地下汽车库坡道分三处，两处位于小区西侧，一处位于临近小区主要出入口一侧。

小区内部设置风雨廊连接各住宅门厅，形成步行经过系统，串接中心绿地与组团绿地。

2. 静态交通

小区机动车停车数所有住宅按 1.0 辆 /100m² 配置，配套商业 0.6 辆 /100m² 配置。机动车总停车数 1426 辆。机动车停车分为地面和地下两个部分，其中地面停车结合小区环路和组团路设置，地面共停车 311 辆，约占总停车数的 21.8%。小区设置一处地下汽车库，汽车库停车数 1115 辆。

小区住宅非机动车停车数按摩托车 1 辆 / 户，自行车 2 辆 / 户设置。配套商业按 5 辆 /100m² 配置。项目非机动车总停车数为 3872 辆，非机动车停车库主要设置在住宅地下室，见图 10.4-7，图 10.4-8。

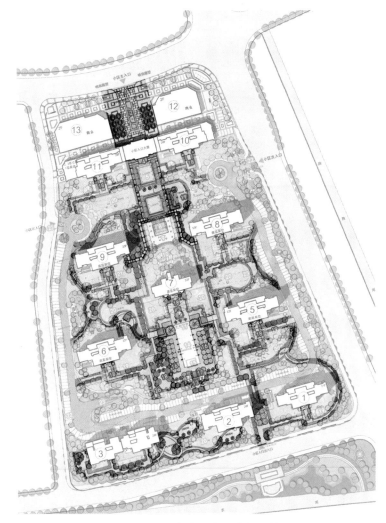

图 10.4-6 走路回家 - 步行系统

图 10.4-7 静态交通实景

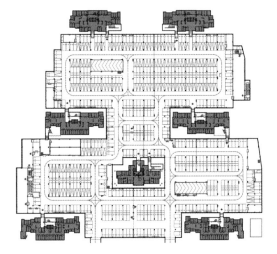

图 10.4-8 静态交通 - 地下室平面图

三、景观设计

在绿化景观环境设计中，力求体现出立体性、共享性、渗透性和功能性。

方案在注重立体绿化的同时，讲究中央绿地与组团绿地及组团绿地之间绿化空间的共享与
渗透，将南北向的绿化轴线贯穿整个小区，力求打造出有层次的"小地块、大绿化"的空间效果。

小区景观系统由"一心一环，二轴二带"骨架构成。其中"一心"指小区中央景观绿地；"一环"指围绕中央景观绿地自由设置的步行景观系统；"二轴"分别指南北向连接人行入口与中心绿地的主景观轴和东西向连接东侧城市绿化景观带、中心绿地及西侧组团景观次轴；"二带"分别指地块北侧及南侧两条东西展开的组团绿化带，见图 10.4-9 ~ 图 10.4-11。

图 10.4-10　中央绿地

图 10.4-9　宅前景观　　　　　　　　　图 10.4-11　景观细部

小区绿化景观主要分为两个层次：中心公共绿地，组团绿地。

中心公共绿地是居民日常活动的主要场所。这是整个小区居民共享的空间，设计采取人车分流，将小区的步行入口开敞向中心绿地，在规划设计中重点强化了中心区的绿化景观设计。利用建筑架空层、景观小品、活动场地，将中心区景观塑造成具有当地特色的环境，传达生态理念。

组团绿地通过植物配置，丰富视觉景观，同时减少视线干扰，并注重避免光线遮挡。整个住区的环境从中心向各方渗透，建筑与场地的高低错落使远近的住户都能享受到住区诗意般的园林生态景观，充分展现出高尚文化生活品位。

四、住宅设计

1. 住宅平面设计

设计将本小区住宅定位为高标准、优景观的城市公馆。因此在户型设计中充分体现户型的舒适性。在有限的面宽中尽量将主要功能房间安排在南向或东西向，以获得充足的采光和日照。本次方案所提供的房型，从 85m² 到 185m² 不等，包括二房、小三房、大三房及豪华四房，通过居住空间的变化、套型面积等级差异满足不同层次居民的需要，见表 10.4-2，图 10.4-12 ~ 图 10.4-14。

所有房间全明设计，功能分区合理，空间紧凑。同时压缩交通空间和公摊的面积，以实现较高的得房率。

楼号	A 型 85	B 型 105	C 型 113	D 型 130	E 型 140	F 型 188	面积（m²）
							各楼户型类型　　表 10.4-2
1	2		2				11742
5		2	1		1		14074
6		2	1		1		14074
7						2	11651
8	2			2			13611
9		2		2			14778
10	2	1	1				9808
11	2	1	1				9808
总计	218	238	166	128	62	62	

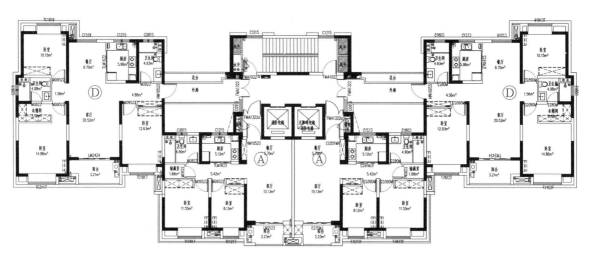

图 10.4-12　1，5，6，8，9号楼户型平面

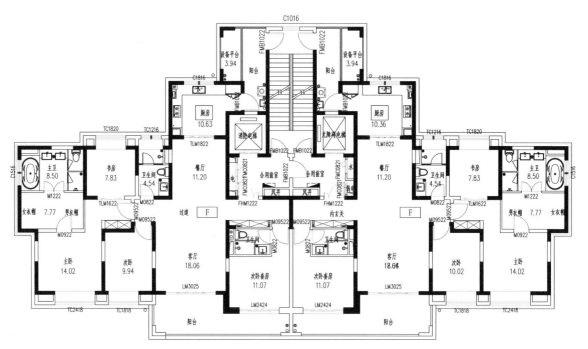

图 10.4-13　7号楼户型平面

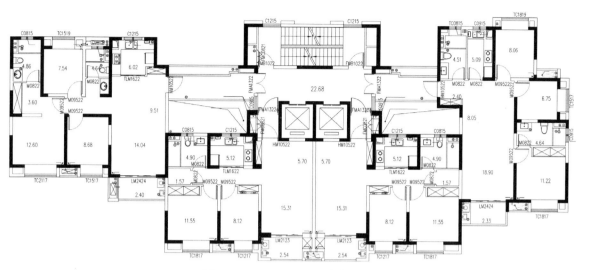

图 10.4-14　10，11 号楼户型平面

2. 住宅立面及剖面设计

本住宅小区以新城市主义为主要的设计理念。尽量以简洁明快的设计手法去展现建筑的挺拔感。同时在设计中加入了装饰艺术风格的一些特点，使整个建筑造型典雅，庄重，低调中呈现一种都市公馆所特有的尊贵气质。细部的处理上也都是以简洁大气的线脚去装饰建筑的重要部位。同时在局部加入一些金属质感的细节以体现建筑的时代感。

位于小区中心区域的点式住宅采用底层架空形式，使并不宽敞但精致典雅的小区环境可以在建筑内部得到很好地延续。7 号楼住宅标准层层高 3.0m，其余住宅标准层层高 2.9m。

10.5 露香园项目一期（A1A2 地块）

案例介绍			表 10.5-1	
设计单位	同济大学建筑设计研究院（集团）有限公司			
项目名称	露香园项目一期（A1A2 地块）			
建设单位	上海露香园置业有限公司			
建设地点	上海黄浦区			
主要功能	普通住宅、公寓	设计类别	■新建 □改建 □扩建	
主要经济技术指标				

用地面积：23705m²	容积率：2.44
总建筑面积：145202m²	建筑密度：70%
地上建筑面积：105686m²	绿化率：10%
地下建筑面积：39516m²	主体结构形式：剪力墙结构与框筒结构
层数：地上 1～31 层，地下 2 层	
建筑高度：19.15～99.85m	

设计说明

本案通过一系列怀旧空间的引导塑造，令小业主回家之路处处感受老城厢风韵，荡涤心灵，使浮躁的心情归于平静。小业主在经过标志门楼—住宅形象大堂—大平台组团大花园—各单元入户门厅—邻里花园—私家入户花园—各起居空间，处处体验老城厢石库门的人文精髓，深刻感受到身居老洋房的情趣。

建筑立面形式运用现代稳重的设计手法，建筑以简洁明快的玻璃、石材或仿石涂料饰面，强调竖向构图，门窗在构建立面效果的同时，既减少门窗的分割尺寸，延伸了室内空间，且又与低区老建筑尺度取得协调一致的效果。

小区绿化注重"导"与"隔"，注重与人行空间的融合。卵石步道，或小段亭廊，一木一石皆依其本性置于恰好之处，使得树木俯仰生姿，花卉四季常新，春有花、夏有荫、秋有果、冬有绿，当是一个有空间层次、值得细细玩味的亲切又不失鲜明个性的绿化空间，见图 10.5-1 ～ 图 10.5-5。

图 10.5-1 鸟瞰图

图 10.5-3 总平面图

图 10.5-2 日景效果图

图 10.5-4 夜景效果图

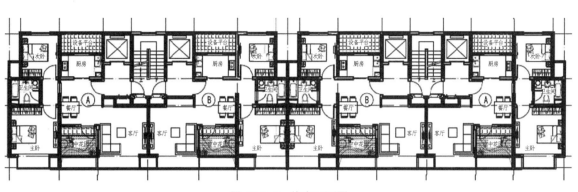

图 10.5-5　住宅平面图